U0300378

图灵教育

站在巨人的肩上
Standing on the Shoulders of Giants

TURING

图灵教育

站在巨人的肩上
Standing on the Shoulders of Giants

TURING 图灵新知

图解 数码相机原理和结构

[日] 神崎洋治　西井美鹰 ———— 著　郭海娇 ———— 译

体系的に学ぶ
デジタルカメラのしくみ

人民邮电出版社
北京

图书在版编目（CIP）数据

图解数码相机原理和结构 / (日) 神崎洋治, (日) 西井美鹰著；郭海娇译. -- 北京：人民邮电出版社，2021.6

（图灵新知）

ISBN 978-7-115-56243-2

Ⅰ. ①图… Ⅱ. ①神… ②西… ③郭… Ⅲ. ①数字照相机—图解 Ⅳ. ①TB852.1-64

中国版本图书馆 CIP 数据核字 (2021) 第 054054 号

内 容 提 要

本书图文并茂地介绍了数码相机的工作原理和结构，通过 367 张图系统讲解了单反相机和微单相机的特点、镜头和图像传感器的机制，以及数码相机的各种功能和技术等。内容涉及索尼、佳能和尼康等主流品牌的产品，涵盖数码相机的发展历史、取景器、自动对焦、CMOS、影像处理器、防抖、图像存储等大量知识点，可以帮助读者在短时间内理解数码相机的各部件是怎样工作的，以及它们是如何影响画质的，进而提高使用数码相机的水平，拍出技术过硬的好照片。

本书是一本通俗易懂的摄影器材入门指南，适合所有摄影爱好者和从业人员阅读。

◆ 著　　[日]神崎洋治　西井美鹰

　　译　　郭海娇

　　责任编辑　高宇涵

　　责任印制　周昇亮

◆ 人民邮电出版社出版发行　　北京市丰台区成寿寺路 11 号

　　邮编　100164　　电子邮件　315@ptpress.com.cn

　　网址　https://www.ptpress.com.cn

　　北京天宇星印刷厂印刷

◆ 开本：880×1230　1/32

　　印张：13.25

　　字数：407 千字　　　　　　　2021 年 6 月第 1 版

　　印数：1 – 3 000 册　　　　　　2021 年 6 月北京第 1 次印刷

　　著作权合同登记号　图字：01-2018-5344 号

定价：99.80 元

读者服务热线：(010)84084456　印装质量热线：(010)81055316

反盗版热线：(010)81055315

广告经营许可证：京东市监广登字 20170147 号

前　言

如今，数码相机已不断普及，但就普通人来说，要想搞明白不同相机在镜头、图像传感器（CCD 或 CMOS）、防抖性能、图像规格等方面的性能差异，就必须事先了解很多专业术语和基础知识，否则将很难看懂产品说明书或规格表。为帮助大家更加深刻地理解数码相机，我们将在本书中重点讲解数码相机的工作原理和功能。

2004 年，本书第 1 版面市。后来，我们在第 1 版的基础上增加对新技术的介绍，出版了第 2 版。2013 年，我们又推出了第 3 版。而这次，时隔 4 年[①]，我们决定再次对本书进行修订。在本次修订中，我们还针对那些想要深入学习和研究数码相机的读者朋友们添加了关于相机结构和当下发展趋势的介绍。

正如本书正文中提到的那样，如今数码相机的市场规模正在急剧缩小。最主要的原因就是小型数码相机的市场受到了来自智能手机相机功能的冲击。随着社交网络的普及，拍照并向朋友展示的机会急剧增加，但其中大多数照片是用智能手机拍摄的。与此同时，想要提高照片质量的人也在急剧增加。

要说自第 3 版上市以来的 4 年间数码相机发生了哪些重大变化，那就不得不提微单相机的快速崛起和性能提升了。如今，有些微单相机与单反相机一样，也配备了全画幅或 APS-C 画幅的图像传感器（感光元件），甚至有些微单相机的性能还超过了单反相机。更甚的是，在高速连拍和静音拍摄时，原本属于单反相机优点的反光镜反而变成了缺点。

那么，单反相机和微单相机到底有什么区别呢？了解了它们在工作原理和功能上的差异，我们在购买数码相机时就可以根据取景器结构类型、自动对焦、连拍、防抖、实时取景等具体的特点进行选购。

为帮助大家做好更进一步阅读专业书的准备，本书全面讲解了关于相

[①]　本书原版于 2017 年 12 月上市，所以这里的确是时隔 4 年。——编者注（如无特别说明，下文均为编者注）

机的基础知识。书中谈到了镜头的工作原理、图像传感器的工作原理及差异、记录媒体以及各种图像存储文件格式之间的区别等。对于初次接触数码相机的读者来说，书中谈到的数码相机的发展历史、产品说明书的阅读方法可以帮助他们理解数码相机的功能和相关术语。

　　我们怀着以上想法写作了本书，希望读者朋友们不管是为了学习研究还是为了储备知识，都能够把此书常置枕边，以便随时翻阅。

　　这里，非常感谢在我们创作本书的过程中鼎力相助的制造商，以及在本书出版过程中尽心尽力的日经 BP 出版社和相关的工作人员。

神崎洋治

2017 年 10 月

目　录

第1章

数码相机概要

摄影是一门极具魅力的艺术。相机不仅可以让我们记录眼前的美妙景色，还可以为我们留下美好难忘的回忆。商场里的数码相机各式各样，如果能够通过产品说明书或规格表了解到各种相机的优缺点，不仅可以带来更多的乐趣，还可以提高摄影技巧。

为了让读者朋友们深刻体会数码相机的乐趣，本章将先介绍最基础的数码相机工作原理和概要，以及数码相机的发展历史等。同时，通过本章，大家也可以提前了解本书将具体介绍哪些内容。

1.1 数码相机概要和工作原理

数码相机各部分的名称及作用

数码相机的结构到底是什么样的，它又是怎么拍照片的呢？

这里，我们以可换镜头式数码相机为例介绍相机的基本工作原理和结构。可换镜头式数码相机又包括"单镜头反光式数码相机"（简称单反相机，图 1.1）和"无反光镜数码相机"（简称无反相机，现在多被称为微单相机，图 1.2）。这里我们以单反相机为例进行介绍。

单反相机主要由机身和镜头组成（图 1.3）。机身和镜头连接的部位称为镜头卡口，只要镜头卡口的规格相匹配，就可以随意切换使用（图 1.4）。

图 1.1　单反相机示例
佳能 EOS 5D Mark IV

图 1.2　微单相机示例
索尼 α6000

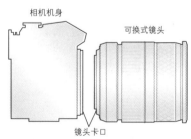

图 1.3　可换镜头式相机的机身和镜头
单反相机包括机身和镜头。镜头可以自由更换。连接相机机身和镜头的部分称为镜头卡口。

图 1.4　更换镜头
对于可换镜头式相机，只要镜头卡口的规格相匹配，就可以自由更换。图为佳能的 EF 卡口镜头。

相机机身的主要部件和功能

单反相机结构的最大特点就是机器内部有反光镜和五棱镜（图 1.5 ～ 图 1.7）。正是这种结构，让我们可以通过相机背面的光学取景器观察镜头中的成像。

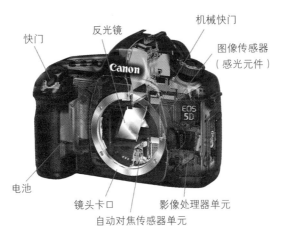

图 1.5　单反相机"佳能 EOS 5D"（正面）透视图

※ 主镜（反光镜）及反光镜箱、快门的剖面图。

资料来源：佳能

图 1.6　单反相机"佳能 EOS 5D"（背面）透视图

资料来源：佳能

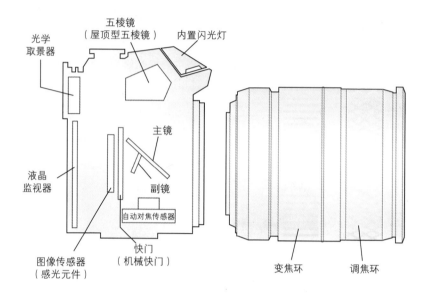

图 1.7　单反相机的工作原理
※ 自动对焦传感器的位置和形状因机型而异。
※ 如果是专业机型，则可能没有配备内置闪光灯[1]。

　　被摄体的光通过镜头后所形成的影像，是通过图像传感器（感光元件）[2] 被存储为照片的（图 1.8 和图 1.9）。因此，相机的设计是要将进入镜头的光照射到图像传感器上，但如果不是正在存储图像，那么进入镜头的光也可以通过反光镜和五棱镜被折射到取景器。利用这样的结构，拍摄者就可以预先通过取景器确认即将拍摄的画面。

---

[1]　对高端的专业相机来说，内置闪光灯有时比较鸡肋。

[2]　有些相机制造商也称之为影像传感器等。

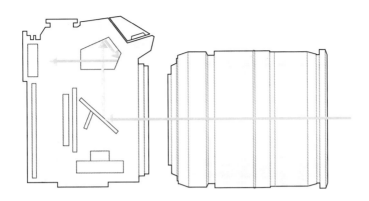

图 1.8 单反相机的光路（拍摄前）
通过取景器可以看到被反光镜和五棱镜反射后的镜头中的影像。这样就可以预先通过取景器确认即将拍摄的画面，这是单反相机特有的结构特征。

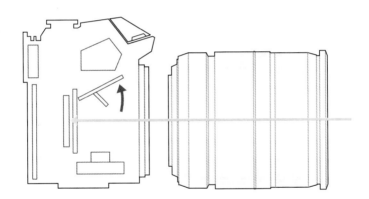

图 1.9 单反相机的光路（拍摄时）
当按下快门时，反光镜升起，镜头中的影像被传送到图像传感器。图像传感器负责将接收的影像发送到影像处理器，以及将影像转换为图片并存储。

其实，胶片时代的单反相机就已经采用这种结构了。所谓"单"，指的是单镜头，即拍摄光路和取景光路共用一个镜头；而"反"指的是"反光镜"，用于在相机内把两个光路分开。

反光镜

观察单反相机的机身时，从镜头卡口向内部看，就可以看到反光镜（图1.10）。没有拍摄时，光通过反光镜和机身上方的五棱镜进行反射；拍摄时，反光镜升起，光通过位于反光镜后面的快门到达图像传感器（图1.11）。

图1.10　单反相机的反光镜

左图是佳能 EOS-1D X Mark II 的机身照片。取掉镜头后观察机身内部，就可以看到反光镜。一般看不到图像传感器（感光元件），因为它在反光镜的另一侧。

图1.11　单反相机的图像传感器

左图也是佳能 EOS-1D X Mark II 的机身照片，反光镜处于升起状态，在该状态下可以看到图像传感器（感光元件）。在进行拍摄时，机身内部就是像这样升起反光镜，使光通过镜头到达图像传感器的。这张照片是在清洁传感器时打开"手动清洁"模式后单反相机的状态。

当反光镜升起时，伴随着快门的咔嚓声，机身还会出现微小的抖动。此外，包含反光镜的那部分区域有时称为反光镜箱。

五棱镜

五棱镜（屋顶型五棱镜）是安装在相机机身顶部的具有7个或8个面的棱镜（图1.12）。它通过对反光镜反射的光进行折射，使人们可以从光学取景器看到图像。此时，它还具有把上下左右呈颠倒状态的倒立影像翻转过来的作用。

制作五棱镜需要的加工技术精度要求非常高，因此制造成本比较高。入门级单反相机中常用五面镜（屋顶

图1.12　五棱镜

因为制造五棱镜的技术精度要求非常高，所以入门机型常用五面镜替代五棱镜。

资料来源：佳能

型五面镜）代替五棱镜。它的性能会影响取景器的视野率和清晰度等（表 1.1）。

表 1.1　五棱镜 / 五面镜（以佳能 EOS 系列为例）

型　　号	五棱镜 / 五面镜	视　野　率
EOS-1D X Mark II	五棱镜	上下 / 左右均约 100%（当眼点①约为 20 mm 时）
EOS 5D Mark IV	五棱镜	上下 / 左右均约 100%（当眼点约为 21 mm 时）
EOS 7D Mark II	五棱镜	上下 / 左右均约 100%（当眼点约为 22 mm 时）
EOS 6D Mark III	五棱镜	上下 / 左右均约 98%（当眼点约为 21 mm 时）
EOS 80D	五棱镜	上下 / 左右均约 100%（当眼点约为 22 mm 时）
EOS 9000D	五面镜	上下 / 左右均约 95%（当眼点约为 19 mm 时）
EOS Kiss X9i	五面镜	上下 / 左右均约 95%（当眼点约为 19 mm 时）

机械快门

机械快门具有像窗帘一样遮光的作用，它只在拍摄的瞬间打开，让光传输到图像传感器上（图1.13）。这个拍摄的瞬间就是快门速度或曝光时间。我们有时候需要采取通过长时间打开快门进行长时间曝光的拍摄方法。这种以机械的方式屏蔽光或控制透光量的机制称为机械快门。在数码相机中，还有使用电子快门的系统（详见 5.7 节）。

图 1.13　机械快门单元

上图是 EOS 5Ds 所采用的焦平面快门。旋转磁铁纵向式焦平面快门的设计非常耐用，该设计通过了总计 15 万次的快门测试。
资料来源：佳能

可以设置的最快快门速度因相机机型而异。如果是单反相机，通常能够设置的最快速度为 1/8000 秒，但也有 1/4000 秒的入门机型。

---

① 　眼点（eye point）指的是能看到取景器内完整画面时，眼睛与取景器的最远距离。

图像传感器（感光元件）

图像传感器是决定图像成像质量最重要的部件之一（图 1.14）。虽然根据产品说明书中的参数数值是无法判断照片画质好坏的，但通过图像传感器的尺寸、像素数、像素间距这 3 个值，我们可以推测图像传感器的性能（表 1.2）。它们的值越大，画质就越高。详细介绍请参照第 4 章中的相关内容。

图 1.14　图像传感器（感光元件）

图像传感器的大小和有效像素数会极大地影响画质。图为 EOS 5D Mark IV 的像素数约 3040 万的 35 mm 全画幅 CMOS 图像传感器，这是目前数码单反中最大的图像传感器。

资料来源：佳能

下面我们以表 1.2 中的 5 个机型为例，根据它们规格表中记载的参数推断一下哪个机型的画质最好。

表 1.2　图像传感器（以尼康系列产品为例）

型号	图像传感器尺寸	像素数	像素间距
D5	全画幅（35.9 mm × 23.9 mm、FX）	2082 万	约 6.45 μm
D850	全画幅（35.9 mm × 23.9 mm、FX）	4575 万	约 4.3 μm
D810	全画幅（35.9 mm × 24.0 mm、FX）	3635 万	约 4.8 μm
D7500	APS-C（23.5 mm × 15.7 mm、DX）	2151 万	约 4.2 μm
D5600	APS-C（23.5 mm × 15.6 mm、DX）	2416 万	约 3.9 μm

※ 尼康的全画幅称为 FX 格式，APS-C 画幅称为 DX 格式。

※ 有时产品说明书或规格表中并不会列出像素间距的大小。我们可以通过图像传感器的**水平方向画幅长度** ÷ **水平方向像素数**来计算像素间距（例如 D5 机型的分辨率为"5568 × 3712"（L），所以像素间距就是 35.9 ÷ 5568）。

其中 D5、D850 和 D810 这 3 款机型的图像传感器都为全画幅。这非常有利于产生高画质。在这 3 款机型中，像素数最大的是 D850，其次是 D810。这两款机型之间的像素间距也存在差异。虽然它们使用的图像传感器尺寸相同，但 D850 的像素排列更加紧密，与 D810 相比，像素间距更小。

而 D5 是尼康的专业级旗舰产品。D5 的像素数小于 D850，像素间距也更大。尽管要想看哪个机型的画质好，最终还需要对比实际拍出来的照片才能知道，但其实也可以通过像素数和像素间距等参数判断。像素数越多，画质就越精细，同时还要注意查看高像素所导致的像素间距变小有没有产生不好的影响。

除了图像传感器之外，影像处理器的性能也会影响画质（图 1.15）。因为最终成像是由图像传感器将接收的光信号转换成图像信息，再由影像处理器处理成照片的，所以图像处理软件的性能对画质也有极大影响。但对于这个影响，我们无法通过规格表中的参数判断。

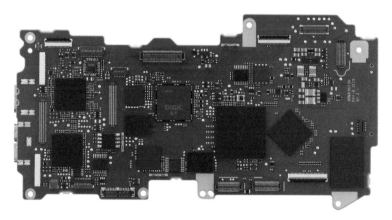

图 1.15　影像处理器
图像传感器会将接收的光信号转换成图像信息，而图像信息最终会被发送到影像处理器中进行处理。影像处理器的性能与最终成像的质量密切相关。上图为 EOS 5D Mark IV 的影像处理器，该影像处理器名为 DiGiC 6＋。它采用了最新的降噪处理算法，而且静止图像实现了高达 32 000 的 ISO 感光度。影像处理器的处理性能与图像的噪点、ISO 感光度等息息相关。
资料来源：佳能

其实对于画质的高低，需要评估的方面有很多，比如分辨率、对比度、色调、色彩表现、动态范围和弱光拍摄等，所以还是要根据能否在自己最重视的场景中拍出满意的照片来判断。

液晶监视器

数码相机的一个很大优势就是在拍好照片后，可以立马通过液晶监视器确认照片。当然，屏幕较大且分辨率较高的液晶监视器更方便确认照片的细节。但是，监视器的屏幕越大机身也就越大，电池可能会消耗得更快。这也是我们在选购时需要注意的地方。

镜头种类以及各部件的名称和功能

单反相机是一种可以自由更换镜头的相机，所以我们可以在使用单反相机拍摄时根据拍摄场景和目的更换相应的镜头。例如：在日常拍摄场景中使用常用的标准镜头；在风光摄影等需要广角拍摄的场景中，使用适合广角拍摄的广角镜头；而在野生鸟类摄影或体育摄影、室外人像摄影等需要拍摄距离较远的被摄体的场景中，使用长焦镜头。

很多摄影初学者在购买相机时会阅读产品说明书等，在相机机身的性能方面做很多功课，但对镜头没有太高的要求。其实镜头对最终成像的影响也很大，不同的镜头性能不仅会影响快门速度和光圈大小，也会左右自动对焦速度及对焦的准确性。此外，拍摄时的噪点多少（在拍摄视频时尤为重要）、防抖程度（视型号而定）、变焦范围等也会产生影响。

××mm 的镜头

人眼的可视范围称为视野，而相机的可视范围称为视角。长焦镜头虽然可以很清楚地拍到远处的被摄体，但焦距越长视角越窄（小）。而适合拍摄风景的广角镜头，其视角更宽（大）。视角与焦距紧密相关，焦距就是镜头上用 mm 表示的数值，看这个数值就可以知道这是一个什么样的镜头（图 1.16）。

图 1.16 单反相机的长焦镜头
上图为 80 mm ~ 200 mm 的长焦变焦镜头。长焦镜头可以把距离较远的被摄体拍得又大又清晰。

标准镜头是以人眼的可视范围为基准设计的，焦距为 50 mm 左右。焦距小于它的（例如，40 mm 或更小的）称为广角镜头，大于它的（特别是约 80 mm 以上的）称为长焦镜头。然而，也不是说"小于 ××mm 的就一定是广角镜头"。关于镜头，并没有这么具体的定义。而且随着时代的变迁，各焦距的区间划分也在发生变化（详见第 3 章）。

变焦和定焦

可以改变焦距的镜头称为变焦镜头，不能改变焦距的镜头称为定焦镜头。通常来说，变焦镜头使用起来非常便捷。因为可以在保持拍摄位置不变的情况下，通过改变焦距调整拍摄对象的大小或构图。目前市场上的便携式数码相机基本都配备了变焦功能，所以刚开始了解单反相机的人，可能会对有些镜头没有变焦功能感到很惊讶。

但是，如此便利的变焦镜头也有缺点。首先，变焦功能的结构复杂，所以与定焦镜头相比，变焦镜头的镜身更长、更重。而且，因为结构复杂，所以要开发出具有高性能的产品比较困难，需要付出高昂的制造成本。出于这个原因，可以变焦并同时拥有 F2.8 等大光圈的镜头一般价格比较昂贵。相反，定焦镜头因为结构简单，所以拥有大光圈的还是比较多的。

所以，要是追求拍摄时的便捷性就选择变焦镜头，要是追求轻便和大光圈就选择定焦镜头。

由于可以通过变焦环改变焦距，所以变焦镜头的产品上会标示焦距的范围。比如，标注 "80 mm ～ 200 mm" 的镜头，其广角端最小焦距为 80 mm，长焦端最大焦距为 200 mm。

如果镜头的变焦范围从广角到长焦都可以覆盖，就称这种镜头为高倍率变焦镜头。例如，目前市面上在售的一款高倍率变焦镜头，其变焦范围为 18 mm ～ 400 mm（图 1.17）。如果觉得同时携带广角镜头和长焦镜头很不方便，那么高倍率镜头是一个很好的选择。只拿这一支镜头就够用了。

图 1.17 高倍率变焦镜头

上图为腾龙 18 mm ～ 400 mm F/3.5-6.3（Model B028）变焦镜头。它是世界上第一个实现了在 APS-C 画幅上达到 22.2 倍率的超长焦高倍率变焦镜头。

镜头卡口

连接相机机身和镜头的部分就是镜头卡口。在单反相机中，人们熟知的有佳能的 EF 卡口、尼康的 F 卡口、索尼的 A 卡口（美能达或柯尼卡美能达 α）和 E 卡口，以及宾得的 KAF2、4/3 系统卡口等。

对于可换镜头式相机，我们可以根据自己的喜好随意更换镜头，但要确保相机和镜头具有兼容性。因此，相机机身制造商在自家各种相机机型的规格表中都标明了卡口的类型，只要是同一制造商生产的镜头，用户就可以自由选择更换。即使是用在胶片相机上的镜头，只要镜头卡口的规格相同，也可以安装在最新的数码相机上使用。

此外，还有一些专门生产镜头的制造商（也就是所谓的副厂），会生产能够兼容各种镜头卡口的镜头产品。这类产品在质量上也有一定保证，大家可以通过官方网站或者产品说明书查看它们具体可以用在哪些相机上。

1.2 数码相机的功能和性能（相机选购要点）

单反相机和微单相机

在日本，2002 年数码相机的销售量就超过了胶片相机。在数码相机的普及方面，日本比西方国家要早，发展也非常迅猛。

但是，近年来的销售状况却异常严峻。从日本国际相机影像器材工业协会（Camera & Imaging Products Association，CIPA）公布的数据来看，数码相机的出货量从 2010 年开始呈下降趋势，在过去的五年里更是逐年加速下降[①]（表 1.3 和表 1.4，图 1.18 和图 1.19）。该数据对单反相机、微单相机等可换镜头式相机，以及卡片数码相机等固定镜头式相机分别进行了统计。结果显示，在整体出货量中占多数的固定镜头式相机，出货量显著下降。卡片数码相机的市场占有率整体下降，除了市场已经处于饱和状态以外，智能手机的普及也是一个原因。观察一下在旅游景点拍照的人们就可以发现，现在使用智能手机拍照的人占了大多数。

---

① 本书原版出版于 2017 年，这里的"过去的五年"指的是从 2012 年到 2016 年。

　　自 2009 年以来，希望在家庭旅行或集体活动时拍出高画质照片的人越来越多，以中老年人和女性用户为主的高画质摄影爱好者也在增加，所以可换镜头式相机的出货量一度有了回升的迹象。

　　但近年来，由于东日本大地震和熊本地震等自然灾害，相机的制造、流通和销售等过程都受到了很大的影响，出货量再次下降。

表 1.3　全球数码相机总出货量（台）

	2012 年	2013 年	2014 年	2015 年	2016 年
数码相机总出货量	98 139 157	62 839 653	43 434 408	35 395 457	24 189 870
固定镜头式数码相机总出货量	77 982 104	45 708 286	29 595 240	22 341 458	12 582 092
可换镜头式数码相机总出货量	20 157 053	17 131 367	13 839 168	13 053 999	11 607 778
单反相机	16 200 451	13 825 569	10 549 890	9 709 093	8 449 043
无反相机※	3 956 602	3 305 798	3 289 278	3 344 906	3 158 735
单反相机占比	80%	81%	76%	74%	73%

※ 这里的"无反相机"包括了微单相机、单电相机、可换镜头式旁轴相机和可换单元系统相机等。

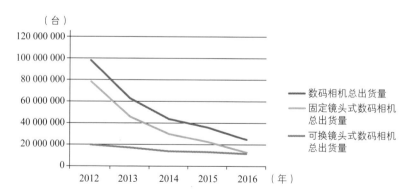

图 1.18　全球数码相机总出货量逐年下降

表 1.4　日本数码相机总出货量（台）

	2012 年	2013 年	2014 年	2015 年	2016 年
数码相机总出货量	9 153 969	7 928 817	5 783 835	4 896 963	3 520 377
固定镜头式数码相机总出货量	7 321 791	5 594 772	3 977 050	3 269 363	2 237 134
可换镜头式数码相机总出货量	1 832 178	2 334 045	1 806 785	1 627 600	1 283 243
单反相机	1 017 712	1 447 893	1 082 010	978 316	806 422
无反相机 ※	814 466	886 152	724 775	649 284	476 821
单反相机占比	56%	62%	60%	60%	63%

※ 这里的"无反相机"包括了微单相机、单电相机、可换镜头式旁轴相机和可换单元系统相机等。

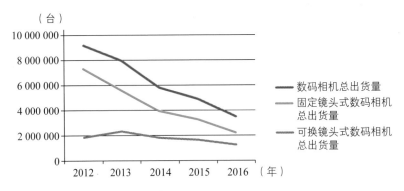

图 1.19　日本数码相机总出货量逐年下降

　　可换镜头式相机中，单反相机和相对比较便宜的微单相机哪个更受市场青睐呢？

　　微单相机现在还没有明确的定义。商场中在售的可换镜头式相机通常直接分为单反相机和比较广义的无反相机（非单反），因此对于微单相机，并没有单独的统计数字。

　　纵观近几年可换镜头式数码相机的统计数据（表 1.3），可以发现由于微单相机的出现，单反相机的占比在逐渐减少。

　　根据日本的数据（表 1.4），2016 年数码相机的总出货量为 352 万台，可换镜头式数码相机约为 128.3 万台，其中单反相机约为 80.6 万台，占比为 62.8%，无反相机约为 47.7 万台，占比约为 37.2%。

顺便提一下，CIPA 所统计的无反相机是一个与可换镜头式单反相机相对的概念。它有多种类型，包括微单相机、单电相机、可换镜头式旁轴相机和可换单元系统相机等（不包括固定镜头式数码相机）。

与卡片数码相机有着明显区别的微单相机之所以格外受关注，不仅因为其镜头可换，还因为一些微单相机采用了较大的图像传感器。譬如：微型 4/3 系统的图像传感器大小为 4/3 画幅；索尼 α6500、宾得 K-01 和富士胶片的 FUJIFILM X-Pro1 等的大小为 APS-C 画幅；索尼 α9、α7 系列的大小为 35 mm 全画幅。这些微单相机所用的图像传感器和单反相机的一样。因此，我们经常在店里看到 "微单相机虽然机身小，但画质堪比单反相机" 这样的广告语。不过，后来也出现了图像传感器比单反相机的还要小的微单相机，比如宾得 Q（1/2.3 英寸[①]）和尼康的 Nikon 1 系列（1 英寸），所以微单相机的图像传感器也不一定大。另外，微单相机这一分类本身也不够明确。比如，Nikon 1 就不叫微单相机，而叫 "高级可换镜数码相机"。

 微单相机是 "单镜头" 吗

在一些杂志或网站的相机分类中，存在 "单镜头微单相机" 这一类别。那么，微单相机真的跟单反相机一样，都是 "单镜头" 吗？

单镜头的语义与其实际意义有些不同。在相机中，单镜头一般指的是光学取景器的取景光路和曝光光路共用同一镜头。但是，微单相机没有光学取景器，并不符合该定义。

单镜头在广义上可以理解为在拍摄前可以提前确认要拍摄的景物。因此，虽然没有反光镜，但事先可以通过电子取景器确认景物的微单相机也可以称为单镜头。不过，卡片数码相机和智能手机同样也具有电子取景器，这样一来它们也算是单镜头了。

因此，本书没有把微单相机称为 "单镜头微单相机"。

---

① 1 英寸约为 25.4 mm。

理解规格表的内容

在选购数码相机时，为了比较各个相机的特点和性能差异，很多人会翻看相机的产品说明书或规格表。如果能看懂规格表，应该就能自己判断出相机的性能（图 1.20）。下面，我们将面向初学者介绍一下规格表中与相机基本性能相关的要点，为后面详细讲解数码相机工作原理做铺垫。

在本节的讲解中，有一些内容需要大家多加留意。例如，决定数码相机画质好坏的因素并不是只有一个。镜头的性能和图像传感器的大小、像素数、动态范围等各种因素都会影响画质。要想比较照片的色调，最好直接确认拍好的照片。也就是说，并不是只要相机配备了具有更高像素的图像传感器，就一定能拍出高画质的照片。但在本章中，为便于理解，我们有时会使用"像素更高的相机更有可能拍出优秀的照片"这种表述。关于这个问题，我们将会在后面各章中详细叙述，具体请参照后面几章的内容。

哪个性能更高？

××万像素？
变焦？
微距？
ISO？
液晶监视器？
……

图 1.20　读懂数码相机的性能
只要能读懂规格表中的内容，就可以轻松对比数码相机的性能。

数码相机的主要规格

各制造商的主要规格表大致上是按照原日本摄影机工业协会（CIPA 的前身）的数码相机委员会制定的《关于数码照相机的产品目录等的标注指南（2014 年修订）》标注的。该指南的制定初衷在于，让供应商通过统一的标注方法，撰写各数码相机的说明书和相关印刷物，向用户提供清晰明确的信息，以便普通消费者在准确理解产品的前提下挑选、购买和使用产品。指南中的具体内容，例如关于像素数的标注方法如下所示。

1. 在描述相机的拍摄性能时，需要优先标注有效像素数
2. 如果需要标注有效像素数以外的像素数（总像素数、记录像素数等），需注意避免与有效像素数相混淆
3. 当其他像素数和有效像素数需要一起标注时，有效像素数要优先显示或标注
4. 当有效像素数和图像传感器的尺寸需要一起标注时，要在有效像素数的附近标注图像传感器的总像素数

CIPA 还于 2003 年 12 月制定了《数码相机分辨率的测量方法》，旨在"统一数码相机产品说明书中分辨率的标注方法，避免消费者感到混乱"。此外，该协会在同一时期还公布了《电池寿命测量方法》。

像这样制定比较具体的标注方法，可以防止产品说明书上出现容易引发误解的表述，但从整体来看，不同制造商、不同相机机型之间，还是会有很多不同的条目和不同的标注方法，所以目前的相机产品说明书还没有达到任何人都可以轻松理解的程度。下面我们以佳能 PowerShot G9 X Mark II 的规格表为例进行说明（表 1.5）。光是"主要规格"就有很多条目，不过这里将以图像传感器、记录媒体、记录图像和镜头等为重点进行介绍（表中标有★）。

表 1.5　数码相机的主要规格

数码相机的构成部件大致分为图像传感器、镜头、机身、记录媒体等。这里的示例是固定镜头式卡片数码相机的规格，如果是单反相机或微单相机等可换镜头式数码相机，镜头部分的规格可以通过镜头的产品说明书或官方网站确认。

产品名称		PowerShot G9 X Mark II
图像传感器 ★	有效像素数 / 总像素数 ★	约 2010 万像素 / 约 2090 万像素 ※ 图像处理可能会导致像素降低
	尺寸和类型 ★	1 英寸高感光度 CMOS（背照式）

（续）

产品名称		PowerShot G9 X Mark II
镜头★	焦距 [35 mm 规格换算]★	10.2 mm（广角）~ 30.6 mm（长焦）[28 mm（广角）~ 84 mm（长焦）]
	光圈 F 值★	F2.0（广角）~ 4.9（长焦）
	叶片数★	6 组 8 枚（双面非球面 UA 镜片 2 枚 / 单面非球面镜片 1 枚）
	光学变焦放大倍率	3 倍
	数码变焦放大倍率	约 4.0 倍
	变焦增强（L 尺寸记录像素数）	约 6.0 倍
	对焦范围★（从镜头前端开始测量）	自动：5 cm ~ 无限远（广角）/35 cm ~ 无限远（长焦）微距：5 cm ~ 50 cm（广角）
	近拍时的拍摄范围★（自动）	[3：2] 77 mm × 51 mm（广角）/ 176 mm × 117 mm（长焦）※ 手动对焦模式下也一样
取景器		—
液晶监视器		3 英寸 TFT 彩色液晶屏（约 104 万像素），长宽比为 3：2，视野率约为 100%
触摸屏		支持（电容型）
对焦方式		TTL 自动对焦 / 手动对焦
曝光控制	测光模式	评价测光 / 中央重点平均测光 / 点测光
	曝光补偿	±3 级（以 1/3 级为单位增减）
	ISO 感光度（推荐曝光指数）	自动，ISO 125 ~ 12 800
白平衡★		自动 / 日光 / 阴影 / 阴天 / 钨丝灯 / 白色荧光灯 / 闪光灯 / 色温 / 用户自定义模式
快门速度		自动模式：1 秒 ~ 1/2000 秒 Tv 模式：30 秒 ~ 1/2000 秒 M 模式：BULB ~ 1/2000 秒
光圈★		广角：F2.0 ~ 11 长焦：F4.9 ~ 11
闪光灯	内置闪光灯（闪光范围）	广角：50 cm ~ 60 cm 长焦：50 cm ~ 240 cm
	外接闪光灯	高能量闪光灯 HF-DC2（另售）

（续）

产品名称		PowerShot G9 X Mark II	
拍摄	拍摄模式 （在某些拍摄场景下，ISO 感光度上升，图像会出现噪点） 特殊场景模式和创意滤镜模式的具体内容请参照拍摄模式一览表		＜拍摄模式＞ C/M/Av/Tv/P/ 混合式自动 / 自动 /SCN 特殊场景 [人像 / 摇摄 / 星空（星空人像 / 星空夜景 / 星空轨迹）/ 手持拍夜景 / 焰火 / 高反差景物 / 鱼眼效果 / 油画效果 / 水彩画效果 / 微缩景观效果 / 玩具相机效果 / 背景散焦 / 柔焦 / 颗粒黑白] ＜短片模式＞ 标准 / 片段 / 手动 / 延时短片 /iFrame 短片 / 星空（星空间隔短片）
	光学防抖校正 (IS) ★		多场景 IS 校正效果（拍摄静止图像 IS 时）：3.5 级（远摄端） ※ 符合 CIPA 准则
	自拍		关闭 / 约 2 秒后 / 约 10 秒后 / 自定义 ※ ※ 可指定延迟时间（0 秒 ~ 30 秒）和拍摄张数（1 张 ~ 10 张）
	连续拍摄（在环境明亮、不使用闪光灯的情况下）		JPEG：约 8.1 张 / 秒（最多 38 张） RAW：约 8.2 张 / 秒（最多 21 张） ※ONE SHOT 时
记录	文件格式		符合 DCF，兼容 DPOF（1.1 版）
	记录媒体 ★		SD 存储卡 /SDHC 存储卡 ※/SDXC 存储卡 ※ ※ 也支持 UHS-I 存储卡
	数据类型	静止图像	JPEG（Exif 2.3）、RAW（14 位，CR2）
		短片	MP4 视频：MPEG-4 AVC/H.264 音频：MPEG-4 AAC-LC（立体声）
	静止图像压缩率		精细 / 普通

（续）

产品名称			PowerShot G9 X Mark Ⅱ
记录	记录像素	静止图像★	[3：2图像] 大 (L)：5472 × 3648 中 (M)：3678 × 2432 小 1(S1)：2736 × 1824 小 2(S2)：2400 × 1600 RAW：5472 × 3648 [16：9图像] 大 (L)：5472 × 3072 中 (M)：3648 × 2048 小 1(S1)：2736 × 1536 小 2(S2)：2400 × 1344 RAW：5472 × 3072 [4：3图像] 大 (L)：4864 × 3648 中 (M)：3248 × 2432 小 1(S1)：2432 × 1824 小 2(S2)：2112 × 1600 RAW：4864 × 3648 [1：1图像] 大 (L)：3648 × 3648 中 (M)：2432 × 2432 小 1(S1)：1824 × 1824 小 2(S2)：1600 × 1600 RAW：3648 × 3648
		短片	全高清：1920 × 1080（60 f/s：约 35 Mbit/s）（30 fps/ 24 f/s：约 24 Mbit/s） 高清：1280 × 720（30 f/s：约 8 Mbit/s） 标准：640 × 480（30 f/s：约 3 Mbit/s） ※60 f/s 的实际帧速率是 59.94 f/s，30 f/s 是 29.97 f/s，24 f/s 是 23.98 f/s
播放模式			单张图像显示 / 放大显示（约 2 ～ 10 倍）/ 位置信息显示 / 幻灯片显示 / 视频播放 / 滚动播放 / 分组显示 / 索引显示 / 直方图显示 / 裁剪图片
显示语言			日语 / 英语
启动时间（大约） （在环境明亮、不使用闪光灯的情况下）			约 1.1 秒

（续）

产品名称		PowerShot G9 X Mark Ⅱ
接口	有线	USB：Micro-B HDMI OUT 端子：Type D
	Wi-Fi/NFC	支持
	蓝牙	遵循标准：蓝牙版本 4.1（采用蓝牙低功耗技术） 传输系统：GFSK 调制方式
电源		可充电锂离子电池（NB-13L）[充电时间：约 130 分钟]
USB 充电		支持
工作环境		温度：0 ℃ ~ 40 ℃ 湿度：10% ~ 90%
尺寸（宽×高×厚）（符合 CIPA 准则）		98.0 mm × 57.9 mm × 31.3 mm
重量（符合 CIPA 准则）		包含电池、存储卡：约 206 g 仅相机机身：约 182 g
软件		Digital Photo Professional ※ 不附带软件光盘。可以从佳能官方网站上下载（免费）软件，具体请查看支持页面

有效像素数和图像传感器

能够左右照片画质的部件中，最重要的就是图像传感器。它用于代替胶片将从镜头进入的光记录成像，所以也被称为感光元件。图像传感器的大小（尺寸）和有效像素数是衡量图像传感器性能的两大指标。

现在，常见的数码单反相机所采用的图像传感器，最大尺寸是 35 mm 全画幅，接着就是 APS-C 画幅、4/3 画幅（详见 1.4 节）。固定镜头的卡片数码相机等也常用英寸表示图像传感器的大小，比较常见的尺寸如图 1.21 所示。一般来说，图像传感器越大，出现高光溢出和暗部缺失的机会就越少，色彩表现越好，噪点也越少。

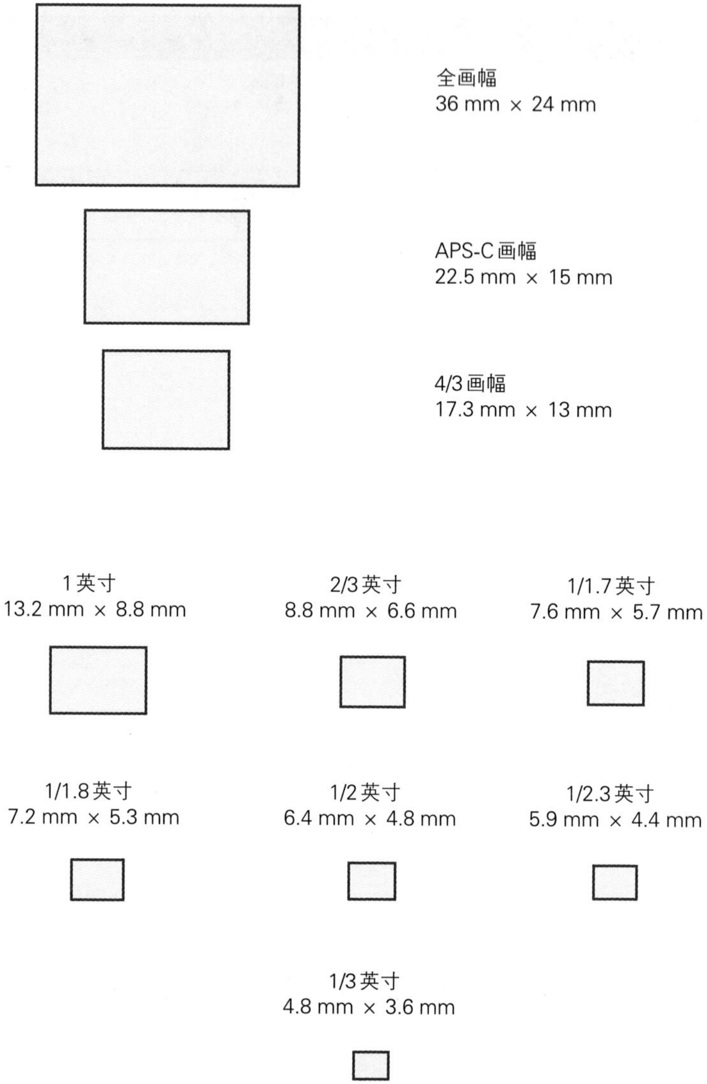

全画幅
36 mm × 24 mm

APS-C 画幅
22.5 mm × 15 mm

4/3 画幅
17.3 mm × 13 mm

1 英寸	2/3 英寸	1/1.7 英寸
13.2 mm × 8.8 mm	8.8 mm × 6.6 mm	7.6 mm × 5.7 mm

1/1.8 英寸	1/2 英寸	1/2.3 英寸
7.2 mm × 5.3 mm	6.4 mm × 4.8 mm	5.9 mm × 4.4 mm

1/3 英寸
4.8 mm × 3.6 mm

图 1.21　图像传感器（感光元件）的大小对比示意图

数码相机的图像传感器大小各异。其中最小的 1/3 英寸是智能手机 iPhone 5s～iPhone 7 等采用的尺寸。

※ 图中所示大小和实际大小大致相同。

※ 即使英寸数相同，实际大小（长 × 宽）也会因制造商或传感器而异。

　　因为照片画质与光量有很大关系，所以从很早以前，人们就致力于设计大口径的镜头，扩大胶片或图像传感器等的记录面，以聚集更多的光。

　　在佳能 EOS 系列的销售说明中，图像传感器被比喻为水桶，光被比喻为水，噪点则被比喻为垃圾。水桶越大，能够储存的水就越多，即使其中混入等量的垃圾，这些垃圾也不会很显眼，所以图像传感器大一些比较好。

　　但是，图像传感器变大后也会出现一些缺点。例如制造成本变高，耗电量变大，容易发热，相机机身和镜头更大更重等。

　　有效像素数也被称为分辨率，像素级别分为十万、百万、千万等。像素数越多，照片画质越精细。

　　消费者往往简单地认为"数码相机的像素越高，拍出来的照片越好"，而制造商也迎合消费者的心理，开始了"高像素竞赛"，在广告或产品说明中强调自己产品的像素有多高。其实在这一问题上存在误区。虽然像素数越多，成像确实越精细，但在图像传感器大小相同的情况下，像素数越多，摄入的光量就越少，这反而会导致画质下降。虽然各大制造商都在为了追求高画质而努力提高像素，但"高像素 = 高画质"却并不一定成立。

　　在尼康和佳能的数码单反中，面向专业用户的旗舰机搭载了最大的 35 mm 全画幅图像传感器，但它们的像素数却比其他的 35 mm 全画幅相机还要小（表 1.6）。这表明，包括高感光度摄影在内，如果想拍出高画质的照片，需要找到最合适的像素数，达到高画质和高像素的平衡。

表 1.6　全画幅相机与像素数

可以看到，尼康的 D5 和佳能的 EOS-1D X Mark Ⅱ 都是面向专业用户的旗舰机（★），但它们的有效像素数并不高。

制 造 商	机 型	有效像素数
尼康	D5（★）	2082 万
	D850	4575 万
	D610	2426 万
佳能	EOS-1D X Mark Ⅱ（★）	2020 万
	EOS 5Ds	5060 万
	EOS 5D Mark IV	3040 万

如果把相机比喻成汽车，那么图像传感器的大小就是排气量，像素数就是马力值，像这样阅读产品说明资料，可能就会更加容易理解一些（图1.22，表1.7）。

××马力!!
排气量为××CC

××万像素!!
图像传感器的大小为××

图 1.22　将图像传感器比作汽车引擎

为了迎合市场需求，数码相机也需要有适应不同类型或机型的图像传感器，就像不同车型需要使用不同引擎一样。

表 1.7　图像传感器（以 PowerShot G9 X Mark II 为例）

有效像素数	约 2010 万像素
总像素数	约 2090 万像素
图像传感器	1 英寸高感光度 CMOS（背照式）

从"得到高画质"这一目的来看，图像传感器越大确实越有利，但同时也存在缺点，所以各制造商在制造数码相机时，会结合市场需求确定采用多大的图像传感器。以汽车引擎为例，当排气量大时最大输出（马力）和扭矩有富余，这当然很好，但小型汽车的车身小，装不下大引擎，而且有耗油量大、引擎噪声大等缺点。同样地，图像传感器的大小不仅会影响相机机身的大小，同时也会影响镜头口径大小和镜头长度。与小型车需要小型引擎一样，对于小型数码相机，我们需要考虑如何通过小型图像传感器、小型镜头和小型电池实现高像素、高画质（图 1.23）。

数码相机的图像传感器分为 CMOS 传感器和 CCD 两种。二者各有优缺点，但最近采用 CMOS 传感器的相机相对较多。一直以来，CCD 的优点就是噪点少、画质清晰，而 CMOS 传感器的特点在于耗电量更小，读取信号的速度更快。但是，由于技术的进步，二者的差距越来越小，所以我们很难简单地说哪种更好（详见第 4 章）。

更大的像素数

更小的图像传感器
更小的镜头
更小的电池

图 1.23　便携式数码相机追求的技术

　　索尼在卡片数码相机和数码单反相机两方面都有众多产品线，它在 2013 年秋季发布的单反相机和微单相机都采用了 CMOS 传感器，而卡片数码相机则主要采用了 CCD。不过，到了 2017 年，大部分卡片数码相机也开始采用 CMOS 传感器了。

　　CCD 不需要布线层，结构简单，所以即使体积小也很容易聚集光线，而 CMOS 传感器的优点是耗电量小，只要体积够大，受光就会比较充分。它们在结构上各有千秋，这也是在选择相机时的参考因素之一（图 1.24）。

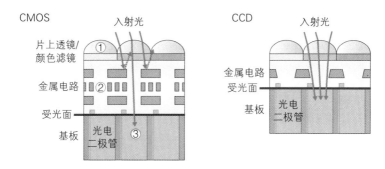

图 1.24　图像传感器剖面和光的照射的示意图
CMOS 传感器一般由 2 ～ 3 层基板构造而成（左图）。CCD 一般只有 1 层（右图），而且不需要复杂的金属电路层，结构简单，其特点就是小型图像传感器也可以很容易地得到充足的光。光通过①片上透镜 / 颜色滤镜 → ②金属电路层 → ③受光面（光电二极管受光）的路线最终转换成图像。金属电路层②越多（左图），片上透镜①到最终的光电二极管③的距离就越长，所以光信息缺损的可能性就越大，而且这种缺损是图像传感器的体积越小越显著（上图为示意图）。
资料来源：索尼

　　从单反相机整体来看，自从佳能 EOS 系列开始采用 CMOS 传感器之后，各大公司为了实现高画质和低成本，都开始倾向于采用 CMOS 传感器了。关于两者的差异，请参照第 4 章。

低通滤镜

最近，不搭载低通滤镜的相机产品的画质引起了人们的注意。

以往，大部分数码相机的机型会搭载低通滤镜。它一般安装在图像传感器的前面（表面），通过稍微模糊透过镜头的成像来抑制数码图像特有的噪点，即伪色和摩尔纹。在搭载大尺寸图像传感器以实现高分辨率的数码相机上，原本为了抑制噪点而模糊图像的低通滤镜会导致照片分辨率下降，因此不搭载低通滤镜的相机产品诞生了。无低通滤镜的相机能够在远景拍摄等对画质要求较高的拍摄场景中实现高分辨率摄影，所以受到了人们的关注。

其中有几款产品还引起了人们的讨论：索尼的 RX1 和 RX1R，二者之间的差异只在于是否搭载了低通滤镜；尼康的 D800 和 D800E，前者搭载了低通滤镜，后者是通过某种机制实现了无低通滤镜的效果。索尼的产品线中，α7S 系列有低通滤镜，α7R 系列则没有低通滤镜。而且，α7S 的像素数有约 1220 万，但 α7R II 的约 4240 万，可以看出制造商对像素数特别重视。

此外，索尼发布的 RX1 RII 是世界首款搭载了光学可变低通滤镜的相机，通过光学可变低通滤镜，用户可以切换低通滤镜效果。

记录媒体

在记录媒体方面，重点需要确认相机的集成内存大小和支持的存储卡类型。

所谓集成内存，就是搭载在数码相机机身内的内存，可以快速读写。用户所拍摄的图片在被保存到读写速度相对较慢的存储卡之前，会先以缓存的形式临时保存到集成内存中。所以，集成内存的容量越大，在高速连拍或持续拍摄模式下能够拍摄的图片张数就会越多。查看产品说明书中的"连拍"一栏，可以确认连拍的类型和可以连拍的张数。此外，有时集成内存的大小也会影响查看照片时图片的切换速度。

记录媒体的类型有 CF 卡、SD 卡（SDHC/SDXC）、XQD 卡和记忆棒等（表 1.8）。

表 1.8　记录媒体（以 PowerShot G9 X Mark Ⅱ 为例）

记录媒体	SD 存储卡 / SDHC 存储卡 ※ / SDXC 存储卡 ※

※ 支持 UHS-I 卡。

不同类型的记录媒体，大小以及连接部位的形状也不同。因此，使用什么样的记录媒体，取决于数码相机搭载的存储卡插槽。

CF 卡具有高速、容量大和耐用性好等优点，因此有很多数码单反相机采用 CF 卡。近年来，越来越多的机型也开始支持 SD 卡。SD 卡体积小、速度快，所以大部分微单相机和卡片数码相机采用 SD 卡。

存储卡的容量和价格是成正比的，建议在选购时考虑以下几点：每兆单价尽可能便宜；可以在店里轻松买到（到处都可以买到）；可以在手机、平板电脑或计算机等设备上通用等。另外，即使是外观形状相同的 SD 卡，其速度、性能也会因规格（SD/SDHC/SDXC）而不同。关于每种存储卡的具体特点，请参照 6.3 节。

记录图像（记录方式和图像尺寸）

记录方式指的是将图像记录到记录媒体时的文件格式（表 1.9）。

表 1.9　记录方式（以 PowerShot G9 X Mark Ⅱ 为例）

最常用的记录方式是遵循了 DCF 和 Exif 规格的 JPEG 格式。当然有些机型也支持 RAW 和 TIFF 格式。

数据类型	静止图像	JPEG（Exif 2.3）、RAW（14 位、CR2）
	短片	MP4 视频：MPEG-4 AVC / H.264 音频：MPEG-4 AAC-LC（立体声）

最常用的图像保存格式是 JPEG。这种格式的特点是可以非常方便地将存储卡上的图片上传到计算机或互联网上进行分享，而且 JPEG 是如今所有数码相机一定会支持的一种格式。

除了 JPEG，有些机型还可以把图片保存为 RAW 和 TIFF 格式。RAW 也被称为 CCD-RAW，是图像传感器捕捉到图像信号后的原始图像数据。以这种格式保存的图片由于颜色信息丰富，所以容量很大，画质较高，因此数码单反相机和微单相机大多支持这种格式。如今，一部分卡片数码相机机型也开始支持这种格式了。要查看 RAW 格式的图片，需要使用专业的图片浏览软件或 Photoshop 等支持 RAW 格式的软件先将图片转换成 JPEG 或 TIFF 格式，然后才能用于打印或互联网等。

数码单反相机可以在按下快门后，同时保存 JPEG 和 RAW 两种格式的图片文件。如果想尽快确认图片效果，可以使用 JPEG 格式；如果想用于发布或打印，则可先使用支持 RAW 格式的图片编辑软件，按照自己的想法对图片的曝光、白平衡等进行后期调整，然后再使用。

TIFF 格式没有很流行。它是一种比 JPEG 画质好，又比 RAW 更加容易操作的图像格式。虽然有部分数码相机支持这种格式，但近来支持此格式的机型越来越少。

除了上述图片格式，还有 DCF 和 Exif 这两种格式。通过它们，我们可以提高使用数码相机拍摄的图片的兼容性，让图片使用起来更加方便。如果相机支持这些格式，我们就可以在不同数码相机之间共用相同的记录媒体，或者让数码相机直接连接打印机打印图片，还可以方便地在 DPE（Development-Printing-Enlargement，显影 – 印相 – 放大）商店下单打印图片。现在最新的机型大多支持这两种格式。今后的数码相机也一定会积极支持 DCF 2.0 和 Exif Ver 2.x。关于详细内容，请参照 6.2 节。

此外，现在的数码相机大多也支持视频和音频的录制。视频格式有 MOV、AVI、WMV、Motion JPEG 和 MPEG 等。

如今，数码相机的文件格式（或容器）通常是 MOV，压缩格式通常是 MPEG-4 AVC/H.264。MOV 由苹果公司开发，因被 QuickTime 播放器采用而闻名。计算机和互联网上普遍使用这种格式，其特点是兼容性高。

MPEG-4 AVC/H.264 是对视频进行压缩或扩展（录制或播放）的国际标准之一。它具有较高的兼容性，广泛用于智能手机、视频摄像机和高清数字广播设备。

以前，如果是苹果 Macintosh 系统的计算机，就建议使用 MOV 格式；如果是 Windows 系统的计算机，就建议使用 WMV 格式。但如今，MOV 格式已经兼容 Windows 系统了。

此外，如果对声音有所要求，可以在录制时设置录制声音为立体声（左右）或单声道。

判断相机是否可以拍出好看且分辨率高的照片，可以看相机的最大记录像素数或图像尺寸（表 1.10，图 1.25）。像素越大，拍到的图片就越大。图片的成像质量和图像传感器的大小也密切相关。打印尺寸分为 L、2L 尺寸的明信片大小，或 A5、B5 和 A4 大小等，如果需要在放大打印照片的同时保证画质，那么就要以较大的图像尺寸保存照片。当然，对于颜色信息丰富的大画幅照片，缩小打印时照片也会更加清晰，我们也可以大胆地剪裁图片。

表 1.10　记录像素（以 PowerShot G9 X Mark Ⅱ 为例）

记录像素	静止图像	［3 : 2 图像］
		大 (L)：5472 × 3648
		中 (M)：3678 × 2432
		小 1(S1)：2736 × 1824
		小 2(S2)：2400 × 1600
		RAW：5472 × 3648
		［16 : 9 图像］
		大 (L)：5472 × 3072
		中 (M)：3648 × 2048
		小 1(S1)：2736 × 1536
		小 2(S2)：2400 × 1344
		RAW：5472 × 3072
		［4 : 3 图像］
		大 (L)：4864 × 3648
		中 (M)：3248 × 2432
		小 1(S1)：2432 × 1824
		小 2(S2)：2112 × 1600
		RAW：4864 × 3648
		［1 : 1 图像］

（续）

记录像素	静止图像	大 (L)：3648 × 3648
		中 (M)：2432 × 2432
		小 1(S1)：1824 × 1824
		小 2(S2)：1600 × 1600
		RAW：3648 × 3648
	短片	全高清：1920 × 1080（60 f/s：约 35 Mbit/s）（30 f/s / 24 f/s：约 24 Mbit/s）
		高清：1280 × 720（30 f/s：约 8 Mbit/s）
		标准：640 × 480（30 f/s：约 3 Mbit/s）

※60 f/s 的实际帧速率是 59.94 f/s，30 f/s 是 29.97 f/s，24 f/s 是 23.98 f/s。

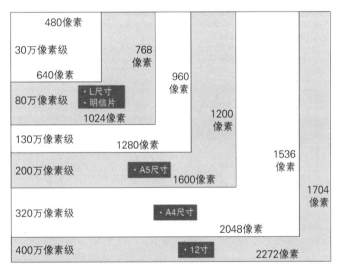

图 1.25　图像尺寸（最大像素数）

图像尺寸越大，拍到的照片越清晰。

像素数越多，拥有的颜色信息越细致，图像的尺寸也会相应变大。有时"像素"也称为"像素点"。关于像素数和画质模式与适用纸尺寸的关系，请参照第 6 章中的表 6.2。

　　另外，随着图像尺寸的增大，最终保存的文件大小也会增加，如此一来，可以保存到记录媒体（如 CF 卡或 SD 卡等）的图片最大张数就会变小。因此，有些数码相机会提高图像压缩率，或降低分辨率以缩小图像尺寸，从而降低图片文件的大小，达到增加记录媒体中可保存的最大图片张数的目的。不过，缩小图像尺寸会导致丢失很多颜色信息，进而导致画质变差。如果只是为了做备份，或者要传到博客里使用，那么还是相对较小的图像尺寸使用起来更加便利。

"大 (L)"是图像质量最高的模式，最终形成的图像文件会很大。3 : 2、16 : 9 和 4 : 3 等表示可以指定的图像纵横比。有些数码相机的机型可以指定更多的纵横比，有些可以记录为 RAW 格式，有些同时支持 RAW 和 JPEG 两种格式。

镜头

在选购数码相机时，镜头也是重要的参考因素（表 1.11）。单反相机或微单相机的镜头可以更换，通常与机身分开出售，所以机身的产品说明书或规格表上并不会记载镜头的信息。卡片数码相机大多配备了具有望远功能的变焦镜头，所以对于其镜头性能，人们普遍最在意的是变焦倍率。倍率越大，远处的被摄体就可以拉得越近，远景拍摄效果就越好。

表 1.11　镜头（以 PowerShot G9 X Mark Ⅱ 为例）

镜头	焦距 [35 mm 规格换算]	10.2 mm（广角）～ 30.6 mm（长焦）[28 mm（广角）～ 84 mm（长焦）]
	光圈 F 值	F2.0（广角）～ 4.9（长焦）
	叶片数	6 组 8 枚（双面非球面 UA 镜片 2 枚 / 单面非球面镜片 1 枚）
	光学变焦放大倍率	3 倍

对于变焦倍率，数码相机通常有两种表示方法。

一种是与摄像机相同的倍率表示法，即"×× 倍"。另一种就是与胶片相机或可换式镜头产品相同的焦距（视角）表示法，即"×× mm"。

使用倍率表示法时，我们虽然能够判断出长焦端的性能，但无法知道在拍摄风景或用广角拍近处的被摄体时，广角端的视野是什么样的。使用焦距表示法时，由于镜头上标注了"广角 ×× mm ~ 长焦 ×× mm"，所以我们可以得知广角端的视野宽度和长焦端的望远距离，进而判断通过改变焦距是否可以拍出想要的照片。

人类的视野接近 50 mm 的焦距范围，在此范围以内的就是广角（可以拍出更加广阔的视野），在此范围之外的就是长焦（可以把远处的物体拍得较大)。焦距范围在 35 mm～75 mm 的一般称为标准变焦(图 1.26)。

图 1.26 标准变焦镜头
上图是 28 mm～70 mm 的 EF 镜头"EF 28-70 mm
F/2.88L USM",属于标准变焦镜头。

变焦分为数码变焦和光学变焦两种。光学变焦即通过改变焦距来实现变焦,与胶片相机的变焦方法一样。数码变焦则是像裁剪图片那样,利用相机内部的处理器,对图片内的部分像素进行"插值"处理,使之变大,从而达到像变焦到长焦端一样放大被摄体的目的,但数码变焦的画质没有光学变焦的清晰。

另外,在判断镜头性能时还有一个参数比较重要,那就是"光圈"。关于光圈,具体请参照后文"大光圈镜头和高价镜头"部分。

可拍摄范围

被摄体与数码相机之间的距离称为"可拍摄范围",用 cm 表示(表1.12)。关于拍摄范围,需要注意的是"微距"的性能。微距的可拍摄范围越小,在拍摄花朵、虫子、戒指等较小的物体时,就可以越近地靠近被摄体,将其放入整个画幅之中。

表 1.12 可拍摄范围(以 PowerShot G9 X Mark Ⅱ 为例)
标准的自动模式和微距模式都可以使用广角端在距离被摄体 5 cm 时进行拍摄。

对焦范围(从镜头前端开始测量)	自动:5 cm～无限远(广角)/35 cm～无限远(长焦) 微距:5 cm～50 cm(广角)

感光度

感光度又称 ISO 感光度,表示拍摄时对光的灵敏程度,以前也表示胶片相机上的胶片感光度(表 1.13)。数值越小,表示对光的灵敏度越低,越需要大量的光进行曝光。此时,可以拍出锐度高、噪点少的图片。例如，ISO 100 就非常适合在晴天的室外进行拍摄。相反，ISO 感光度的数值越大，表示对光的灵敏度越高，即使是在室内或夜晚等较暗的场景下，拍摄时也可以不使用闪光灯，但此时拍摄的图片中噪点将变多。

表 1.13　感光度（以 PowerShot G9 X Mark II 为例）

曝光控制	ISO 感光度（推荐曝光指数）	ISO 125 ~ 12 800

相机的 ISO 感光度越高，越能防止发生抖动。但是，高 ISO 感光度会引发噪点和伪色。在以高 ISO 拍摄时（高感光度拍摄），需要考虑到图像会因噪点而变得粗糙，然后设定一个最佳的快门速度。相信大家都在娱乐杂志等中看到过不良跟拍者拍的照片，其中一些照片在拍摄时 ISO 会达到 3200 或 6400 以上，因此噪点很多。

在需要采用高感光度拍摄的场景，比如在体育场馆内的比赛、夜晚的演唱会等光量不充足且被摄体经常移动的拍摄场景中，需要尽可能地提高快门速度，防止相机抖动。

把 ISO 感光度提高到多少，噪点才比较明显呢？这因相机机型而异，与图像传感器的大小也有很大关系。如果图像传感器较大，那么即使 ISO 感光度设置得很高，噪点也不会很明显。此外，也可以通过降低像素来提高聚光能力，这样一来，即便使用超高的感光度拍摄也可以抑制噪点。

关于感光度的详细介绍，请参照 5.3 节。

防抖

失焦或手抖可以说是照片没有拍好的主要原因。防抖是对手持相机拍摄所造成的图像模糊进行自动校正的功能。光学防抖功能分为"镜片位移式"和"图像传感器位移式"（感光元件位移式）。

镜片位移式光学防抖[①] 是从胶片相机时代就有的防抖方式。这种方式通过检测手的抖动来控制镜头内的校正镜片，从而抵消光轴偏移，完成校正；图像传感器位移式光学防抖[②] 则通过调整图像传感器的位置来抵消光轴的偏移。如果是卡片数码相机等固定镜头式数码相机，用户无须特别在意配置的到底是哪一种防抖方式，但如果是单反相机、微单相机等可换镜

---

① 又称为镜头防抖。

② 又称为成像防抖或机身防抖。

头式数码相机，最好事先了解这方面的信息，因为防抖功能是在镜头端还是在相机端，对挑选镜头也会有影响。

如果相机是图像传感器位移式光学防抖，不管镜头有没有防抖功能，相机都会进行抖动校正；但如果是镜片位移式光学防抖，那么在使用带防抖功能的镜头拍摄时就会有防抖功能，在使用不带防抖功能的镜头拍摄时就没有防抖功能。

2003 年 9 月，美能达发布了第一台搭载了图像传感器位移式光学防抖功能（Anti Shake 功能）的固定镜头式数码相机 DiMAGEA1。2004 年，柯尼卡美能达也在以拥有较高人气的 α 系列胶片相机命名的 α-7 Digital 数码单反相机上搭载了 Anti Shake 功能，并获得了由摄影记者俱乐部举办的 2005 年数码相机大奖。从此，防抖功能开始受到人们关注，各制造商也开始积极投入研发。不过，各制造商采用的防抖方式不尽相同。

继承了柯尼卡美能达 α 系列的索尼 A 卡口系统（柯尼卡美能达于 2006 年 3 月退出了相机市场）和奥林巴斯等采用了图像传感器位移式光学防抖（图 1.27），佳能、尼康和适马等采用了镜片位移式光学防抖（表 1.14，关于防抖的具体内容，详见 5.4 节）。

图 1.27　图像传感器位移式光学防抖（IS）单元

左图是奥林巴斯 PEN E-P1 机型搭载的光学防抖功能（IS）单元，用于检测手抖导致的光轴偏移量，并通过移动图像传感器来校正偏差。

表 1.14　防抖功能（以 PowerShot G9 X Mark Ⅱ 为例）

光学防抖校正（IS）	多场景 IS 校正效果（拍摄静止图像 IS 时）：3.5 级（远摄端）

※ 符合 CIPA 准则。

※ 光学防抖校正（IS）指镜片位移式光学防抖。

对焦

　　自动对焦也就是自动进行合焦的功能，其英文为 Auto Focus，简称 AF（表 1.15）。目前，数码相机中使用的自动对焦方式大致分为"相位检测自动对焦"（相位检测 AF）和"反差检测自动对焦"（反差检测 AF）两种[①]。单反相机采用的主要是相位检测 AF，微单相机和卡片数码相机采用的主要是反差检测 AF。关于这两种方式的具体差异，请参照 2.5 节和 3.9 节。在判断相机性能时，人们关注的是自动对焦能够以多快的速度准确地合焦。

表 1.15　对焦方式（以 PowerShot G9 X Mark Ⅱ 为例）

对焦方式	TTL 自动对焦 / 手动对焦

　　一般来说，相位检测 AF 是一种可以实现高速合焦的自动对焦方式。在拍照时，要随着合焦的蜂鸣声按下快门——这种流畅的拍照节奏也是单反相机吸引人的魅力之一。反差检测 AF 给人的印象则是要先找到合焦点再进行对焦。如果被摄体的对比度明显，对焦就非常准确。最近也出现了同时支持两种对焦方式的"混合自动对焦"（混合 AF）相机。另外，一直以来，要实现相位检测 AF 就必须使用专用的对焦传感器，但最近人们研发出了可以直接用图像传感器来实现对焦传感器功能的"像面相位检测自动对焦"（像面相位检测 AF）。原本单反相机是不能像摄像机那样动态自动追焦的，"像面相位检测 AF"的出现有效解决了这个问题。

白平衡

　　白平衡功能用于让白色所成的像依然为白色。也可以说，白平衡功能用于精确还原被摄体的色彩状况，把成像的色调调整为被摄体被正常光源照射时的颜色。在大多数情况下，白平衡处于"自动"状态，但如果了解了它的机制，就可以通过各种设置来控制拍摄时的色调了。

　　白平衡的模式根据相机的机型而异（表 1.16）。一般有自动模式和其他的预设模式（日光 / 阴影 / 阴天 / 钨丝灯 / 白色荧光灯 / 日光荧光灯等）。

[①]　相位检测自动对焦（Phase Detection Auto Focus，PDAF）也可称为相位对焦，反差检测自动对焦（Contrast Detection Auto Focus，CDAF）也可称为反差对焦或对比度自动对焦、对比检测 AF、对比度 AF 等。

预设模式越多，能够进行的设置越精确。如果在拍摄时把图片保存为 RAW 格式，还可以在后期使用支持 RAW 格式的编辑软件自由地调整白平衡。

表 1.16 白平衡（以 PowerShot G9 X Mark Ⅱ为例）

在拍摄时，白平衡对图像的成像有很大影响。挑选相机时选择预设模式较多的机型比较好。

白平衡	自动 / 日光 / 阴影 / 阴天 / 钨丝灯 / 白色荧光灯 / 闪光灯 / 色温 / 用户自定义模式

关于白平衡，详见 6.1 节。

其他

在选购数码相机时，除了上面这些，还需要查看产品规格表中的另外两个重要因素，即取景器和液晶监视器。

通过取景器，我们可以在拍摄前确认被摄体。使用目镜通过镜头直接观察被摄体的取景器称为光学取景器，通过液晶监视器确认被摄体的称为电子取景器。后者当中，还有一种虽然呈目镜的形状，但最终还是需要通过目镜里的小液晶屏进行确认的取景器，称为 EVF 取景器。这种结构的取景器经常出现在微单相机中。

如果是单反相机，我们可以通过光学取景器来观察和确认实际被摄体（一部分 EVF 专用机型除外）。光学取景器的性能差异体现在取景器视野率、放大倍率和亮度上（表 1.17）。如果通过取景器能够确认到全部的拍摄范围，那么视野率就是 100%。专业机型通常能实现 100% 的视野率，但入门机型的视野率大多在 93% ~ 99%（详见 2.3 节）。另外，规格表上通常不记载取景器的亮度，建议购买时直接在柜台进行对比。

表 1.17 取景器的差异（摘自佳能单反相机的规格表）

EOS-1D X Mark Ⅱ（全画幅图像传感器：五棱镜）	
取景器视野率	垂直 / 水平方向均约 100%（当眼点约为 20 mm 时）
取景器放大倍率	约 0.76 倍（使用 50 mm 镜头对无限远处对焦，-1 m^{-1}）
EOS 5D Mark Ⅳ（全画幅图像传感器：五棱镜）	
取景器视野率	垂直 / 水平方向均约 100%（当眼点约为 21 mm 时）
取景器放大倍率	约 0.71 倍（使用 50 mm 镜头对无限远处对焦，-1 m^{-1}）

（续）

EOS 7D Mark Ⅱ（APS-C 画幅图像传感器：五棱镜）	
取景器视野率	垂直 / 水平方向均约 100%（当眼点约为 22 mm 时）
取景器放大倍率	约 1.00 倍（使用 50 mm 镜头对无限远处对焦，−1 m⁻¹）
EOS Kiss X9i（APS-C 画幅图像传感器：五面镜）	
取景器视野率	垂直 / 水平方向均约 95%（当眼点约为 19 mm，纵横比为 3：2 时）
取景器放大倍率	约 0.82 倍（使用 50 mm 镜头对无限远处对焦，−1 m⁻¹）

　　液晶监视器的屏幕尺寸和分辨率非常重要（表 1.18）。屏幕尺寸越大，越便于查看拍好的照片；分辨率越高，看到的图像就越清晰。在此基础上，所拍图像的失焦和高光溢出等问题也更容易确认。但是，液晶监视器的屏幕尺寸越大，耗电量也会越大，所以电池的使用时间会大大减少。特别是在大量使用实时取景时，电池消耗会更快。

表 1.18　液晶监视器（以 FinePix F900EXR 为例）

液晶监视器	3 英寸 TFT 彩色液晶屏 / 约 92 万像素（视野率约为 100%）

　　此外，在液晶监视器中，有时会标明视野率。从监视器中只能看到视野率内的景象，视野率越低，取景范围越窄。应当注意的是，有些数码相机并未标明视野率。

　　电池也是选购相机时需要参考的重点之一。可以确认一下规格表中的"电池寿命"和"电池拍摄能力"，建议以当液晶监视器处于工作状态时的最大可拍摄张数为标准。另外，也有人比较看重外面容易买到的 5 号电池是否可以作为紧急电池备用。

　　其他比较重要的因素就是相机的大小和重量。不过，在数码相机的大小和重量方面，用户需求各种各样，比如有些人就是想要小机身，有些人则重视握持感，也有些人追求一定分量。

　　在选购相机时，建议尽量直接在柜台体验和确认。

专栏 **可以对比相机规格的网页**

　　佳能的官方网站提供了产品对比功能，我们可以对比不同在售机型的主要规格（图 1.28）。像这样对比产品的规格不仅对选购相机有帮助，同时也可以让我们更多地了解数码相机的规格。另外，除了佳能，还有其他制造商提供了类似的功能，大家可以自行确认一下。

图 1.28　不同机型的对比
引自佳能官方网站。

大光圈镜头和高价镜头

　　镜头性能（规格）对照片成像质量至关重要，有人甚至认为照片的好坏完全取决于镜头性能。单反相机和微单相机等可换镜头式相机的镜头是单独出售的，那么到底买哪种镜头比较好呢？在购买相机套机时，也需要对比配套的镜头的性能。这时，懂得判断镜头性能的好坏就显得非常重要了。

关于镜头的规格，首先需要注意的就是焦距。要看看镜头是属于广角、标准还是长焦，是变焦还是定焦。此外，高级和中级用户往往比较在意能够衡量镜头性能的光圈大小，即"F值"。

镜头上的F值也被称为"最大光圈"。该数值是当镜头的光圈开放到最大时，也就是入射光最多时的数值。F值原本是表示拍摄时光圈大小的数值，数值越小光圈越大，但由于不同镜头的最大光圈值也不同，所以现在一般会把该镜头的最大光圈值标注出来。

F值越小光圈越大，进光量也就越多，表明镜头的性能越好。

例如，以下两支镜头都是佳能的产品，也都是焦距为24 mm～70 mm的高性能变焦镜头，但价格相差很大（表1.19）。

表1.19　佳能EF镜头1

产品名称	建议零售价（不含税）	重量
EF 24-70 mm F4L IS USM	149 000 日元（约合人民币 9367 元[①]）	约 600 g
EF 24-70 mm F2.8L II USM	230 000 日元（约合人民币 14 460 元）	约 805 g

人们普遍认为镜头轻一点比较好，但在上面这两支镜头中，昂贵的EF 24-70 mm F2.8L II USM 显然更重（当然这两者之间也有其他差异）。这两支镜头在性能上最大的不同是光圈F值。EF 24-70 mm F4L IS USM 的全部焦段都实现了最大光圈F4，它的性能已经非常好了，但EF 24-70 mm F2.8L II USM 的光圈更大，全部焦段都实现了最大光圈F2.8，而且镜片多达18枚，当然也变得更重。尽管如此，仍然有很多用户承认光圈F2.8物有所值。

让我们来看一看另外一个例子（表1.20）。

表1.20　佳能EF镜头2

产品名称	建议零售价（不含税）	重量
EF 24-70 mm F4L IS USM	149 000 日元（约合人民币 9367 元）	约 600 g
EF 28-135 mm F3.5-5.6 IS USM	78 000 日元（约合人民币 4903 元）	约 540 g

---

① 本书均以 1 日元兑换 0.0628 元计算。

刚才介绍的 EF 24-70 mm F4L IS USM 的变焦镜头的长焦端焦距为 70 mm，而这里的 EF 28-135 mm F3.5-5.6 IS USM 的长焦端焦距为 135 mm，所以使用这支镜头可以把被摄体拍得更大。但是，它的价格只有 EF 24-70 mm F4L IS USM 的约一半。EF 28-135 mm F3.5-5.6 IS USM 的变焦范围是 28 mm ～ 135 mm，焦距为 28 mm 时的 F 值为 3.5。同时焦距越长光圈越小，当长焦端焦距达到 135 mm 时，F 值为 5.6。

如果变焦镜头变焦到长焦端，光圈就会逐渐缩小，进光量也随之减少。比如 EF 28-135 mm F3.5-5.6 显示的是广角端到长焦端的 F 值，而 EF 24-70 mm F4L 表示广角端到长焦端的最大光圈都可以达到 F4。

在变焦镜头中，人们比较熟知 F2.8 的大光圈变焦镜头。在整个变焦范围内，F2.8 的光圈对镜头口径的要求相对较高，对内部镜片等部件的精确度要求也较高，所以价格就比较昂贵。

拍摄时的光圈 F 值可以作为衡量镜头性能的标准。在拍摄时，光圈值可以设置为 F2.8、F4、F4.5、F5.0、F5.6、F6.3、F7.1、F8、F9、F10、F11、F16 和 F22 等，可换镜头式相机可以设置的光圈值根据所用的镜头而异，固定镜头式数码相机可以设置的光圈值则根据机型而异。如果镜头的 F 值是从 F4 开始的，那在拍摄时就不能将 F 值设为 F2.8。

从 F4 变到 F2.8 其实也就是"光圈的通光孔扩大了一档"。当进光量变多，在拍摄时就可以获得更快的快门速度。在拍摄运动物体时或在室内、傍晚等较暗场景下拍摄时，如果不使用闪光灯，就不容易出现手抖或被摄体抖动。

在焦距相同的情况下，F 值越小光圈越大，拍出的景深就越浅（焦平面越窄）。在拍人像时，很容易就可以拍出主体背景虚化的照片。

另外，相比变焦镜头，定焦镜头的结构更加简单，所以即使是 F 值在 2.8 以下的大光圈镜头，售价也相对更加便宜。

购买大光圈镜头的用户大多是专业摄影师或摄影爱好者，对画质要求高，因此大光圈镜头的性能通常较高，不仅景深浅，而且具有像差小等特点（详见 3.3 节）。

1.3 数码相机和胶片相机的区别

　　胶片相机也被称为银盐相机，不过在本书中，我们将以往使用银盐胶片的相机统称为胶片相机。那么，数码相机和胶片相机有什么区别呢？对于这个问题，你会怎么回答？数码相机不需要使用胶片，拍摄后马上就可以看到照片，可以用计算机浏览，后期调整起来也更加容易，还可以很方便地上传到博客和网页上进行分享……从用途和使用方法来看，与胶片相机相比，数码相机有各种各样的特点和优点。

　　那么，它们在结构上又有什么差异呢？从各自的成像原理来说，数码相机和胶片相机有相似的部分也有不同的部分。相似的是从光进入镜头到保存图像的部分；不同的则是从保存图像到电子显影的部分。为了理解数码相机的基本工作原理，我们需要先通过插图比较一下数码相机和胶片相机之间的差异，了解成像的整个过程。

胶片相机：利用胶片的化学变化记录图像

　　图像（照片）的形成过程如图 1.29 所示。在胶片相机中，光通过镜头投射到胶片上，胶片发生化学变化，从而成像。将相机对准被摄体并按下快门按钮时，光进入镜头，使胶片的感光层（含有卤化银粒子和色素的胶片乳剂面）发生化学反应，图像由此显影。对于拍摄好的胶片，要注意不能让它的感光层再次碰到光。在拍摄完成后，需要把胶片从相机里拿出来，送到 DPE 商店进行冲洗。用不了多久，照片就可以冲洗并打印好。

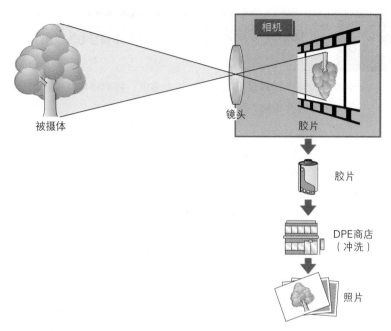

图 1.29 胶片相机成像原理

在使用胶片相机时，光进入镜头，使胶片产生化学变化，图像由此被记录下来。冲洗胶片并打印后，我们就可以看到实际的照片。

经过这一系列过程，人们才能看到拍摄好的照片。不过，如果自己拥有暗房，也可以自己冲洗胶片，无须去 DPE 商店。不管怎样，一般来说，图像显影到胶片之前的工作都由胶片相机负责，冲洗和打印照片则由 DPE 商店负责。

或许很多人有过这样的经历：每家 DPE 商店冲洗和打印出来的照片的颜色和亮度不尽相同。对于胶片中的图像，在冲洗时要先调整颜色和亮度再打印出来。因此，即使是相同的胶片，打印后的照片颜色也会略有不同，有时甚至是完全不同。

数码相机：图像传感器捕获图像并显影

直到最终成像为止，数码相机的工作原理与胶片相机都是基本类似的。在数码相机中，光通过镜头折射到图像传感器时，图像传感器会释放电子，接下来信号处理电路会将电子瞬时转换成电信号，然后图像，也就是颜色和形状信息就会以数字信号的形式被记录下来。图像传感器也被称为感光元件，一般有 CCD 和 CMOS 传感器两种。常用于表示数码相机性能的"××万像素"指的就是图像传感器的像素数。像素数越多，图像细节的呈现就越精细，所以数码相机的技术难题就在于色彩表现和光圈大小的控制。关于图像传感器的详细介绍，请参照第 4 章。

此时的数码相机成像被称为 RAW 数据（原始数据），和胶片一样，人眼是看不到这种图像的（不可见图像）。接下来就是数码相机与胶片相机的不同之处了。数码相机会在相机内部对这个不可见图像进行显影，并将其转换成人眼可见的图像，显示在液晶监视器上，或者最终转换成图像文件保存到 CF 卡等记录媒体中（图 1.30）。

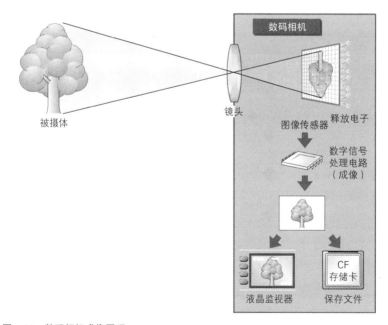

图 1.30　数码相机成像原理
数码相机不使用胶片，而是使用图像传感器把接收的光转换成电子，进而通过内部的 IC 芯片计算电子的数量并进行数据化。对于这样的数据，需要先在数码相机内部进行显影处理使之可视，然后才可以将其直接转换成图像显示在液晶监视器上。

像这样比较数码相机和胶片相机各自从拍摄到保存图片为止的过程，就可以知道它们的工作原理其实是非常相似的。区别就在于光在经过镜头后是投射到胶片还是图像传感器上。

但是，接下来的处理就有很大差异了。如果是胶片相机，到这里就算完成任务了，但如果是数码相机，接下来就还得继续发光发热。

图像传感器把接收的光转换为电子，再转换为电信号，进而由内部的数字信号处理电路瞬时转换成数字信号，存储为图像原始数据（RAW）。接着，还要调整白平衡和清晰度，并进行伽马校正等显影操作，才能将图像原始数据转换成人眼可见的图像。

经过处理的图像将被压缩，并被存储到记录媒体中。完成这一系列工序的速度和图像的完美程度可以说也体现了数码相机的性能（图1.31）。

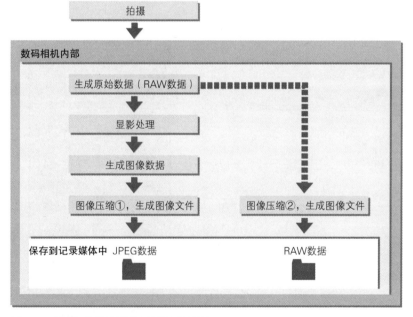

图1.31 数码相机从拍摄到文件保存的过程

整个过程全都在数码相机的内部进行。图像压缩①通常使用不可逆的压缩方式来缩小文件的大小；图像压缩②使用的是可以避免图像劣化的可逆式压缩方式，有时甚至完全不压缩。

另外，如果是使用胶片相机拍的照片，选择的DPE商店不同，冲洗出来的照片的色调和对比度就可能不同。同样，在被摄体于数码相机内部被显影和处理为彩色图像的过程中，对色调和对比度的处理也会呈现出各家相机制造商的特点。以前，这个图像化的工序是由数码相机内部搭载的用于进行数字信号处理的 IC 芯片 DSP（Digital Signal Processor，数字信号处理器）完成的。但是，最近图像的大小越来越大，而且人们又希望获得越来越快的连拍速度，实现更高级的色彩表现，所以各制造商就开发了拥有自主知识产权的数码相机专用 IC 芯片，并将其搭载于数码相机上。这种 IC 芯片也被称为影像处理器，比较知名的有佳能的 DIGIC、索尼的Bionz、尼康的 EXPEED、松下的维纳斯、宾得的 PRIME、卡西欧的EXILIM 和富士胶片的高速实时图像处理引擎等。

1.4　数码相机的发展史

▍马维卡相机和静态视频相机

　　提到数码相机的历史，我很想从"世界第一台数码相机"开始讲起，但关于哪一台才是世界上第一台数码相机，目前众说纷纭。这是因为，根据对数码相机的定义不同，世界上第一台数码相机也不同。

　　如果把第一台抛弃了感光胶片，开始使用内存或磁盘记录图片的相机作为第一台数码相机，那么世界上第一台数码相机就是索尼的马维卡（MAVICA）相机。从感觉上来说，数码相机似乎是近年来的发明，但其实早在 1981 年，马维卡相机就已经问世，到现在已经有长达 40 年的历史了。马维卡相机采用了 2 英寸的小型软盘用于记录图片，所以也被称为"软盘相机"。

　　虽然这对当时仍以胶片为主的相机行业造成了很大冲击，但其在画质和软盘存储速度等方面还有几个亟待攻克的问题，所以并没有普及。但它同时也吸引了专业系统研究者的注意，后来这种方式被"静态视频相机"

采用，而 2 英寸的软盘则被用作"静态视频软盘"。

　　为了赶上索尼马维卡相机发布之后的热潮，佳能于 1986 年 7 月发布了一款可换镜头的单镜头反光式相机佳能 RC-701，这也是第一款商用的静态视频相机（图 1.32）。它采用了专用的镜头卡口，可以自由更换 SV 镜头。

图 1.32　佳能 RC-701

佳能 RC-701 可换镜头单反静态视频相机于 1986 年 7 月在全球首次发布，当时的建议零售价为 39 万日元（约合人民币 24 519 元）。

　　顾名思义，当时的静态视频相机是以摄像机的方式记录图片的。简单地说，就是通过从视频文件中提取出 1 帧的方式记录图片。众所周知，在 NTSC 制式的摄像机中，共有 525 条扫描线，显示完整的一帧需要扫描 2 次。第 1 次粗略显示的扫描面称为"图场"，第 2 次用于填补其余部分的扫描面称为"影格"。RC-701 搭载了水平方向 780 像素的 CCD，一张软盘上可以记录 50 张图片的图场，同时拥有在 1 秒内拍摄多达 10 张照片的高速连拍功能。

全数码相机的诞生

　　以马维卡（MAVICA）为开端的静态视频相机虽然是以软盘作为记录媒体的，但图像的记录是用模拟方式进行的，因此也有人称之为"模拟电子照相机"等。如果把首台使用数字方式记录图像的相机定义为第一台数码相机，那么世界上第一台数码相机就是 1988 年富士胶片（当时公司名称为富士写真胶片）发售的 FUJIX DS-1P（图 1.33）。它记录图像的方式为采用 CCD 接收从镜头进入的光，将光信号转换成电信号、数字信号，然后转换为数字数据并存储到存储卡上。这款相机从生成图像到保存图像的工作原理与现在的数码相机基本相同，图像记录方式也是数字的，真正实现了全数字化。

图 1.33　FUJIX DS-1P
图为世界上第一台使用数字方式记录图片的
相机 DS-1P 和用于记录图片的 IC 卡。实体大
小为宽 105 mm × 高 75 mm × 厚 50 mm，
重量为 400 g。

FUJIX DS-1P 搭载了 2 MB 大小的 SRAM 存储卡，支持图场、影格两
种记录方式，可以在图场中保存 10 张图片，在影格中保存 5 张图片。但
是，由于当时没有大容量的内存，且内存价格昂贵，图片压缩技术也不成
熟，所以图片的尺寸过大，能够保存的图片张数很少。

在全数码相机诞生之初，大众报纸报道称："未来，相机中的照片不仅
可以通过 IC 卡显示在电视上，还可以直接用在计算机和打印机上。"可见当
时全数码相机得到了很高的关注度。该报道还指出"画质和价格"将成为
今后技术发展亟待解决的课题。当时，数码相机的水平远不及胶片相机，
所以人们很难想象到数码相机会如此普及，甚至比胶片相机更加流行。

FUJIX DS-1P 所用的 SRAM 存储卡在保存图片时需要由电源或电池
供电。如果电池突然没电了，那么已经拍摄的图片就会跟着一起消失。因
此，亟待开发一种像现在的 CF 卡或内存卡这样无须担心电池，可以随身
携带的记录媒体。

如果把第一台采用无须电池支持的闪存卡的相机定义为第一台数码相
机，那么世界上第一台数码相机就是 1993 年的 FUJIX DS-200F（图 1.34）。
DS-200F 搭载了 2 MB 的闪存，最多能记录约 40 帧的数字图片，其中还内
置了双焦点镜头和播放功能。

图 1.34　FUJIX DS-200F
图为首次搭载了闪存的数码相机。从拍摄
到图像记录均已具备现代数码相机结构的
雏形。

此外，卡西欧于 1995 年发布的 QV-10 可以说是第一台在画质和价格

上都可以让普通用户轻松接受的数码相机产品（图 1.35）。它搭载了可以直接确认图像的 1.8 英寸 TFT 液晶监视器，实现了宽 130 mm × 高 66 mm × 厚 40 mm、重量约 190g（不含电池）的轻量型卡片数码相机，卡西欧宣称其为"可以装进口袋的相机"。

QV-10 还搭载了总像素数 25 万的 1/5 英寸 CCD，支持图场记录方式，内置 16 Mbit（2 MB）的闪存，最大记录张数是 96。此外，除了可以在电视机上显示图片的 NTSC 视频输出端口，它还搭载了许多方便普通用户使用的功能。比如播放时统一显示 4 画面或 9 画面的多画面显示功能，在播放时将想看的部分扩大 2 倍的放大特写功能，防止误删除重要图片的记忆保护功能，以及可以用自由角度拍摄的镜头旋转功能等。特别是镜头旋转功能，可以让用户在人群中举起相机拍摄，也可以把镜头旋转 180 度进行自拍，创造了新的拍摄方法，带来了新的乐趣。

图 1.35　第一台平价数码相机 QV-10

通过其搭载的 1.8 英寸 TFT 液晶显示屏，可以在拍摄后立刻确认图像。可旋转镜头的设计也广受好评。有人甚至认为 QV-10 才是第一台现代数码相机。●记录方式：数字记录（基于 JPEG）、图场记录●信号方式：遵循 NTSC 标准方式●记录媒体：内置存储器（16 Mbit 闪存）●记录张数：96 张●图像传感器：1/5 英寸 CCD（总像素数 = 25 万）●镜头：定焦镜头，支持微距拍摄 F2 f= 5.2 mm●光圈：F2、F8（手动切换方式）●拍摄范围（从镜头保护滤镜表面算起）：当光圈为 F2 时，标准 = 60 cm～310 cm、近距离 = 13 cm～16 cm；当光圈为 F8 时，标准 = 28 cm～无限远、近距离 = 10 cm～24 cm●测光方式：CCD 图像传感器区域 TTL 中央重点测光●曝光控制方式：光圈优先 AE●测光连动范围：EV + 5～18●曝光补偿：−2EV～+2EV（以 1/4 EV 为单位增减）●快门形式：电子快门●快门速度：1/8 秒～1/4000 秒●白平衡：自动●自拍定时器：10 秒●监视器：取景器兼用 1.8 英寸 TFT 低反射彩色液晶屏●输入 / 输出端子：数字输入 / 输出端子、视频输出端子、外部电源端子

与此同时，佳能在面向专业用户的高端数码单反相机市场推出了冠名

EOS 的 EOS DCS 3（图 1.36）。它是基于 EOS 系列胶片相机中的顶级机型 EOS-1N 开发出来的数码相机，镜头卡口采用了 EOS 系列胶片相机常见的 EF 卡口，因此胶片相机用户可以使用已有的佳能 EF 镜头。实际焦距为所示焦距值的约 1.7 倍也是从此时开始的。

图 1.36　佳能专业单反 EOS DCS 3
这是与柯达共同开发的佳能首款高规格 EOS 数码相机。当时的建议零售价是 198 万日元（约合人民币 124 482 元）。

佳能 EOS DCS 3 搭载了 130 万像素的 CCD。由于采用了 16 MB 的大容量缓存，所以可以达到每秒 2.7 张的高速连拍，最多可以连续拍摄 12 张图片。如果使用当时在售的 170 MB 硬盘卡作为记录媒体，最多可以拍摄约 120 张大尺寸图片。

这款规格较高的相机受到了专业摄影师和新闻摄影记者们的关注。特别是需要把拍好的图片从远程或海外即时发送出去的新闻摄影记者，他们自此爱上了数码单反相机。如今，在奥林匹克运动会或世界杯等大型国际活动的新闻报道中，摄影记者们使用的也都是数码单反相机。

1996 年，Windows 95 操作系统开始普及。这一年，彩色图像和互联网开始走进我们的生活。与传统的 MS-DOS 系统相比，Windows 95 能够方便地处理全彩色图像，人们热衷于使用计算机制作贺年卡和明信片。此外，由于互联网的普及，越来越多的人开始自己制作网页，因此可以直接把图片导入计算机中的数码相机受到了广泛关注。

同年，为了与卡西欧的 QV-10 对抗，富士胶片发售了世界上第一台搭载 SM（Smart Media）存储卡的数码相机 CLIP-IT DS-7（图 1.37）。SM 存储卡使用了闪存技术，且厚度仅有 0.76 mm，当时被称为 SSFDC（Solid State Floppy Disk Card，固态软盘卡）。

图 1.37　搭载 SM 存储卡的 CLIP-IT DS-7
图为世界上第一台搭载了 SM 存储卡的数码相机。虽然不支持闪光灯，但也可以在暗光环境下拍摄。当时的建议零售价为 69 800 日元（约合人民币 4388 元）。

　　CCD 采用了 35 万原色方形像素，图片最大分辨率是 VGA（640 × 480）。而且，它自带了一些处理数码照片的软件，比如简单的数据库软件和图片后期软件等。这是一款突破性的产品，吸引了更多的人关注和购买数码相机。

　　尽管原色系 CCD 所产生的人像肤色已经得到了大家的认可，但要求更高画质的呼声很强烈，而且很多用户对电量的消耗速度感到不满。于是，同年 7 月佳能发布了拥有 57 万像素的高画质机型 PowerShot 600，在一直以来像素最高只有 35 万的数码相机市场中激起千层浪（图 1.38）。这款相机的图片最大分辨率可达 832 × 608，搭载的 TTL 自动对焦功能可实现 10 cm 的超近距离拍摄。不过，虽然画质得到了大家的认可，但它并没有搭载液晶显示屏，所以相对个人用户来说，它更多地是面向商务用户。

图 1.38　拥有 57 万像素 CCD 的佳能大作 PowerShot 600
PowerShot 600 的高画质得到了好评，但遗憾的是它并未搭载液晶监视器。

　　自此，数码相机行业开始进入高像素 CCD 急速发展的阶段。同年 10 月，奥林巴斯（当时公司名为奥林巴斯光学工业）的数码相机以"高像素和高画质"为卖点展开攻势。其发布的 CAMEDIA C-800L 机型搭载了 81 万像素的 CCD，像素远超 PowerShot 600 的 57 万（图 1.39）。而且，

CAMEDIA C 系列还有一个特征，那就是外观设计与该公司的胶片相机非常相似，这是为了让以前使用胶片式卡片相机的用户能够顺利过渡。最终，这款 C-800L 因压倒性的高画质而广受欢迎。另外，因为它的电池可以使用 5 号电池或充电式的 Ni-Cd 和镍氢电池，所以即使是较长时间的拍摄也完全没有问题。

图 1.39　采用了 81 万像素 CCD 的 C-800L
采用大众化设计的 C-800L 给人们留下"奥林巴斯 = 高画质"的印象，其轻便的机身和极具亲和力的设计成功吸引了热衷于使用胶片式卡片相机的用户。

当时的数码相机虽说画质有所提高，但与胶片相机相比，还是相形见绌，因此人们当时除了使用数码相机拍照，还用它来做记录。比如，用它代替扫描仪拍下杂志或报纸的页面以便保存，或者拍下车站的时刻表或做的笔记等，然后导入计算机或电子邮件中使用。

在这之后，数码相机开始进入百万像素时代。

高画质的百万像素时代

1997 年 7 月，奥林巴斯再次发布了一款足以改变人们对高画质认知的数码相机，即变焦式固定镜头数码单反相机 CAMEDIA C-1400L（图 1.40）。这款相机搭载了 140 万像素的 CCD，采用了较大尺寸的 2/3 英寸超精细原色逐行 CCD 图像传感器。与当时大众型数码相机中主流的 35 万像素 1/3 英寸 CCD 相比，C-1400L 拥有其 4 倍的面积和像素。由此带来的高清画质，不管是摄影爱好者还是部分专业摄影师都赞不绝口。图片的最大分辨率也达到了 1280 × 1024。在此之前，数码相机的画质一直是通过像素数比较的，但这款相机让人们知道 CCD 的大小也很重要，可以借此实现更高的画质。

图 1.40　高画质数码单反相机 C-1400L
它搭载了大光圈镜头和 3/2 英寸的大画幅 CCD 图像传感器，其高清画质吸引了很多摄影爱好者。虽然机身略大，但采用的 L 型设计由于握持感很好而广受好评。

【主要规格】●形式·记录方式：数码相机（记录·播放型）·数字记录●记录媒体：3.3 V 的 SM 存储卡（2 MB、4 MB 和 8 MB）●记录张数：12 张以上（JPEG/HQ/4 MB 卡）●图像传感器：2/3 英寸原色逐行 CCD·141 万像素（总像素数）●记录图像分辨率：1280 × 1024（SHQ/HQ 模式）、640 × 512（SQ 模式）●白平衡：全自动 TTL●镜头：奥林巴斯镜头，焦距 9.2 mm ～ 28 mm F2.8 ～ 3.9 由 7 组 7 枚镜片组成●光圈：广角 = F2.8、F5.6，长焦 = F3.9、F7.8 ●测光方式：基于图像传感器的 TTL 中央重点测光方式、点测光●曝光控制方式：光圈、快门可变程序曝光控制●拍摄范围（从镜头前开始算起）通常模式 = 0.6 m ～ 无限远、微距模式 = 0.3 m ～ 0.6 m；2.5 m 单点对焦 = 约 1.3 m ～ 无限远（广角）约 2.1 m ～ 3.0 m（长焦）、40 cm 单点对焦 = 约 30 cm ～ 77 cm（广角）约 37 cm ～ 44 cm（长焦）●快门：1/4 秒 ～ 1/10 000 秒●感光度：相当于 ISO 100 ●取景器：TTL 单反光学（自动对焦标志）视野率 95%●液晶监视器：1.8 英寸 TFT 彩色液晶屏，约 61 000 像素●自动对焦：TTL 方式自动对焦●检测方式：反差检测方式 焦距：0.3 m ～ 无限远（从镜头前开始算起）

同时，CAMEDIA C-1400L 还搭载了焦距为 9.2 mm ～ 28 mm（进行 35 mm 规格换算后焦距为 36 mm ～ 110 mm）、光圈大小为 F2.8 ～ 3.9 的 3 倍光学变焦镜头。这支镜头使用了包含 1 枚非球面镜片在内的 7 枚大口径玻璃镜片，是真正具有高分辨率的变焦镜头。这款相机的另一大特点在于搭载了很多其他功能来提高画质，比如单反式光学取景器、点测光、曝光补偿功能等。CAMEDIA C-1400L 被誉为"1997 年度最佳数码相机"，在日本获得了 8 个奖项，在美国获得了 49 个奖项。

但同时，或许是由于图片高分辨率和高画质的影响，出现了"拍摄并保存 1 张图片大约需要 10 秒，因而电池消耗过快"等问题。比如，一张大小为 4 MB 的 SM 存储卡，如果拍摄 HQ 模式的图片，只能拍 12 张，即使是 8 MB 的 SM 存储卡，也只够拍 24 张。

与此同时，柯达推出了 DC210 ZOOM。它采用了操作感和画质都广受好评的 109 万方形像素原色 CCD。1998 年，在面向个人的数码相机市场中，100 万像素以上的百万像素机型开始成为主流。

1998 年，富士胶片发布了竖式薄机身的 FinePix 700（图 1.41）——CCD 像素数高达 150 万的高画质单元搭载在尺寸为宽 80 mm × 高 101 mm × 厚 33 mm、重量仅 245 g 的轻薄机身中。在百万像素级相机中，它是当时世界上最小、最轻量的。此外，这台相机还搭载了两个 RISC-CPU，可以高效处理高分辨率的大尺寸图片，从信号处理到保存至存储卡只需大约 5 秒，时间缩短了一半。FinePix 700 兼顾了便携性和高画质，因而深受欢迎。

图 1.41 具有酷炫外形的 FinePix 700
FinePix 700 是当时世界上最小、最轻量的百万像素级相机。它搭载了拥有 150 万像素的 CCD，机身采用铝合金设计，看上去很高级。富士胶片直到现在还在传承这种竖式机身的产品线。

转眼到了 1999 年，索尼率先发布了拥有 200 万像素的机型 Cyber-shot DSC-F55K。

这时，主流的数码相机制造商各显千秋，产品线开始丰富起来。不仅有小巧便携的卡片数码相机，还有以高画质为特点的面向个人用户的高端数码相机，以及面向专业人士的具有超高分辨率的数码单反相机。另外，随着数码相机用户的增加，用户需求更加分散，对数码相机综合能力（如设计感、质感、操作便捷度和轻便度等）的要求日趋严格。此外，各制造商还在自己的大众化机型中加入各种有趣的想法，试图通过差异化吸引用户。比如可以给拍摄的图片加语音、文字或插图，可以进行分屏显示、幻灯片播放、全景拍摄，带有黑白、暖色等滤镜功能，可以实现相机间通信，等等。此外，搭载了 0.1 秒高速连拍功能（最多连拍 15 张）的数码相机 Multi-z DSCV 100（三洋电机）也开始面市。

还有一些机型可以跟计算机互联，比如尼康的 COOLPIX 100 和东芝的 Allegretto（PDR-2）等。它们在相机的机身上安装了 PC 卡（PCMIA）所用的接口，只要将其直接插到计算机的 PC 卡槽里，就可以传送拍摄好的照片。

当时受到关注的功能之一是直接打印功能，即用数据线连接相机和打印机，直接打印拍好的照片。该功能无须使用计算机，在家就可以方便地打印，很好地发挥了数码相机的特点。但是，当时只能连接相机制造商指定的打印机机型，用户无法自由选择数码相机和打印机。为了改进这个问题，CIPA 制定了可以在数码相机和打印机之间交换数据的标准规格 PictBridge，很多机型可以支持这种规格（图 1.42 和图 1.43）。

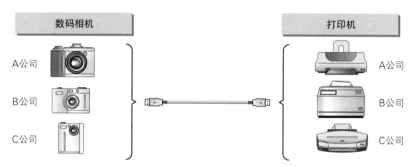

图 1.42 可以兼容所有支持 PictBridge 规格的产品

只要支持 PictBridge 规格，那么无论数码相机是哪家制造商的产品，都可以直接连接任何支持 PictBridge 规格的打印机进行打印。

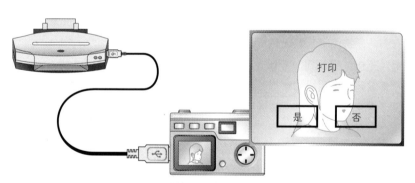

可以通过数码相机轻松操作

图 1.43 数码相机上的打印设置

可以通过数码相机选择想要打印的图像，然后通过打印机直接打印。

2002 年 12 月，佳能、富士胶片、惠普[1]、奥林巴斯光学工业（现在是

---

[1] 即现在的惠普公司。2015 年，惠普拆分为惠普企业（Hewlett-Packard Enterprise，简称 HPE）和惠普公司（Hewlett-Packard Inc，简称 HP），惠普企业主营企业硬件和服务业务，惠普公司主营计算机和打印机业务。

奥林巴斯）、精工爱普生和索尼这 6 家公司倡议并提出了数字图像打印标准 DPS，在经过 CIPA 的标准化审议后，该标准正式成为 CIPA 标准（CIPA DC-001-2003）。只要是支持 PictBridge 的数码相机或打印机，都可以互相连接并打印已拍摄的图像（图 1.44）。

图 1.44 PictBridge 的徽标
支持 PictBridge 的产品都带有此徽标。关于 PictBridge 的详细信息，请查看 CIPA 的官方网站。

同时，DCF 和 Exif 开始引起人们的注意，成为行业内另一个重要趋势。DCF 和 Exif 相当于规则和指南，能够方便人们高效使用由数码相机拍摄的图像文件和记录媒体。相机专卖店和 DPE 商店等数码相机图像打印服务（数字印刷服务）也渐渐流行起来。1994 年，开展数字印刷服务的大公司富士胶片倡导并提出了数码相机专用的图像文件标准（Exif 的前身）。日本电子工业振兴协会（现在是 JEITA，即电子信息技术产业协会）以此为基础，统一将 DCF 作为数码相机的标准系统格式，将 Exif 作为图像文件格式，对它们进行了规范化。

在这之前，各数码相机制造商使用的是各自的专用格式，图像文件没有兼容性。在这之后，各制造商转而开始使用世界标准压缩文件格式 JPEG。后来为了增加数码相机的可用性，又开始使用标准格式 Exif-JPEG。此外，随着 DCF 的标准化，由某一台数码相机拍摄并保存的图像文件在另外一台数码相机上也可以兼容，我们可以查看图片、继续拍摄，或者使用计算机和打印机输出图像文件（图 1.45）。

图 1.45 实现图像文件兼容性的 DCF 和 Exif 标准

符合 DCF 和 Exif 标准的记录媒体和图像文件可以在数码相机或打印机之间兼容。CIPA 的官方网站上也对 DCF 和 Exif 标准进行了简要介绍。

尽管如此，在 1997 年时，支持 Exif 和不支持 Exif 的数码相机尚且同时存在，并不是像现在这样可以自由、放心地使用图像和记录媒体。关于 Exif 的具体信息，请参照 6.2 节。

蜂窝状排列的 CCD 问世

哪些要素可以让相机实现高画质呢？

答案并不唯一。为了使拍摄的画面更加精细，各制造商纷纷开始追求高分辨率。数码相机使用 CCD、CMOS 等图像传感器取代胶片，用它们接收光并生成图像。缩小每个图像传感器的像素点上搭载的光电二极管，大量凝缩，就可以更加轻松地实现高分辨率的画质。随着像素数的提高，拍出的照片的画质也更高，吸引了很多用户购买。最终，各制造商开始了高像素竞赛。

这倒不是什么坏事儿，不过随之而来的是，人们又发现了另一个问题。

光电二极管上必须设计电路或信号传送路径，但如果布局紧密，那么由于空间大小受限，在相同大小的图像传感器上，像素数越多受光面积就越小。如果受光面积变小，就很难充分地聚集光，感光度和色彩再现幅度也会随之变小。动态范围变小，就意味着容易产生高光溢出和暗部缺失。所以，虽然像素数越多分辨率越高，但此时会引发画质下降的问题。

解决办法之一是尽可能地扩大光电二极管的面积。于是，"蜂窝状排列超级 CCD"应运而生。2000 年，富士胶片发布了 FinePix 4700Z，它搭载了蜂窝状排列超级 CCD。该 CCD 通过将像素点以蜂窝状 45 度旋转排列实现了大尺寸的光电二极管（图 1.46 和图 1.47）。虽然 CCD 的像素只有 240 万，但其记录像素数实际高达 432 万，"动态范围"（即相机还原真实色阶的能力）大幅拓宽。

图 1.46　首次搭载蜂窝状排列超级 CCD 的 FinePix 4700Z
图为世界上第一台搭载 1/1.7 英寸蜂窝状排列超级 CCD 的数码相机。它大幅提升了画质。蜂窝状排列的总像素数虽然只有 240 万，但通过蜂窝的信号处理，实际可以记录的像素数高达 432 万。

普通CCD的排列

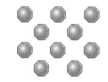

超级CCD的蜂窝状排列

图 1.47　蜂窝状排列
为了尽可能地扩大光电二极管的面积，富士胶片陆续开发出了蜂窝状排列或蜂窝形状的图像传感器。

富士胶片此后继续开发了采用蜂窝状排列的图像传感器，发布了由具有更高感光度的 S 像素和更宽动态范围的 R 像素组成的超级 CCD SR。后来，又发布了经过优化的具有高分辨率的超级 CCD HR，并依靠这两种产品开发了适合市场的机型。关于超级 CCD 的详细内容，请参照 4.6 节。

高倍率变焦市场

早在追求高像素的百万像素级数码相机出现之前，追求高倍率变焦的数码相机就已经出现了。例如索尼在 1997 年发布的具有 12 倍变焦的专业旗舰机 DKC-D5 PRO，以及具有 10 倍变焦的搭载了 3.5 英寸软盘的大众型数码相机 Digital Mavica MVCFD7。不过，高倍率变焦数码相机的急速普及是从 2000 年，即防抖功能出现的时候才开始的。

　　2000年6月，为了开拓高倍率变焦相机市场，一直以来在数码相机市场上表现良好的奥林巴斯开发了CAMEDIA C-2100 Ultra Zoom（图1.48）。它搭载了防抖功能和从F2.8到F3.5的大光圈10倍变焦镜头（进行35 mm规格换算后焦距为38 mm～380 mm）。该机型当时也被归为了高级数码相机。

图1.48　为追求高品质而搭载了10倍变焦的CAMEDIA C-2100 Ultra Zoom

CAMEDIA C-2100 Ultra Zoom不仅搭载了C-1400中广受好评的L型机身，还搭载了大光圈的10倍变焦镜头（以35 mm换算后为38 mm～380 mm）。当时的建议零售价是138 000日元（约合人民币8676元）。

　　由于采用了高倍率变焦，总像素数为211万的1/2英寸CCD的高画质受到了广泛关注。不过，由于市场上对于更小巧、更廉价的机型呼声较高，所以奥林巴斯又加以改进，在次年3月发布了满足上述需求的CAMEDIA C-700 Ultra Zoom（图1.49）——它很快成了热门产品。此后，在高倍率变焦相机领域，奥林巴斯一直处于市场领先地位。

图1.49　搭载了10倍变焦的大众型机型CAMEDIA C-700 UltraZoom

CAMEDIA C-700 Ultra Zoom保持10倍变焦不变，但缩小机身并降低了价格，因而成了极具人气的产品。后来这个机型也被系列化了。

2002 年 10 月，高倍率变焦相机的市场迎来了巨大的变化。松下（当时是松下电器产业）发布了第一台具有 12 倍光学变焦的 LUMIX DMC-FZ1 数码相机（图 1.50）。这款相机的尺寸为宽 114 mm × 高 70.3 mm × 厚 83.3 mm，重量约 320 g（不包括电池和记录媒体），虽然机身很小，但实现了 12 倍的光学变焦，在当时引起了很大范围的讨论。

图 1.50　首次搭载 12 倍变焦镜头和防抖功能的热门相机 DMC-FZ1
图为以小机身实现了大口径、12 倍光学变焦的 DMC-FZ1。镜头搭载了新的徕卡 DC/ARIO-ELMARIT。当时的店面销售价约为 6 万日元（约合人民币 3772 元）。

12 倍光学变焦以 35 mm 规格换算后，相当于具有 420 mm 的焦距，足以与拍摄足球或棒球等体育题材的专业摄影师所用的胶片相机上的体积巨大且昂贵的镜头相匹敌。但是，由于当时并没有以这个变焦倍率实现全域 F2.8 光圈的变焦镜头，所以 DMC-FZ1 虽然是大众型数码相机，但即便是很多摄影师，对它的镜头也知之甚少。

顺便提一下，当时尼康的胶片相机所用的 400 mm F2.8 长焦镜头 Ai Nikkor ED 400 mm F2.8S（IF），其建议零售价为 101 万日元（约合人民币 63 498 元），重量为 5150 g，大小为最大口径 163 mm × 长 378.5 mm，由此可以窥见，DMC-FZ1 在性能上已然超过一般的相机。像这样实现了大倍率变焦的松下，在数码相机的开发上当然是有战略性判断的。在当时的数码相机市场，主流机型都是 300 万 ~ 500 万像素，但松下大胆采用了 211 万像素（有效像素 200 万）的 1/3.2 英寸小型原色 CCD。由于采用了小型的 CCD，所以机身变得小巧，这就相当于把原本胶片相机上焦距为 420 mm 的长焦镜头成功安装在了小型机身上。

同时，松下采用独有的光学防抖功能抑制了采用高倍率变焦镜头拍摄时一直令人备受困扰的手抖问题。相机内部的陀螺仪传感器检测到手的抖动时，就通过移动镜片对图像进行修复——这就是 MEGA OIS 的防抖机制。这款相机可以说是松下贯彻"高倍率小型相机"这一开发思路的成果。

　　在 DMC-FZ1 大卖后，松下相继发布了 LUMIX DMC-FZ2 和 LUMIX DMC-FZ10。前者是改良机型，保持了 200 万像素的特点和小巧的机身；后者搭载了大小为 1/2.5 英寸的 CCD，其有效像素升级到了 400 万，虽然画质有了提升，但机身和镜头都变大了。

　　随着高倍率变焦相机的技术成熟，奥林巴斯于 2008 年 2 月发布了一款搭载 20 倍光学变焦镜头的卡片数码相机 CAMEDIA SP-570UZ（图 1.51）。进行 35 mm 规格换算后，它的焦距范围可以达到 26 mm（广角端）～ 520 mm（超长焦）。这款相机还搭载了图像传感器（CCD）位移式和高感光度拍摄两种防抖方式。

图 1.51　搭载了 20 倍光学变焦的 CAMEDIA SP-570UZ
进行 35 mm 规格换算后，相当于实现了 520 mm 的超长焦。这款卡片数码相机的广角端可以达到 26 mm，还有可以距离被摄体 1 cm 进行拍摄的微距摄影功能，可以让人们享受到各种视角的拍摄乐趣。

高性能与轻薄型卡片数码相机

　　说到小型数码相机，大家最熟悉的或许就是自带相机功能的手机。虽然在售的数码相机也有机身比手机更小更轻薄的，但自带相机功能的手机更加便利，在旅游景点用手机拍照留念的场景很常见。为此，也有分析家认为小型数码相机的市场是被手机市场抢占了，但其实数码相机一直在追求更简单的操作和更高的画质，以实现与手机或智能手机的差异化。

　　2000 年 5 月，佳能发售了拥有超袖珍时尚机身设计的 IXY DIGITAL。这款相机采用了高档的不锈钢合金材质，拥有可以轻松放入口袋的全平面机身。最令人印象深刻的是它的设计很时尚，用户可以像装饰品一样随身携带它。同时，它采用了总像素数为 211 万的 1/2.7 英寸 CCD，搭载了 2 倍光学变焦镜头（进行 35 mm 规格换算后焦距为 35 mm ～ 70 mm）等，让人觉得它虽然体型较小，但并没有牺牲产品性能。后来，这个系列也出了后续

版本，比如 2004 年 3 月发售的 IXY DIGITAL 500。其尺寸为宽 87.0 mm ×
高 57.0 mm × 厚 27.8 mm，重量约 185 g，小巧的机身上搭载了总像素数
为 530 万的 1/1.8 英寸 CCD，引发了人们的讨论。

　　索尼在 2000 年 10 月发布了 Cyber-shot DSC-P1，这也是卡片数码相机
的代表机型之一。虽然采用的是宽 113.0 mm × 厚 43.8 mm × 高 53.9 mm
的小型机身，却搭载了 3 倍光学变焦镜头和有效像素数为 321 万的 CCD，
拥有很高的性能。索尼 P 系列产品线延续了小型机身和高性能，其中的 P
表示 Play（玩乐）、Pocket（口袋）、Portable（便携）和 Pleasure（愉悦）
等理念，体现了数码相机特有的乐趣。

　　2003 年 10 月发布的 Cyber-shot DSC-T1 是索尼在明确了要走轻薄型
路线后发布的一款产品。超薄型机身设计最薄处仅有 17.3 mm，搭载了有
效像素数为 510 万的 CCD 和 2.5 英寸的大液晶监视器。

　　后来，索尼又在 2008 年 8 月发布了 Cyber-shot DSC-T77。这是一款
轻薄和高性能两全其美的产品，搭载了像素数为 1010 万的 CCD、4 倍光
学变焦镜头、光学防抖功能，实现了世界最薄的 13.9 mm 机身（图 1.52）。
内置镜头片组自带新开发的防抖功能，与相机机身厚度大致相同，最大程
度地实现了轻薄化。变焦结构是垂直设置的，CCD 配置在了变焦结构单
元的底部。

**图 1.52　搭载了最新轻薄型技
术的高性能卡片数码
相机 DSC-T77 和镜
头单元**

尺寸为宽 93.6 mm × 高 57.2 mm，
最薄处仅为 13.9 mm 的 Cyber-
shot DSC-T77 和新开发的内置防
抖功能的镜片单元。

从镜头进入的光被几乎垂直地反
射，在通过垂直的变焦结构后，
由机身底部的图像传感器接收。

高级卡片数码相机的出现

　　一直以来，卡片数码相机都在努力实现与自带相机功能的手机的差异化。随着智能手机的出现，市场形势更加严峻。大部分智能手机拥有了与卡片数码相机不相上下的画质，而且通过下载丰富的应用程序，用户不仅可以在拍摄时自由挑选与场景相适应的拍摄模式，还可以在拍摄完成后直接用手机内的修图软件调整照片的颜色和亮度，或进行加工和裁剪等，使照片更加好看。

　　除此以外，使用智能手机拍摄后还可以直接上传照片到社交软件或博客上，跟朋友们进行分享。社交网站的普及导致普通用户拍照的机会增加，而智能手机便于人们拍照和分享，所以用户在逐渐增多。与此同时，入门级卡片数码相机的使用频率则不断减少，用户需求逐渐下降。

　　由于这些原因，以轻便和操作简单为卖点的入门级卡片数码相机逐渐被取代，而高级卡片数码相机开始受到关注。因为这类相机追求的是实现智能手机无法实现的高画质和手动摄影模式等，让人们体验到与单反相机同样的拍摄乐趣，轻松实现高画质拍摄。

　　高级卡片数码相机最初的定位是"搭载 F2.0 以下的大光圈镜头，不仅有全自动拍摄模式，还有快门优先、光圈优先和手动拍摄等模式"的产品，目标用户是有一定摄影技术的爱好者。当时的相机市场仍以价格略高一些的卡片数码相机为主，比如适马的 DP Merrill 系列、理光的 GR、尼康的 COOLPIX A，以及富士胶片的 X100 和 X100S 等，它们都是搭载了与单反相机同样的 APS-C 画幅图像传感器的机型。

　　以富士胶片在 2013 年 2 月发售的胶片相机 X100S 为例来说，它不仅搭载了大尺寸图像传感器，而且去掉了低通滤镜，以求拍出更高分辨率的图片（图 1.53）。另外，它在图像传感器中嵌入了单反相机上使用的相位检测 AF 传感器，并采用了卡片数码相机上使用的反差检测 AF 和混合 AF，使自动对焦速度最快达到了 0.08 秒。机身设计仿照了以前的旁轴相机，而且取景器的设计也相当有特色：采用了混合式设计，可自由切换光学取景器和电子取景器，在拍摄移动物体等需要更加重视快门速度的被摄体时，就可以切换为无延迟的光学取景器。光学变焦倍率（广角／标准）

和图像尺寸（多阶段）还可以根据安装的镜头自动变化。

图 1.53　搭载 ASP-C 画幅图像传感器，追求
最快自动对焦速度的卡片数码相机
图为富士胶片的 X100S。这是一款追求高性能的
高级卡片数码相机。

　　2012 年 11 月，搭载 35 mm 全画幅图像传感器的卡片数码相机终于出现了，那就是索尼的 RX1（图 1.54，无低通滤镜版为 RX1 R）。它虽然是固定镜头式相机，但搭载了与单反相机 α 99 相同的 2430 万像素 35 mm 全画幅图像传感器。镜头采用了定焦 35 mm、F2.0 的卡尔蔡司 Zoner T*。

图 1.54　世界上第一台搭载全画幅图像传感器
的卡片数码相机
图为索尼的 Cyber-shot DSC-RX1（RX1 R）。很可
惜，它的价格是卡片数码相机中比较昂贵的。

　　这些配备了大尺寸图像传感器的高级卡片数码相机搭载的大多是定焦镜头而不是变焦镜头，这也是其产品特点。可见，相比便利性，高级卡片数码相机更注重镜头性能和拍摄性能。

　　在机身设计上，高级卡片数码相机大多摒弃了卡片数码相机以前经常采用的扁平状轻薄型小机身，转而强调质感，采用铝或镁合金作为材料。另外还可以看到很多机型采用了类似于胶片相机的设计，容易勾起怀旧感，让人感到拥有它本身就是一种乐趣。

　　在这样的高级卡片数码相机中，有些产品的价格甚至超过了单反相机的套机，可以说形成了一个非常独特的市场。

　　不过，从既想要随身携带又追求高画质的用户需求来说，高级卡片数码相机和微单相机的市场有一定重合。只是对于那些不想折腾着换镜头的用户来说，固定镜头且整体性能更高的高级卡片数码相机可能更有竞争力（表 1.21）。可换镜头的微单相机和固定镜头的高级卡片数码相机今后将会如何竞争、共存和发展呢？让我们拭目以待。

表 1.21　高级卡片数码相机示例

机　型	制造商	图像传感器大小	像素数	镜头（换算）
Cyber-shot RX1（RX1 R）	索尼	35 mm 全画幅	2430 万	35 mm ／ F2.0
Cyber-shot RX1 II	索尼	35 mm 全画幅	4240 万	35 mm ／ F2.0
PowerShot G1 X Mark II	佳能	1.5 英寸	1500 万	24 mm ~ 120 mm ／ F2.0 ~ 3.9
GR II	理光	APS-C	1620 万	28 mm ／ F2.8
SIGMA dp0 Quattro Ultra-wide	适马	APS-C	2900 万	21 mm ／ F4
SIGMA dp2 Quattro Standard	适马	APS-C	2900 万	45 mm ／ F2.8
SIGMA DP2 Merrill（旧）	适马	APS-C	4800 万	45 mm ／ F2.8
COOLPIX A（旧）	尼康	APS-C	1616 万	28 mm ／ F2.8
FUJIFILM X100F	富士胶片	APS-C	2430 万	23 mm ／ F2.0
FUJIFILM X70（旧）	富士胶片	APS-C	1630 万	28 mm ／ F2.8
PowerShot G9 X Mark II	佳能	1 英寸	2010 万	28 mm ~ 84 mm ／ F2.0 ~ 4.9
Cyber-shot RX100 II	索尼	1 英寸	2010 万	24 mm ~ 600 mm ／ F2.4 ~ 4.0
Cyber-shot RX1 II	索尼	1 英寸	2020 万	28 mm ~ 100 mm ／ F1.8 ~ 4.9
Cyber-shot RX100 V	索尼	1 英寸	2010 万	24 mm ~ 70 mm ／ F1.8 ~ 2.8
Lumix DMC-LX9	松下	1 英寸	2010 万	24 mm ~ 72 mm ／ F1.4 ~ 11

大众型数码单反相机

　　佳能从 1995 年开始发售 EOS DCS 3 和 EOS DCS 1，打开了面向专业用户的高级数码单反相机市场，但 EOS 系列的价格区间一直保持在 200 万日元 ~ 400 万日元（约合人民币 125 740 元 ~ 251 480 元）的高价位。直到 1999 年 6 月，尼康发售了 D1，众多专业用户才感到可换镜头式数码单反相机的价位可以接受。当时，D1 机身建议零售价为 65 万日元（约合人民币40 865 元），有效像素数为 266 万（总像素数为 274 万），搭载了 23.7 mm ×15.6 mm 的大尺寸 CCD。虽然它的像素与尼康当时的畅销产品 COOLPIX 950大致相同，达到了 200 万，但 COLPIX 950 搭载的 CCD 是 1/2 英寸的，而D1 的 CCD 约为其 12 倍，这使得 D1 的成像更加漂亮。

专业用户不仅对画质有要求，而且对操作性、连拍速度、快速写入能力、对各种相关设备的兼容性、拍摄信息和直方图显示等也有要求。到了2001 年 2 月，尼康把 D1 分成了两个产品线。其中一个是 D1H，它采用了与 D1 大致相同的规格，但提高了操作性，降低了销售价格（当时机身的建议零售价为 47 万日元，约合人民币 29 548 元）。

另外一个是 D1X，有效像素数提高到了 533 万（图 1.55，当时机身的建议零售价为 59 万日元，约合人民币 37 093 元）。它受到了很多专业摄影师的追捧。此外，尼康也在那时着手开发高性能低价格的数码单反相机 D100，开拓摄影爱好者市场。

图 1.55　开拓了面向专业用户的数码单反市场的产品 D1X
性能和价格两全其美的尼康 D1 和后续的 D1X 使得专业级数码单反相机成为很多人有条件购买的产品。

2000 年 7 月，富士胶片发售了 FinePix S1 Pro，同年 10 月佳能发售了EOS D30。从此，可换镜头式数码单反相机的价格终于变得让摄影爱好者也可以接受了。

FinePix S1 Pro 由于采用了尼康的机身，所以在尼康的 F 卡口上可以挂载尼克尔镜头（推荐 D 类型）。同时，它搭载了总像素数为 340 万的蜂窝状排列大尺寸超级 CCD，这个 CCD 通过蜂窝状排列处理信号实现了记录像素数高达 613 万。而佳能的 EOS D30 可以挂载 EOS 系列的 EF 卡口镜头，爱使用胶片单反相机的用户还可以继续使用自己以前购买的镜头，所以它也引起了很多人的关注。

　　同时，佳能 D30 第一次在高级数码单反相机的图像传感器上采用了自主研发的 CMOS 传感器（图 1.56）。此前的 CMOS 传感器被指存在画质降低等各种缺点，因此佳能的这个决定当时受到了整个行业的关注。不过，随着 CMOS 传感器的优点逐渐被大家理解，现在在数码单反相机上搭载 CMOS 传感器已经成为主流。

图 1.56　配备 311 万像素 CMOS 传感器且面向摄影爱好者的单反 EOS D30

EOS D30 是首次搭载佳能自主研发的 CMOS 传感器的数码单反相机。358 000 日元（约合人民币 22 507 元）的价格也很有吸引力。

　　佳能于 2002 年 2 月发布了 EOS D60，售价与 EOS D30 相同，但搭载的是像素数远高于它的 630 万像素 CMOS 传感器。当时的建议零售价也是 358 000 日元（包括配件，约合人民币 22 507 元）。在 D60 发布的 3 个月后，尼康终于也发布了以摄影爱好者为主要目标客户的数码单反相机 D100（610 万像素），建议零售价为 30 万日元（约合人民币 18 861 元）。此外，包括富士胶片的 FinePix S2 Pro 和适马的 SD9 在内，高性价比数码单反相机陆续问世。

　　2003 年 10 月，佳能发布了 EOS Kiss Digital，它使数码单反相机市场发生了巨大的变化（图 1.57）。数码单反相机的消费市场一直以来都以专业人士和部分摄影爱好者为中心，但当机身的定价只有不到 12 万日元（约合人民币 7544 元）的 EOS Kiss Digital 一出现，很多只为休闲娱乐而使用胶片单反相机的普通用户也纷纷购买，形成了很大的市场。

　　此外，EOS Kiss Digital 还准备了相机套机，搭配的是为数码相机专门研发的 EF-S 变焦镜头。这个组合不论是谁，在购买后都可以立即上手使用。因此，EOS Kiss Digital 迅速成为热销商品，冠绝群雄，取得了全球市场份额第一名的成绩。

图 1.57　接近单反相机的 EOS Kiss Digital
EOS Kiss Digital 使得此前高达 20 万日元（约合人民币 12 574 元）的可换镜头式数码单反相机的市场价格降至 10 万日元（约合人民币 6287 元）左右。由于能使用以前的佳能 EF 镜头，所以预期有不少胶片式 EOS Kiss 用户会置换新机。

尼康也于 2004 年 3 月推出了可以使用现有 AF 尼克尔镜头的大众型数码单反相机 D70（图 1.58）。图像传感器搭载的是尼康 DX 格式的 CCD（APS-C 画幅），其有效像素数为 610 万，面积为 23.7 mm × 15.6 mm。此外，还有用于与 D70 配套的专用镜头 "AF-S DX Zoom-Nikkor ED 18-70 mm F3.5-4.5G（IF）"，以便普通用户使用。进行 35 mm 规格换算后，这支镜头的焦距变为 27 mm ~ 105 mm（为镜头记载的约 1.5 倍），机身小，重量轻，非常适合作为常用机型使用。

图 1.58　汇聚尼康技术优势的大众型单反相机 D70
D70 搭载了面积为 23.7 mm × 15.6 mm，像素数为 610 万的尼康 DX 格式 CCD，经过图像信息高速处理后，可以达到约 3 帧／秒的连拍速度。D70 套机当时的建议零售价为 206 000 日元（约合人民币 12 951 元）。

4/3 系统规格的登场

奥林巴斯推出过很多极具人气的数码相机机型。2003 年 10 月，它发布了数码单反相机 E-1。E-1 是首次采用数码单反相机新标准 4/3 系统（Four Thirds System）的可换镜头式数码单反相机。

4/3 系统规格是由奥林巴斯和柯达共同制定的针对可换镜头式数码单反相机的全新规格。该规格规定图像传感器的大小为 4/3 英寸，为数码相机提供了全新的最佳生态。富士胶片、适马、三洋电机和松下等也都支持该规格。

在 4/3 系统中，镜头和机身的挂载都是开放性标准，只要是支持该系统的相机或镜头，就一定可以兼容。针对佳能和尼康的相机产品能够使用从前胶片相机上使用的丰富镜头群这一点，4/3 系统提出了这样的思想：与其使用旧资源，不如使用专为新的数码相机时代设计的完美镜头，使镜头和机身的组合成为一种新的标准。

35 mm 胶片原本用于拍摄电影，从 20 世纪初开始使用。经过了漫长的岁月，这个胶片尺寸才成为一种标准，人们以它为基准设计了相机的机身和镜头，数码单反相机也继承了那个时代的设计。因此，正如 4/3 系统所提倡的那样，如果将相当于胶片替代品的图像传感器的尺寸规定为小于 35 mm，并以此为基准设计机身和镜头，那么从理论上来说，机身和镜头是可以缩小的。比如，因为 4/3 系统的 35 mm 等效焦距转换率为 2 倍，所以一个 300 mm 焦距的镜头装在 4/3 系统的相机上，可以等效于一个 600 mm 的镜头装在 35 mm 全画幅胶片相机上（图 1.59）。

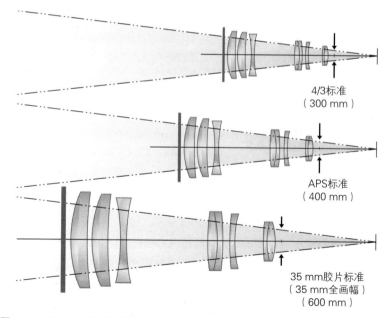

图 1.59　以 35 mm 规格换算后焦距为 600 mm 时镜头的大小
按照 4/3、APS 和 35 mm 画幅比较镜头大小的示意图。要想保持相同的焦距，那么 4/3 系统的长焦镜头只需要 35 mm 规格下的一半长度即可。

如果是相同焦距的镜头，镜头的尺寸应该可以更小，价格也可以更便宜。

另外，图像传感器的结构特点导致数码相机与胶片相机不同，需要让图像传感器直接接收从镜头射入的光。数码相机所用的镜头设计也考虑了这一点。

微单相机的普及

数码单反相机继承了胶片单反相机的工作原理和结构。各制造商在投入高性能技术的同时，也陆续发布了一系列将小巧轻便化做到极致的入门机型。

尽管如此，仍然有人说机身和镜头对于女性用户来说太大了，同时也有不少人提出想要一台携带更加方便的小型高性能相机作为备用机。

但是，要想做到更加小巧、更加轻量，有两个方面的问题需要解决。

第一个问题是，为了使胶片相机时代的镜头在数码单反相机上也可以使用，从镜头卡口到图像传感器的距离，也就是法兰距，必须与以前胶片相机上的相应距离保持一致。为此，从相机结构设计上来说，不能大幅缩小相机机身的大小（关于法兰距，详见 3.14 节）。

第二个问题正如前面所说，单反相机的结构非常复杂，它有一个反光镜箱，光需要经过反光镜和五棱镜的反射才能到达光学取景器。这也是阻碍机身缩小的一个重要因素。

此时，我们刚才讲到的 4/3 系统起到了很大作用。奥林巴斯积极地制造支持 4/3 系统的单反相机，并实现了相机的小型化，也得到了市场的好评，但即便如此，第二个问题也仍然没有得到彻底解决。

此时登场的是微型 4/3 系统规格。在 2008 年 8 月公布的该扩展规格中，镜头卡口口径变小，法兰距也被缩短到原先的约 1/2。最重要的是，该系统取消了反光镜或五棱镜，引入了光路直接达到图像传感器的结构，从而实现了相机机身的轻薄化和小型化。于是，不搭载反光镜的微单相机诞生了。

由于没有反光镜结构，所以机身背面没有光学取景器。取而代之的是电子取景器，即与卡片数码相机一样，在液晶监视器上输出影像（在单反相机中，这被称为实时取景[①]）。

[①] 有些相机也将实时取景（live view）称为实时显示拍摄。

微单相机的目标客户一开始是对购买单反相机有些犹豫的用户，以及认为单反相机体积太大的女性用户。2008 年 10 月，松下发布了 Lumix DMC-G1（图 1.60）。

正面

虽然看上去与单反相机没有什么差别，但如果取下镜头后从机身正面观察相机内部，可以像上图一样直接看到图像传感器，而不是反光镜。

背面

这个机型搭载了与单反相机一样的目镜式取景器。取景器是 EVF 取景器。

图 1.60　第一台支持微型 4/3 系统的机型

从正面看，它与数码单反相机一样，机身上方是突起的，但它是微单相机，所以没有五棱镜，取而代之的是目镜式的 EVF 取景器，从相机背面可以看到它。在图像传感器受光成像后，图像会实时显示在内部的小液晶监视器上。这样就可以实现与光学取景器一样的功能，一边取景一边拍摄。

2009 年 7 月，奥林巴斯发布了第一台支持微型 4/3 系统的微单相机"奥林巴斯 PEN E-P1"，又从设计上明确了与单反相机的差异（图 1.61）。这台相机没有搭载 EVF 取景器，需要与卡片数码相机一样通过背面的液晶监视器实时取景拍摄。它也没有搭载内置闪光灯，是当时世界上最小最轻量的可换镜头式数码相机。如此简洁的设计，再加上它与饼干镜头组合后，让人不禁想起曾经在 20 世纪 60 年代至 80 年代风靡的胶片相机"奥林巴斯 PEN"系列，因而得到了高年龄层用户的喜欢。它支持 HD 短片拍摄或 PCM 的高音质录音，可以让用户自由选配真皮机身保护壳、真皮肩带、外置闪光灯和光学取景器等，不仅功能齐全，还可以让用户享受到拥有这台相机本身带来的乐趣，所以当时得到了包括复古相机爱好者在内的众多用户的支持。

图 1.61 奥林巴斯 PEN E-P1
可换镜头式相机奥林巴斯 PEN E-P1 小巧轻便，设计有质感，造型复古，开创了全新的风格。

 奥林巴斯PEN的发展史

　　胶片相机"奥林巴斯 PEN"于 1959 年问世,是在"只卖 6000 日元(约合人民币 377 元)的相机"这一理念下诞生的(图 1.62)。这款相机通过半格式(只使用 35 mm 胶片的 1/2 进行拍摄的相机,1 卷胶片可以拍摄的张数是原本张数的 2 倍)的相机设计实现了小型轻量化,在当时掀起了一股热潮。后来,奥林巴斯陆续发布了世界上第一台搭载程序 EE 快门的"奥林巴斯 PEN EES"、搭载 F1.9 高性能大口径镜头的"奥林巴斯 PEN D",以及世界上第一台搭载电子快门的"奥林巴斯 PEN EM"等。其中,奥林巴斯 PEN EM 能够根据被摄体的亮度实现从 30 秒的长时间曝光到 1/500 秒的快门速度。可以说,这个系列的产品给以相机爱好者为中心的用户留下了鲜明的记忆。

　　在奥林巴斯 PEN 系列问世 50 年后的 2009 年,它以数码相机的形式复活了——这就是微单相机 E-P1。它的机身设计刷新了当时人们的固有印象,与饼干镜头组合后携带起来也很方便,这种具有复古风且设计简洁的产品为当时的微单相机市场带来了新的活力。

图 1.62 奥林巴斯 PEN
奥林巴斯 PEN 是第一代半格胶片相机,也是累计销量超过 1700 万台的 PEN 系列的起点。

　　微单相机兼具可换镜头式相机的拍摄乐趣和小巧轻便的握持感，因而一下子受到了人们的关注，成为热门话题。虽然微型 4/3 系统是由加盟制造商制定的统一标准，但其他制造商仍然陆续发布了拥有自己标准的微单相机。

　　其中，索尼的 α NEX 系列进一步奠定了微单相机的地位。2010 年 6 月索尼发售了可换镜头式数码相机 NEX-5，其机身是当时世界上最小最轻量的，上面搭载了比微型 4/3 系统采用的图像传感器还大的 APS-C 画幅 CMOS 传感器 Exmor（像素数为 1420 万），画幅与单反相机中最常用的图像传感器相同（图 1.63）。

图 1.63　索尼微单相机 NEX-5
NEX-5 的机身尺寸约为 110.8 mm × 38.2 mm × 58.8 mm（宽 × 厚 × 高），虽然机身比奥林巴斯 PEN E-P1 和 LUMIX DMC-GF1 更小，却搭载了较大的 APS-C 画幅图像传感器。

　　一般来说，图像传感器尺寸越大，背景虚化的表现能力就越强，动态范围也越广，不容易出现高光溢出和暗部缺失等。

　　α NEX 的镜头卡口使用了新开发的 E 卡口，但索尼的老用户拥有很多 A 卡口（旧柯尼卡美能达）的镜头，为了方便这些用户在微单相机上继续使用原有镜头，索尼又另外发售了卡口转接环。只要加上转接环，就可以在微单相机上安装 A 卡口镜头并使用。

　　如果算上胶片相机时代，单反相机的历史很长，再加上高性能镜头价格昂贵，所以单反相机用户即使换了相机，也很希望能够把以前购买的镜头用在新的相机上。为了满足这样的需求，相机制造商开发了镜头转接环，以便将单反相机的镜头安装在微单相机上使用（图 1.64）。

　　尼康和佳能在单反相机市场拥有压倒性的市场份额，它们并没有立即拥抱新兴的微单相机市场，而是随着微单相机越来越受欢迎，并开始威胁单反相机市场时，才开始采用各自独有的先进技术开发微单相机。

图 1.64 转接环

要想在微单相机 α 系列上安装 A 卡口镜头，就需要使用另售的转接环。

尼康于 2011 年 10 月发布了 Nikon 1（V1/J1），正式进入微单相机市场。当时，尼康称之为"可换镜头式高级相机"（图 1.65）。Nikon 1（V1/J1）采用了比 APS-C 和 4/3 系统更小的 1 英寸（13.2 mm × 8.8 mm）图像传感器。由于采用的图像传感器较小，所以专为新开发的 Nikon 1 卡口设计的镜头也比较小巧。另外，尼康还准备了卡口转接环，方便老用户在 Nikon 1（V1/J1）上使用单反相机的 F 卡口镜头。

图 1.65 尼康的可换镜头式高级相机 Nikon 1 V1

Nikon 1 V1 搭载了新开发的 1 英寸 CX 格式图像传感器（有效像素数为 1010 万）。2012 年 11 月，尼康发布了内置电子取景器的升级版机型 Nikon 1 V2（有效像素数为 1425 万）。

值得一提的是，尼康在该产品上进行了革新尝试，新增了混合 AF 功能。混合 AF 技术混合使用了单反相机的相位检测 AF 技术和微单相机或卡片数码相机中常用的反差检测 AF 技术。这款相机拥有高速的对焦速度（合焦速度）、最快 10 帧 / 秒的连拍（中央固定自动对焦时），以及按下快门后最高 20 次连拍并存储 5 张最佳照片等功能，其拍摄功能也得到了单反相机用户的好评（关于混合 AF，后文将详细介绍）。

在主要的相机制造商中，佳能是较晚进入微单相机市场的。它在 2012 年 9 月发售的 EOS M 搭载了有效像素数为 1800 万的 APS-C 画幅 CMOS 传感器（图 1.66）。为了实现高速自动对焦，图像传感器的中央部位还搭载了相位检测 AF 传感器（混合 AF）。佳能还新设计了 EF-M 镜头卡口，发布了小型的 22 mm 定焦饼干镜头和标准变焦镜头 EF-M 18-55 mm F3.5-5.6 IS STM。

图 1.66　佳能首款微单相机 EOS M
微单相机 EOS M 搭载了有效像素 1800 万的
APS-C 画幅图像传感器，上图是组装了饼干镜
头 EF-M 22 mm F2 STM 后的照片。

　　佳能拥有从胶片相机时代就存在的 EF 镜头以及数码相机专用的 EF-S
镜头，无论哪种镜头都可以通过转接环挂载到 EOS M 上。机身颜色有黑
色、银色、白色、红色可以选择（图 1.67）。

图 1.67　EOS M 也可以使用丰富的 EF 镜头群
挂载了单反相机专用的大口径 EF 镜头 EF 70-200 mm
F2.8 L IS II USM 的微单相机 EOS M。看上去不太协
调，但还是相当震撼的。

全画幅图像传感器机型初露锋芒

　　左右数码相机画质的最大因素是图像传感器（感光元件）的性能。我
们可以从产品说明书中看到图像传感器的尺寸和像素数。一般来说，图像
传感器越大、越容易拍出漂亮的照片。同时，图像传感器越大，背景虚化
效果越明显，所以在人像摄影和微距摄影等需要拍出浅景深照片的拍摄场
景中，图像传感器的性能差异比较明显（关于图像传感器，详见第 4 章；
关于拍摄景深，详见 3.5 节）。

　　截至 2013 年 12 月，数码单反相机的图像传感器主要使用如下 3 种画
幅（图 1.68）。

　　1.35mm 全画幅

　　2. APS-C 画幅

　　3. 4/3 画幅

图 1.68　全画幅与 APS-C 画幅图像传感器
图为 35 mm 全画幅（左）和 APS-C 画幅（右）图像传感器。全画幅的面积是 APS-C 画幅的 2.2 ~ 2.4 倍。

35 mm 全画幅是因图像传感器大小与胶片相机时代通常使用的 35 mm 胶片大小相同而得名的。一般的大众型胶片式单反相机采用的是 35 mm 胶片（24 mm × 36 mm），所以镜头也是按照这个规格设计的。从数码相机的结构来说，图像传感器替代了 35 mm 胶片，所以按 35 mm 胶片设计的镜头可以直接在搭载图像传感器的相机上使用。

APS-C 可以说是数码相机的标准画幅，其因画幅大小与胶片相机后期流行的盒式胶片 APS-C（C 型）大致相同而得名（除此之外，也有尺寸稍大的 APS-H 画幅）。

不过，关于全画幅和 APS-C 画幅，由于根据制造商或机型的不同，图像传感器的长和宽也不尽相同，所以具体的大小并没有完全规范化或统一化（表 1.22）。另外，对于不同画幅，尼康有单独的称呼，全画幅称为 FX 格式，APS-C 画幅称为 DX 格式。

表 1.22　各主要制造商的全画幅和 APS-C 画幅的大小（实际大小）
即使是同一家制造商，机型不同，图像传感器的大小也不同。

分　类	制造商	机　型	图像传感器大小	有效像素数
全画幅	佳能	EOS-1D X Mark II	约 35.9 mm × 23.9 mm	约 2020 万
		EOS 5D Mark IV	约 36 mm × 24 mm	约 3040 万
		EOS 6D Mark II	约 35.9 mm × 24.0 mm	约 2620 万
	尼康	D5	35.9 mm × 23.9 mm	2082 万
		D850	35.9 mm × 23.9 mm	4575 万
		Df	36.0 mm × 23.9 mm	1625 万
	索尼	α9	35.6 mm × 23.8 mm	约 2420 万
		α7R III	35.9 mm × 24.0 mm	约 4240 万
		α7S II	35.6 mm × 23.8 mm	约 1240 万
	理光	K-1	35.9 mm × 24 mm	约 3640 万

（续）

分　　类	制造商	机　　型	图像传感器大小	有效像素数
APS-C 画幅	佳能	EOS 7D Mark II	约 22.4 mm × 15.0 mm	约 2020 万
		EOS 80D	约 22.3 mm × 14.9 mm	约 2420 万
		EOS Kiss X9i	约 22.3 mm × 14.9 mm	约 2420 万
	尼康	D500	23.5 mm × 15.7 mm	2088 万
		D5600	23.5 mm × 15.6 mm	2416 万
		D3400	23.5 mm × 15.6 mm	2416 万
	索尼	α6500	23.5 mm × 15.6 mm	约 2420 万
		α6000	23.5 mm × 15.6 mm	约 2430 万
	理光	K-3 II	23.5 mm × 15.6 mm	约 2435 万
	适马	sd Quattro	23.4 mm × 15.5 mm	约 2950 万

4/3 系统则如前所述，是以奥林巴斯和柯达为中心制定的数码相机专用规格。4/3 系统图像传感器的大小是 4/3 英寸，约为 17.3 mm × 13 mm，比 APS-C 画幅的尺寸小。

在数码相机市场上，搭载 APS-C 画幅图像传感器的相机能够成为主流是有原因的。

一般来说，图像传感器越大，产品制造的成品率就越低，成本就越高。与 APS-C 画幅相比，全画幅的面积比增大了 2 倍以上，而且从镜头进入的图像的成像圈也需要使用全画幅。此外，在需要长时间使用图像传感器的情况下，比如使用实时取景或短片拍摄等拍摄手法时，图像传感器越大，耗电量越大，越容易发热，对此也需要采取应对措施。基于这些原因，全画幅数码单反相机的机身往往很大，价格也很昂贵。在数码单反相机普及时期，全画幅相机大多是售价在 50 万日元（约合人民币 31 435 元）以上的高价产品，所以购买的用户要么是专业摄影师，要么是部分摄影爱好者（关于图像传感器和成像圈，详见 4.2 节）。

单反相机如果搭载尺寸比全画幅小的 APS-C 画幅图像传感器，就可以拥有更加紧凑小巧的机身，价格也会更加便宜。一旦量产，成本会进一步降低，因此在入门机型和中端机型中 APS-C 画幅逐渐成为主流。

但是，APS-C 画幅的机型也有不方便的地方。如果在 APS-C 画幅单反相机上使用 35 mm 胶片规格相机镜头，真实焦距其实是标示焦距的 1.5 ～ 1.6 倍。例如，如果将 80 mm ～ 200mm 的变焦镜头安装在佳能 APS-C 画幅的机型上，焦距就会变为 126 mm ～ 320mm（佳能的真实焦距是标示焦距的 1.6 倍，尼康则是 1.5 倍）。这就是 35 mm 规格换算。对于经常使用长焦端拍摄的用户来说，以往当作 200 mm 使用的镜头变成 320 mm 的镜头（即长焦端焦距变长）当然是很开心的，但对于经常使用广角端拍摄的用户来说，可能就需要更换别的镜头才行。而且，如果最看重画质，图像面积大得多的全画幅机型才是处于绝对有利地位的相机。因此，数码相机市场亟待一款摄影爱好者更愿意购买的全画幅机型。

【全画幅机型的优点】

搭载了 35 mm 全画幅图像传感器的相机一般有如下优点。

1. 可以获得动态范围更宽的画质（图像更少出现高光溢出或暗部缺失）
2. 更加擅长高感光度拍摄（即使提高 ISO 感光度，噪点也很少）
3. 更容易拍出背景虚化效果好的照片（可以拍出浅景深的照片）
4. 镜头焦距不变（无须以 35 mm 规格换算；广角镜头可以直接使用）

不久之后，随着制造技术等的改良，尼康和索尼等也加入进来，开发和制造全画幅图像传感器的企业逐渐增多，因而成本逐渐下降。市场上接连不断地出现了价位可以让摄影爱好者接受的全画幅机型，这引起了人们的注意。如今，搭载全画幅图像传感器的中端机型阵容也在增加，用户可以根据自己的预算和相机的功能自由选择是购买 APS-C 画幅机型还是购买全画幅机型（图 1.69 ～ 图 1.71）。

图 1.69　尼康首款全画幅数码单反 D3

2007 年 8 月尼康发布了 D3，采用的是自家开发的有效像素 1210 万的全画幅 CMOS 传感器（FX 格式的名称也是在此时发布的）。D3 还搭载了实时取景功能，店面销售价是 55 万 ～ 60 万日元（约合人民币 34 578 元 ～ 37 722 元）。

图 1.70 索尼全画幅单反相机 α900

2008 年 10 月索尼发布了 α900（DSLR-A900），采用的是索尼自己成功开发并制造的有效像素 2481 万的全画幅 CMOS 传感器，机身内置防抖功能。2012 年 10 月索尼发布了其后续机型 α99，2016 年又发布了 α99 II。

图 1.71 全画幅中端机型 EOS 5D 系列

从一开始就致力于开发全画幅图像传感器的佳能发布了中端机型 EOS 5D 系列。它 2005 年 9 月发布 EOS 5D，2008 年 9 月发布其后续机型 EOS 5D Mark II，2012 年 3 月发布 EOS 5D Mark III（如图），2016 年 11 月发布 EOS 5D Mark IV。正好当时还流行使用单反相机拍视频，所以全画幅成了热销机型。

尼康产品阵容丰富，入门机型和中端机型有 5 款 APS-C 画幅产品，介于中端机型和高端机型之间的有全画幅的 D610 和 D750，中端机型、高端机型和专业机型有 5 款全画幅产品（图 1.72）。

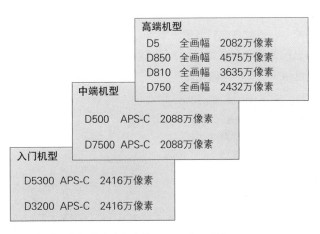

图 1.72 尼康数码单反相机产品阵容（截至 2017 年 9 月）

中端机型采用的是五棱镜，而入门级的 APS-C 画幅机型有些采用的还是五面镜。不仅如此，中端机型与入门机型在使用光学取景器观察时的亮度、视野率等方面也有差异。

另外，比较 D3400 与 D5300 和 D5600 的图像传感器，可以看出它们的定位比较接近。D5300 和 D5600 的特点在于对焦点多，搭载了可翻转液晶监视器，支持 Wi-Fi（无线局域网）等。

产品阵容丰富的优点在于用户可以自由选择，但在这种情况下，用户也有可能因为不知道哪台相机更加适合自己而感到苦恼。

全画幅微单相机初露锋芒
——解读索尼产品阵容

2013 年，索尼推出了世界上第一台搭载全画幅图像传感器的微单相机。与单反相机相比，机身非常小巧轻量是它的特点。自此，索尼确立了利用这一特点及索尼独有的技术能力开发高画质全画幅微单相机的发展路线。

图 1.73 是从 2017 年 9 月索尼全画幅微单相机的最新产品阵容中挑选的 4 款机型[1]。了解这个产品阵容，有助于大家学习如何选择数码相机。

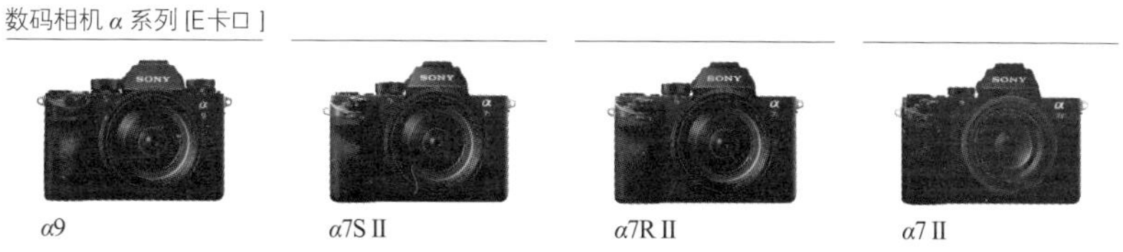

数码相机 α 系列 [E 卡口]

α9　　　α7S II　　　α7R II　　　α7 II

图 1.73　索尼的 4 款全画幅微单相机（截至 2017 年 9 月）

索尼并没有定位为旗舰机的机型。这里我们就先以购买的容易程度为标准，假定 α7 II 为标准机型，在此基础上尝试解读索尼的产品阵容。

---

[1]　本书原版出版于 2017 年，故这里使用的是当时最新的信息。目前最新信息请访问索尼官方网站获取。

α7 II 的售价为 164 880 日元（约合人民币 10 366 元），搭载了约 2430 万像素的图像传感器。相位检测 AF 传感器的对焦点数量为 117 个。对焦点越多，画框内可以实现自动对焦的范围就越大。最大连拍速度为每秒 5 帧。也就是说，每秒可以连拍 5 张照片，在拍摄体育赛事、代步工具或宠物等时，往往需要抓拍运动的被摄体，所以需要使用连拍。这里列出的所有机型都搭载了 5 轴防抖功能、有机 EL 电子取景器（液晶屏类型）、翻转液晶屏（能改变液晶屏的角度）和 Wi-Fi 功能等。

α7R II 是高画质机型，名称中的 R 是分辨率的英文 Resoluson 的首字母。它搭载了约 4240 万像素的图像传感器，即使与其他制造商的单反相机相比，像素数也算是高的。像素高就可以使画面的表现更加精细。相位检测 AF 传感器的对焦点为 399 个，售价 358 880 日元（约合人民币 22 562 元），价格是 α7 II 的 2 倍以上。

但是，细节表现能力只是形成高画质的一大因素。除此之外，色彩纯度、色彩深度、动态范围和色彩平衡等也是评价画质时的重点考虑因素，判断标准也因人而异。这款机型细节表现精细，可以说是对高画质很有追求的一款机型。

α7S II 搭载的则是 1220 万像素的图像传感器，像素数比 α7 II 低。这是为什么呢？原因就在于 ISO 感光度的差异。α7S II 的最大 ISO 感光度为 102 400，与 α7 II 的 25 600 相比差异巨大。这表示 α7S II 即使在比较暗的暗光环境下也可以拍出噪点较少的图片。因此，可以推测出它并没有把感光像素点紧密排列在图像传感器中，而是保持了较宽的间距，或者影像处理器对噪点进行了相关的调整。这个功能正是需要在暗处以较快的快门速度进行拍摄的新闻摄影和体育现场摄影等所渴求的，演唱会摄影等也需要这种功能。

α9 是搭载了新开发的集成内存式 35 mm 全画幅堆栈式 CMOS 图像传感器的机型。集成内存使得最高连拍速度达到了惊人的每秒 20 帧。相位检测 AF 的对焦点为 693 个，大大提高了对焦准确度。图像传感器的像素数为 2420 万，从画质可以看出，它在图像像素和色彩平衡上都有很大提升。

这里介绍的只是可以从以上 4 款机型中发现的特征中的几个，其实每个机型还有更多的优点和特点。不过，仅从这些信息也可以看出各大制造商在产品阵容布局上的意图。本书目的之一就是让大家能够像这样独立解读相机的产品说明书和规格表。

※ 正文中的图像传感器的像素数是近似数。

表 1.23 汇总了搭载全画幅图像传感器的主要机型的发布时间等。

表 1.23 搭载全画幅图像传感器的主要机型的发布时间

2002 年 9 月	佳能发布搭载全画幅 COMS 传感器（1110 万像素）的高端机型 EOS-1Ds
2004 年 9 月	佳能发布搭载全画幅 COMS 传感器（1670 万像素）的高端机型 EOS-1Ds Mark II
2005 年 8 月	佳能发布搭载全画幅 COMS 传感器（1280 万像素）的面向摄影爱好者的 EOS 5D
2007 年 8 月	尼康发布搭载独立开发的全画幅 CMOS 传感器（1210 万像素）的 D3
2008 年 7 月	尼康发售搭载全画幅 CMOS 传感器（1210 万像素）的 D700
2008 年 9 月	索尼发布搭载独立开发的全画幅 CMOS 传感器（2460 万像素）的 α900
2008 年 9 月	佳能发布搭载全画幅 CMOS 传感器（2110 万像素）的面向摄影爱好者的 EOS 5D Mark II
2008 年 12 月	尼康发布搭载全画幅 CMOS 传感器（2450 万像素）的 D3X
2012 年 3 月	尼康发售搭载全画幅 CMOS 传感器（1620 万像素）的专业级全画幅相机 D4
2012 年 3 月	佳能发售搭载全画幅 CMOS 传感器（1810 万像素）的专业级全画幅相机 EOS-1D X
2012 年 3 月	尼康发售搭载全画幅 CMOS 传感器（3630 万像素）的 D800 和 D800E。两个机型的区别在于是否搭载低通滤镜
2012 年 3 月	佳能发售搭载全画幅 CMOS 传感器（2230 万像素）的 EOS 5D Mark III
2012 年 9 月	尼康发售搭载全画幅 CMOS 传感器（3630 万像素）的小型轻量级全画幅相机 D600
2012 年 10 月	索尼发售搭载全画幅 CMOS 传感器（2430 万像素）的 α99，采用了半透明反光镜技术
2012 年 12 月	佳能发售搭载全画幅 CMOS 传感器（2020 万像素）的小型轻量级全画幅相机 EOS 6D
2013 年 10 月	索尼发布全球第一台全画幅小型微单相机 α7
2014 年 7 月	尼康发售 3635 万像素的全画幅相机 D810，是尼康史上画质最高的产品

（续）

2015 年 6 月	佳能发售 5060 万像素的全画幅相机 EOS 5Ds。去掉低通滤镜效果的 EOS 5Ds R 也同时发售
2016 年 3 月	尼康发售面向专业人士的 2082 万像素全画幅相机 D5
2016 年 4 月	宾得发售第一台全画幅单反 K-1（理光）
2016 年 4 月	佳能发售 2020 万像素专业级全画幅相机 EOS-1D X Mark II
2016 年 9 月	佳能发售 3040 万像素全画幅相机 EOS 5D Mark IV，该相机支持全像素双核 CMOS AF
2016 年 11 月	索尼发布 4240 万像素的背面式全画幅相机 α99 II，采用了半透明反光镜技术
2017 年 4 月	索尼发布全球第一台搭载集成内存全画幅堆栈式 COMS 影像传感器的微单相机 α9（2420 万像素）
2017 年 8 月	佳能发售搭载全画幅 CMOS 传感器（2620 万像素）及可旋转液晶监视器的世界最轻量机型 EOS 6D Mark II
2017 年 9 月	尼康发售 4575 万像素全画幅相机 D850

※ 值得注意的是，与面向摄影爱好者的机型相比，佳能和尼康发布的面向专业人士的高端机型的有效像素数更少。

※ 表中的像素数是近似数。

搭载 GPS 且具备通信功能的数码相机

在旅游景点，手持卡片数码相机拍照的人越来越少，使用手机拍照的人越来越多。原因在于人们一般会随身携带手机，而且现在手机的拍照性能也得到了较大改善，有些甚至带有 GPS 功能，可以记录拍照地点信息。此外，拍好照片后可以直接上传到社交软件上与大家分享，这种通信功能也非常重要。

希望把拍摄的照片立刻上传到社交软件上和朋友分享的用户居多，因此对于数码相机来说，附带这种功能就显得尤为重要。在此背景下，越来越多的微单相机或单反相机开始搭载 GPS 定位功能，以及可以与智能手机、计算机和互联网等通信的 Wi-Fi 功能，只要靠近手机就可以通信的 NFC 功能等（图 1.74 和图 1.75）。

图 1.74　EOS 6D Mark Ⅱ

佳能的 EOS 6D Mark Ⅱ 是搭载了全画幅图像传感器及可旋转液晶监视器的世界最轻量的单反相机。

它虽然是全画幅单反相机，但也具备 GPS 功能、无线局域网功能、蓝牙和 NFC 等丰富的通信功能，兼顾了高画质和照片使用的便利性。除了美国的 GPS 卫星和俄罗斯的格洛纳斯（GLONASS）卫星，它还支持日本的准天顶卫星 MICHIBIKI。Wi-Fi 支持的是 IEEE 802.11b/g/n 标准。

图 1.75　EOS 5D Mark Ⅳ

佳能的 EOS 5D Mark Ⅳ 也具备 GPS、Wi-Fi 和 NFC 功能。GPS 和 Wi-Fi 的单元模块安装在机身顶部的五棱镜周围，NFC 单元安装在机身右侧。

第 2 章

单反相机与微单相机

从胶片相机时代开始，相机产品在被介绍或展示时，就被划分为两个类别：一个是仅有手掌大小，可以轻松携带的卡片相机，另一个是专业摄影师或摄影爱好者使用的单反相机。在数码相机时代，人们仍然沿用了这种分类方法。不过，如今又多了一种类别，即微单相机。

一般来说，单反相机虽然拍出来的照片很漂亮，但操作比较复杂，体积也很大，所以在旅行时会显得很笨重。而且它价格昂贵，人们很少会为了拍摄快照而买它。但是，后来出现了宣称"妈妈也能轻松使用"的机身小巧且价格低廉的数码单反相机。紧接着，出于对小机身的追求，又诞生了微单相机，并且微单相机的市场围绕高画质小型相机这一用户需求不断扩大。

本章，我们将重点讲解单反相机和微单相机的工作原理，以及二者与卡片数码相机最大的不同之处。

2.1 单反相机

什么是单反相机

长期以来，单反相机因为可以拍出高画质的照片而备受瞩目。即使进入数码相机时代，这一点也没有发生改变。正如第 1 章提到的那样，如今市场上出现了价格比较低的数码单反相机，因而在数码相机领域，人们对数码单反相机的关注度也急剧提高。此外，市场上还出现了单反系统和微单系统等胶片相机时代闻所未闻的概念。这里我们就来介绍一下到底什么是单反相机，它又有什么样的优点和缺点。

一边取景一边拍摄

其实，单镜头相机或单反相机的概念早在胶片相机时代就已经确立。这里，我们暂且把数码相机的话题放在一边，先来谈一谈胶片相机。

相机拍照的原理，简单来说就是把镜头装在相机前面，让进入镜头的光照射到相机内部的感光材料，然后把影像记录下来。在胶片相机中，感光材料是胶片，而在数码相机中，感光材料是 CMOS 或 CCD 这样的图像传感器。

当感光材料是胶片时，用户在拍摄时并不知道最终能够拍出什么样的照片。之所以这样说，是因为镜头的成像需要全部投射到胶片上，相机上没有可以让用户提前确认成像结果的结构。因此，普通用户无法轻松地使用相机。于是，人们想出了各种方法来实现成像的实时确认。

首先，最简单的方法就是在光从镜头到达胶片的光路之外加装一个目镜，用来确认要拍摄的影像。

这个目镜称为**取景器**。那种只是在相机上开个孔并装上目镜以观察被摄体的取景器只需占用很小的空间，所以经常用在小型相机上。但是，这种取景器有一个很大的缺点，那就是可能出现视差，导致最终拍出来的照片和看到的影像不一样。关于这个缺点，详见 2.3 节。

　　相机所用的镜头既有能拍出更广阔风景的广角镜头，也有能放大拍摄远处被摄体的局部的长焦镜头等。这些镜头拍出的照片可以呈现出各种各样的效果，但最终的效果往往与用户从取景器中看到的完全不同。于是，为了能够在拍摄前确认要拍摄的影像，人们又安装了一个与用来拍摄的镜头一模一样的镜头，也就是装了两个镜头。这样就可以缩小最终成像和通过目镜取景时看到的影像之间的差异。人们将只有一个镜头的称为单反相机，将有两个镜头的称为双反相机。单反相机的"单"表示的就是只有一个镜头。

单反相机的结构与工作原理

　　双反相机虽然可以让用户一边取景一边拍摄，但必须同时安装两个镜头，因而在成本和体积等方面有很多缺点。为了实现只用一个镜头就能够看到与最终拍摄的照片几乎相同的影像，人们又想出了利用光反射的方法。

　　其实在拍摄时，光只需在拍摄的瞬间到达图像传感器即可。所谓拍摄的瞬间，说白了就是按下快门的那一刻。在确认取景时，光没有必要到达图像传感器。由此，人们想出了利用光反射的方法，也就是在取景时，把镜子放置在镜头和图像传感器之间，而在按快门时，把镜子移开，让光照射到图像传感器上。有了这面镜子，就可以把影像通过反射传导到其他地方。此时，如果让镜子倾斜，与光进入镜头的角度呈 45 度放置，影像就会被反射到上面（图 2.1）。从上面观察反射到镜子的影像，就可以确认要拍摄的影像。这面镜子是用来反射影像的，因而被称为反光镜。单反相机中的"反"指的就是反光镜。所谓单反相机，就是单镜头反光式数码相机的简称。

　　对于这种结构的单反相机，用户需要把相机放在腰部，从上面的目镜观察并拍摄。因此，它也被称为腰平取景式单反相机。

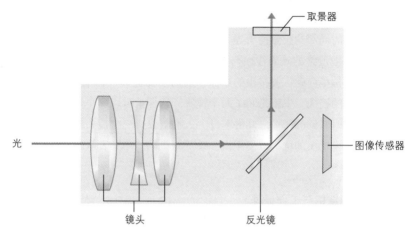

取景器

图像传感器

光

镜头

反光镜

图 2.1 腰平取景式单反相机中的光行进方式

所谓单反相机，就是在镜头和图像传感器之间放置 45 度倾斜的反光镜，通过光反射来确认取景的相机。

　　腰平取景器虽然可以让用户在拍摄时通过取景器看到与最终拍摄的照片几乎相同的影像，但也存在一个问题。那就是在观察取景器时，看到的影像会左右翻转（关于影像翻转，详见第 3 章）。显示在图像传感器上的影像会上下左右翻转，通过反光镜的反射，上下翻转的影像是可以复原的，但左右翻转的就没有办法复原了。在这种状态下，当通过取景器构图取景时，如果想把右边没有进入画框的部分放入构图中，就必须向左移动相机机身。这种违背直觉的操作并不容易，在进行细微调整时也会有一定影响。

　　为了改正这个缺点，人们进一步改进了单反相机，使用户可以像使用望远镜一样，从相机机身后面观察目镜并调整构图。但是，这就需要使构图时用肉眼看到的影像和从目镜取景器中看到的影像之间没有视差。人们通过研究发现，棱镜是可以实现这个要求的最佳部件。说到棱镜，想必有些人在学校做过通过棱镜使光分散而得到七色光谱的实验。棱镜有很多种，不仅可以对光进行分散，也可以折射光。在可以折射光的棱镜中，五棱镜（也称为屋顶型五棱镜）具有使影像上下左右翻转的功能。如果使用五棱镜，在取景器中看到的影像就不会翻转了。借助这种五棱镜改变光的路径，用户就可以像使用望远镜一样，通过相机背面的目镜来取景并确认构图。与需要放在腰部进行取景的腰平取景式单反相机相对，这种结构的单反相机由于需要放在眼部前方平视取景，所以被称为眼平取景式单反相机（图 2.2）。

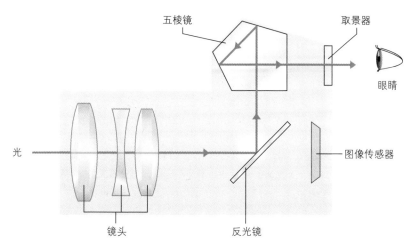

图 2.2 眼平取景式单反相机中的光行进方式
通过五棱镜使影像上下左右翻转回来，从取景器看到的影像和肉眼看到的影像就会完全相同。

这样就可以通过取景器看到镜头里的景色了，但如此一来，光就无法抵达图像传感器了。因此，还需要在按下快门按钮的一瞬间升起反光镜，使之从光行进的光路中消失。这样，光才可以抵达图像传感器并顺利成像（图 2.3）。当拍摄完成后，升起的反光镜恢复到 45 度倾斜的状态。如此就实现了通过取景器确认从镜头看到的影像，然后通过图像传感器记录看到的影像。

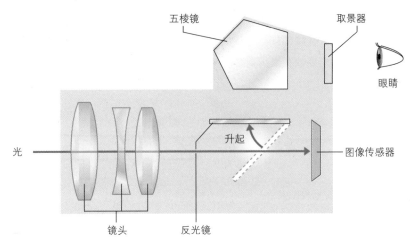

图 2.3 在拍摄时升起反光镜

在按下快门按钮的同时，反光镜升起，从镜头射入的光抵达图像传感器。在拍摄结束后反光镜恢复到 45 度倾斜。

数码单反相机的缺点

至此，通过取景器看到的影像和实际拍摄的照片终于相同，单反相机实现了直观构图并拍摄，但这样的单反相机也有几个缺点。

其一，相机的体积会变大。这是因为必须配备反光镜和五棱镜等体积较大的部件，还必须确保在拍摄时反光镜能够有升起的空间。如此一来，单反相机的机身无论如何都很难变小。

其二，在按下快门时取景器会瞬间变黑，此时无法确认构图。在按下快门时，反光镜升起，光照射到用来实际记录图像的胶片或图像传感器。此时光不会照射到取景器里，所以取景器会变得漆黑一片。这称为"黑屏"。

其三，反光镜的动作会对拍摄造成各种各样的影响。通常，除了像夜景拍摄这样的特殊状况以外，快门时间（也就是光照射到胶片或图像传感器上的那段时间）都在数十分之一秒到数百分之一秒之间，这是极其短的时间。如果反光镜能够在这段时间内完成升起动作，那么取景器的黑屏时间就可以最大限度地缩短。但是，这就必须让反光镜高速运动。如果速度太快，产生的振动和驱动模块的摩擦就会变大。振动太大会导致机身在拍摄时抖动，而频繁的较大摩擦会导致产生金属粉尘。

此外，反光镜的动作也会引起相机内空气的流动，从而导致金属粉尘和颗粒尘埃散落。这些都是拍摄时的大敌。

可以看到，单反相机的这些缺点都是由反光镜引起的。虽然"体积大"这个缺点也受五棱镜的影响，但那也是因为使用反光镜时，五棱镜是不可或缺的部件。于是人们就设想，如果去掉反光镜会怎么样呢？微单相机就是基于这样的设想诞生的。对此，我们稍后再具体介绍。

2.2　旁轴取景式相机和卡片数码相机

除单反相机之外，还有为了缩小相机体积而采用非单反的结构来取景的相机。这里，我们就来介绍采用非单反结构取景的方法。

▍旁轴取景式相机

旁轴取景器的取景光路与拍摄光路不同，影像是从两个视窗进入的，两个视窗的影像将合二为一并显示在取景器中（图2.4），以便用户确认构图。旁轴取景器的英文 ranger finder 有"测距仪"的意思，它的原理是利用制作地图时使用的三角测量原理来测算距离并对焦。根据三角测量原理，在没有合焦时，从取景器看到的被摄体是有重影的，当焦点对准后，影像才会完全重叠（图2.5）。

图2.4　配备旁轴取景器的数码相机
爱普生的 RD-1s 是世界上少有的搭载旁轴取景器的数码相机。

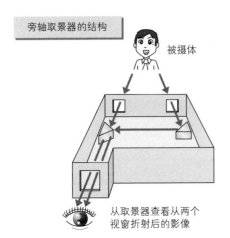

没有合焦时的状态　　　　　合焦后的状态

会出现重影　　　　　　重影消失，成像清晰可见

图 2.5　旁轴取景器的调焦
没有合焦时，看到的被摄
体会出现重影，经过调焦，
重影消失并成功合焦。

　　旁轴取景器的缺点是存在视差（详见 2.3 节），优点是在对焦方面能比单反相机更准确，速度更快，而且即使是在暗光环境下也能够轻松对焦。另外，因为取景光路和拍摄光路是互相独立的，所以在按下快门时，取景器不会黑屏，用户可以从取景器中一直观察和确认被摄体。

卡片相机

　　还有一类相机的取景器部分没有单反或旁轴取景器那样的特殊功能，只是配备了一个目镜作为取景器。当然，这个取景器安装在与相机镜头不同的地方，而且光路与拍摄光路互相独立。像这样通过简化取景器功能来缩小体积的相机最初被称为卡片相机。

　　进入数码相机时代之后，甚至出现了连简单的取景器都不配备的卡片相机——因为数码相机背面的液晶监视器也可以作为取景器使用。也可以将拍摄时所用的镜头和图像传感器当作取景器来确认构图。

在胶片相机时代，并没有可以使用这种简易取景器合焦的卡片相机，但到了数码相机时代，借助卡片相机的液晶监视器也可以合焦，并显示各种与拍摄相关的信息。

2.3 取景器和视差

视差和卡片数码相机

在旁轴相机或胶片式卡片相机等非单反相机中，用来确认构图的取景器安装在与相机镜头不同的位置。当然，镜头和取景器的光路也是分开的。但是，这种方法也存在一些缺点。前面我们稍稍提过，接下来就具体讲一下这些缺点，以及单反相机在这方面的优势。

视差

如上所述，卡片数码相机的取景器和镜头处于不同位置。如果在这样的状态下拍摄，镜头实际拍出来的影像与从取景器观察到的影像会存在一些偏差。取景器的可见范围和实际拍摄范围之间的差异就称为视差（图 2.6）。在使用胶片相机拍摄集体照时，即使在使用取景器确认所有人都在画框内之后才拍摄，也会在照片冲洗出来后发现部分人没有被拍到。这就是由于视差导致的拍摄范围和实际范围偏离的现象。

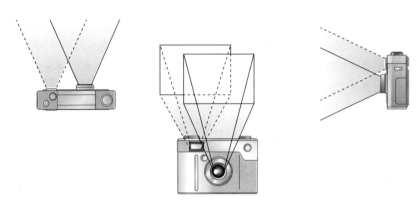

图 2.6 视差

当镜头光路和取景器光路不同时，取景时的构图和实际拍摄出来的照片会产生一些偏差。这个偏差称为视差。距离被摄体越近视差越大，越远视差越小，无限远时视差为零。

但如果使用的是单反相机，通过取景器确认的构图，也就是实际可以拍摄的范围，与最终照片上的范围基本是一致的。也就是说，单反相机不会产生视差。如果希望拍摄范围非常准确，最好使用单反相机或采用单反系统的相机。

数码相机和实时取景

在使用卡片数码相机和微单相机拍摄时，我们通常把背面的液晶监视器当作取景器使用。这样一来，在拍摄时就不必在意视差。正如前面提过的那样，之所以不会产生视差，是因为液晶监视器上显示的就是光通过镜头并抵达图像传感器后的成像。如今，越来越多的单反相机已经实现了把图像传感器的成像直接显示在机身背面的液晶监视器上。在单反相机上，这个功能称为**实时取景**。

最近的数码单反相机大多配备了实时取景功能，支持将液晶监视器当作取景器使用。此外，很多入门机型还搭载了可以改变角度的**翻转式液晶监视器**（可翻折液晶监视器）（图 2.7）。如果使用翻转式液晶监视器，那么即使直接把相机举起来自拍，或者伏在地面上低角度拍摄，也可以方便地确认构图和对焦。

索尼的全画幅机型 α99 搭载了翻转式液晶监视器。其监视器也被称为三向翻折液晶监视器，特点在于可以在把液晶监视器朝向机身后方拉出的状态下上下左右自由调节。后续机型 α99 II 的液晶监视器还可以倾斜向上翻转 134 度，向前翻转 180 度，并在旋转拉出后的状态下向右翻转 180 度，向左翻转 90 度。

微单相机 NEX-3N 搭载了可 180 度翻转的可翻折液晶监视器。自拍时也可以通过液晶监视器取景。

图 2.7 翻转式液晶监视器

但在实时取景拍摄时有一点需要注意，那就是耗电量很大。特别是单反相机，液晶监视器屏幕很大，而且在实时取景时大尺寸的图像传感器要一直进行影像传输工作，所以需要消耗很多的电量。如果经常使用实时取景功能，建议在拍摄时多确认剩余电量。特别是一些旧的单反相机，为了防止实时取景时电池续航时间突然变短，或者机器温度升高导致相机故障，有些机型会限制实时取景时的连续摄影时间。这些都需要提前确认清楚。

2.4 取景器的视野率和放大倍率

取景器的视野率

在讲解视差时，我们提到使用单反相机的取景器取景并拍摄时，观察到的拍摄范围和照片拍出来的实际范围是一致的。其实严格来说，还是有一点差异的。只不过这种差异并不是由视差引起的，而是由单反相机中的五棱镜等导致的。

因为光需要经过五棱镜复杂的折射再由反光镜反射，所以有时并不是所有的光都可以反射到取景器中。

此时，使用取景器看到的影像比实际拍出来的照片范围要小一些。反过来说，与通过取景器看到的影像相比，实际拍出来的照片的四周会出现一些多余的部分。这种情况也可以通过数码相机规格表中的参数来确认。

这个参数就是取景器的视野率。

取景器的视野率是取景器所能确认的范围与实际拍摄出来的照片范围的比值。现在市面上销售的产品中，视野率除了 100%，还有 98%、96% 和 95% 等。如果视野率在 95% 左右，那么与通过取景器确认的影像相比，实际照片中的范围较大，有时拍出的照片可能与自己预想的不同。在采用单反结构的数码单反相机中，昂贵的高端机型和中端机型大多拥有 100% 的视野率，而入门机型的视野率通常为 96% 或 95%，因为入门机型往往采用五面镜替代五棱镜。

所以在拍摄时，最好事先查看一下规格表中取景器的视野率。如果不是 100%，就需要确认一下照片中的边缘部分比从取景器观察到的影像多出了多少。

取景器的放大倍率

在取景器的规格中，还有一个参数是放大倍率。它用于表示用肉眼直接观察的被摄体的大小和使用焦距为 50 mm 的镜头时通过取景器观察到的被摄体的大小的比值，是用于判断取景器是否便于观察的一个标准。关于相机镜头焦距，我们将在第 3 章详细介绍。

如果取景器的放大倍率为 1.0 倍，则表示用肉眼和取景器分别取景时，观察到的被摄体大小是一样的。

这个数值越高，用户就越容易观察被摄体，因此放大倍率高的取景器更便于观察和使用。取景器的放大倍率和视野率一样，也会受五棱镜的影响，因此能完全达到 1.0 倍放大倍率的机型非常少见。

看到下面的表 2.1，可能有些人会感到疑惑。专业级的 EOS-1D X Mark II 比 EOS 5D Mark IV 的取景器放大倍率高，这很正常，但居然有放大倍率超过 EOS-1D X Mark II 的机型……这又是为什么呢?

表 2.1　取景器放大倍率（以佳能 EOS 系列为例）

机型名称	取景器放大倍率	机型定位	图像传感器
EOS-1D X Mark II	约 0.76 倍（ $-1\mathrm{m}^{-1}$，使用 50 mm 镜头对无限远处对焦 ）	专业	全画幅
EOS 5D Mark IV	约 0.71 倍（ $-1\mathrm{m}^{-1}$，使用 50 mm 镜头对无限远处对焦 ）	高端～专业	全画幅
EOS 7D Mark II	约 1.00 倍（ $-1\mathrm{m}^{-1}$，使用 50 mm 镜头对无限远处对焦 ）	高端～专业	APS-C 画幅
EOS Kiss X9i	约 0.82 倍（ $-1\mathrm{m}^{-1}$，使用 50 mm 镜头对无限远处对焦 ）	入门	APS-C 画幅

关于数码相机取景器的放大倍率，需要注意的是我们并不能直接参考产品规格上写的数值，而是要根据图像传感器的大小重新计算。上表标示的焦距 50 mm 是采用 35 mm 全画幅图像传感器时的数值。也就是说，以当前这个例子来说，在 35 mm 全画幅的 EOS-1D X Mark II 和 EOS 5D Mark IV 上，放大倍率就是所标示的数值，但另外两款相机因为采用了较小的图像传感器，所以必须先进行换算才能把它们放在一起比较。关于换算方法，我们会在 4.11 节详细介绍。这里只需知道，如果是搭载 APS-C 画幅图像传感器的机型，必须除以 1.5 ~ 1.7。例如规格表上标示的取景器放大倍率是 0.8 倍左右，那么除以 1.5 ~ 1.7 后，结果为 0.5 倍左右，放大倍率会变小。

取景器的视野率和放大倍率决定了拍摄时操作是否方便，所以在购买时不要忘记查看这些参数。

2.5 微单相机

微单相机的优点

虽然说数码单反相机的系统结构是具有划时代意义的，但由于反光镜的存在，它不能像卡片数码相机那样小巧轻量。所以，人们想尽办法去除反光镜，让它的体积变得更加小巧。其实如果是带液晶监视器的数码相机，即使没有反光镜，也能像单反相机一样使用，因为用户可以使用监视器确认构图或实际拍摄的照片。

这种方式就是让光总是照射到图像传感器上，并使成像显示在取景器上。这样一来，用户就可以通过取景器确认从镜头传到图像传感器上的影像，也可以通过图像传感器对接收的影像进行拍摄。这和卡片数码相机的工作原理是基本相同的（图 2.8）。

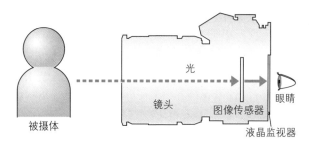

图 2.8 微单相机的光行进方式和工作原理
与单反相机在机身内部对光进行折射不同，微单相机在工作时会一直让光透过图像传感器投射到背面的液晶监视器上并实时显示被摄体。

另外，微单相机中也有一些机型可以让用户像使用单反相机一样，通过目镜式取景器看到所拍摄的影像。此时，与在液晶监视器上显示图像传感器所接收的影像一样，在取景器内设置的小型液晶屏上也会显示图像传感器接收的影像。采用这种方式的取景器称为 EVF 取景器（图 2.9）。

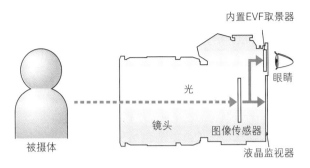

图 2.9 目镜式电子取景器

图像传感器所接收的影像显示在目镜式电子取景器上，用户通过取景器可以看到与要拍摄的图像相同的影像。

这就是微单相机的基本工作原理。这种数码相机没有搭载反光镜，所以也有很多制造商称其为"单镜头系统"或"数码单镜头相机"（图 2.10）。

图 2.10 微单相机的图像传感器

单反相机取下镜头后就可以看到机身内的反光镜，而微单相机由于没有反光镜，所以我们可以直接看到图像传感器（感光元件）。如果用手去摸图像传感器，会引起故障。图为索尼的微单相机 α6500。

微单相机的结构使其具有许多优点，比如机身缩小了，而且由于没有驱动部分，机身不会在拍摄时抖动。另外，微单相机的结构还能够抑制机身内粉尘的产生或防止粉尘附着在图像传感器上。

也许你会觉得去除反光镜的相机很容易实现，但与单反相机只在拍摄时让光抵达图像传感器的结构不同，微单相机需要让图像传感器持续受光，同时还要在液晶监视器上显示成像。即使是卡片数码相机中司空见惯的技术，放到图像传感器体积较大的单反相机或微单相机中，在实现实时取景功能时也有难以解决的问题。正是解决了这些问题，单反相机或微单相机才发展到了现在。有关内容，我们会在第 4 章详细介绍。

电子取景器有哪些缺点

　　在使用微单相机时，关于 EVF 取景器有一点需要注意。对于已经习惯使用摄像机等的目镜式取景器的人来说，在使用微单相机时应该不会有什么问题，但如果是习惯使用单反相机的用户，可能会觉得微单相机存在一些问题，比如"取景器中显示的图像存在时滞""对于高速移动的被摄体，取景器显示有延迟（由于显示稍微滞后而难以判断按快门时机）""当快速移动机身时，显示会卡顿""看久了眼睛会痛"等。

　　这种感受其实因人而异，可能也受被摄体的运动快慢以及相机机型不同的影响，但如果希望电子取景器能带来像光学取景器一样的使用体验，那么最好在店面实际试用一下（图 2.11 和图 2.12）。

图 2.11　电子取景器

α6500 背面的左上角装有 1.0 cm（0.39 英寸）的 EVF 取景器，其总像素数为 2 359 296，放大倍率约为 1.07 倍（进行 35 mm 规格换算后约为 0.70 倍）。

图 2.12　分开销售的电子取景器

有些微单相机的 EVF 取景器需要另外购买。图为安装了另外购买的 EVF 取景器 VF-4 的奥林巴斯 PEN E-P5。

单反相机和微单相机的不同

　　接下来，我们从功能和配件两个方面对比一下单反相机和微单相机（图 2.13）。

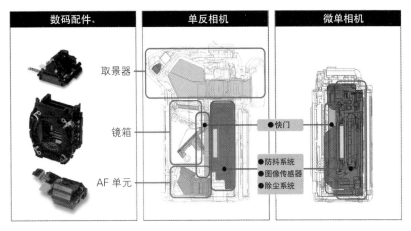

图 2.13　单反相机和微单相机上搭载的配件的不同

单反相机的光学取景器、反光镜和自动对焦传感器（AF 传感器）均未在微单相机上搭载，因此微单相机实现了紧凑的机身设计（图为以特定的单反数码相机和微单相机为例，从机身侧面观察到的不同）。

资料来源：奥林巴斯

　　微单相机去除了单反相机的三大配件：光学取景器、镜箱和自动对焦传感器（AF 传感器）。

　　微单相机使用液晶监视器取景，所以与光学取景器相关的设备，即反光镜、五棱镜或五面镜，也都没有必要存在了。

　　另外，自动对焦方式也不一样了。单反相机采用的是相位检测 AF，即需要在机身内部安装专用的 AF 传感器，通过该传感器计算被摄体距离和焦点偏差，以此进行自动对焦；微单相机通常采用的是反差检测 AF，即分析图像传感器所接收的影像，然后对焦点偏差进行修正。反差检测 AF 是早已在卡片数码相机和摄像机上实践过的有效的自动对焦方式，因为对焦时使用的是图像传感器接收的成像，所以不需要安装专用的 AF 传感器。

　　因此，微单相机通过去除这三个配件，在很大程度上实现了机身的小巧化。快门结构、防抖系统、图像传感器和自动除尘系统则得以保留，与单反相机一样配置在相机机身内部。

相位检测 AF 和反差检测 AF

如上所述，单反相机和微单相机采用的自动对焦方式也不同。所谓自动对焦，就是自动使焦点合在一起的机制。自动对焦方式不同，实际的使用体验有时也会有很大差别。

凭感觉来说，单反相机是直接查找对焦点并对焦的，而摄像机和卡片数码相机则是先查找对焦点附近的点，再快速对焦。这是由自动对焦方式的不同而引起的。微单相机通常采用与摄像机和卡片数码相机相同的自动对焦方式。

相位检测 AF

相位检测 AF 使用两个独立的镜片检测两个图像并使之并排放置，然后根据两个图像距离合焦位置的距离偏差测出焦点的偏差，最后直接移动镜片完成合焦（图 2.14）。

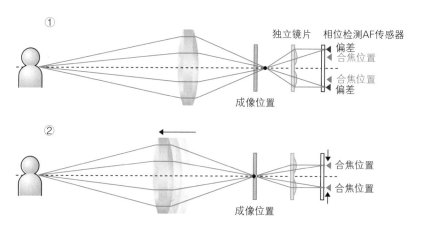

图 2.14 相位检测 AF 的原理
① 通过独立的镜片形成两个图像，将它们并排显示并分析距离。根据图像与合焦位置之间的偏差测量镜片需要移动的距离。
② 在计算出偏差距离后，直接移动镜片合焦。
※ 上图是示意图。

这种对焦方式的特点和魅力在于在观察取景器时，能够迅速对虚焦状态的被摄体准确对焦，并在听到合焦蜂鸣声的同时按下快门，一气呵成的拍摄节奏令人感到神清气爽。此外，其中也引入了焦点追踪（追焦）技术，能够预测移动中的被摄体（如汽车或宠物等）的运动并瞬间完成对焦。

缺点则在于焦点本应一下就对准，但实际上经常会出现跑焦的情况。如果出现跑焦，那么在计算机上用大图细看时，图片就会有一点模糊——这种现象相信很多人遇到过。

合焦位置是由安装在相机机身内部的相位检测 AF 传感器检测的（图 2.15～图 2.17）。相机机型不同，AF 传感器的安装位置也不同。在图 2.15 的示例中，反光镜的中心部位是半透明的，一部分反射光会传导至 AF 传感器上，以便测算距离。

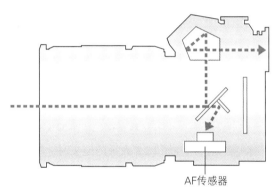

图 2.15 相位检测 AF 传感器示例

光透过半透明反光镜成像，当图像抵达设置在反光镜下面的 AF 传感器后，AF 传感器进行距离测算。

AF传感器

图 2.16 AF 单元

图为全画幅单反相机 EOS 5D Mark IV 搭载的 AF 单元。

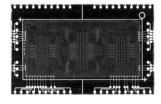

图 2.17 相位检测 AF 传感器

图为全画幅单反相机 EOS 5D Mark IV 搭载的 AF 传感器。

AF 传感器分为只支持水平或垂直检测的线型传感器，以及水平检测和垂直检测都支持的十字型传感器。一般来说，十字型传感器的对焦精度更高，对焦速度也更快（图 2.18）。

使用频率较高的中间部分的 5 个点为双十字型对焦点，也就是由 + 和 × 构成的米字对焦点，它们能够提高对焦精度。

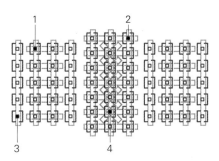

1 十字型对焦：
F4水平对焦 + F5.6或F8垂直对焦
2 十字型对焦：
F5.6或F8垂直对焦 + F5.6或F8水平对焦
3 F5.6或F8垂直对焦
4 双十字型对焦：
F2.8右对角线 + F2.8左对角线
F5.6或F8垂直 + F5.6或F8水平

图 2.18 AF 传感器的概念图
图为 EOS 5D Mark IV 的 AF 传感器中线条和十字、双十字型对焦点配置图。根据 F 值不同，可以使用的对焦点也不同。

你有没有发现有些镜头容易对焦，有些不容易对焦？这是因为镜头光圈 F 值不同，对焦点也不同。例如，在使用 F2.8 光圈的镜头时，就可以检测到更敏感的对焦点；但如果光圈从 F2.8 变为 F4，在 F2.8 下可以使用的十字型传感器中的一部分对焦点就不能使用了。

大光圈镜头虽然价格高昂，但在专业摄影师或摄影爱好者中大受欢迎，原因不仅在于画质好，还在于对焦精度高（图 2.19）。

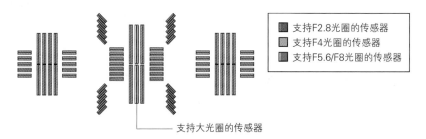

■ 支持F2.8光圈的传感器
■ 支持F4光圈的传感器
■ 支持F5.6/F8光圈的传感器

支持大光圈的传感器

图 2.19 AF 传感器的结构
光圈 F 值不同，可以使用的对焦点也不同，所以大光圈镜头的对焦精度也很高。

反差检测 AF

一直以来，微单相机采用的都是反差检测 AF，而且自动对焦没有使用像相位检测 AF 传感器那样的专用配件完成，而是使用图像传感器完成的。

因为比较模糊，所以对比度较低

基于"一般情况下，焦点对准的部位对比度较高"的原理，分析图像传感器形成的影像，找出对比度最高的镜头位置，将其设为合焦点——这就是反差检测 AF 的工作原理。

对比度稍微变高

简单来说，反差检测 AF 的工作原理大体如图 2.20（示意图）所示：移动镜头并分析图像传感器所接收的影像，查找对比度较高的位置，假如在镜头通过对比度较高的位置之后对比度下降，则返回到对比度较高的位置，并将该位置设为合焦点。

对比度较高

对比度下降

返回，然后将这里当作合焦点

图 2.20 反差检测 AF 的示意图

如果是自动对焦速度相对较慢的摄像机，用户可以明显感觉到即将合焦时镜片的移动。当被摄体和背景融为一体，对比度较低时，合焦点就不容易找到，因而有时会出现镜头来回移动的情况。与其相对，以高速自动对焦为特点的微单相机，由于其自动对焦的速度得到提高，所以在合焦的过程中镜头的移动不容易被人们察觉，但其实摄像机与微单相机的对焦原理是一样的。

反差检测 AF 一般在对焦速度上不如相位检测 AF，但它是通过分析图像传感器中的实际影像进行对焦的，因此从理论上来说，对焦准确性比相位检测 AF 更高（当背景的对比度较高时，合焦点更容易出现在背景上，而不是被摄体上）。

此外，反差检测 AF 也适合视频拍摄。单反相机镜头上常用的对焦马达虽然可以实现"瞬间合焦"，但过快的合焦速度并不适合拍视频时想要的缓慢焦点过渡效果。这时比较适合使用步进马达或电磁马达，摄像机和卡片数码相机采用的一直是这样的马达。它们在对焦时声音小，所以合焦或变焦时的马达声音不会被麦克风收入。因此，对于普通用户来说，如果想要拍摄视频，与其使用单反相机，不如使用摄像机或卡片数码相机、微单相机等。

如上所述，虽然相位检测 AF 和反差检测 AF 各有各的优缺点，不能一概而论地说哪个更好，但它们的结构和特点的确存在很大的差异。

如果你正在使用的是单反相机，已经习惯了单反相机中相位检测 AF 的敏捷速度，或许就会认为卡片数码相机的反差检测 AF 速度太慢，拍摄时没有节奏感，感觉它不好用。在使用单反相机时，你或许会觉得连按下快门时反光镜升起带来的响声和抖动（反光镜振动）都让人感到舒畅。从这一点上来说，微单相机由于在结构上更像卡片数码相机，所以拍摄体验和单反相机不同。毕竟微单相机根本就没有反光镜，是不可能发出这种声音的。

混合 AF

微单相机的机身设计相对紧凑，因而没有多余的空间配备相位检测 AF 传感器，但在图像传感器上嵌入相位检测 AF 传感器，最终也能实现相位检测 AF。于是，同时搭载了传统反差检测 AF 和相位检测 AF 的混合 AF 机型诞生了。第一台使用该技术的微单相机是尼康的可换镜头式高级相机 Nikon 1。

因为相位检测 AF 传感器设置在图像传感器的像面，所以这种对焦方式也称为像面相位检测 AF。Nikon 1 在明亮的拍摄环境下主要采用相位检测 AF 对焦，如果被摄体在较暗的拍摄环境或画面边缘，则采用反差检测 AF 对焦。虽然相机会判断拍摄环境并自动切换对焦模式，但在一般情况下使用的是相位检测 AF。Nikon 1 采用的方式是将图像传感器中的像素点替换为 AF 传感器。AF 传感器使用的像素部分通过周围像素插值计算形成图像。图像传感器整体（即图中蓝色和浅蓝色部分）支持反差检测 AF，而中心部位配备了相位检测 AF 传感器，从而实现了混合 AF（图 2.21）。

图像传感器内搭载了AF传感器

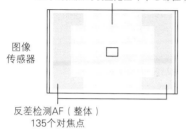

像面相位检测AF传感器的
73个对焦点的设置范围（中心部位）

图像
传感器

反差检测AF（整体）
135个对焦点

图 2.21　在图像传感器内搭载相位检测 AF 传感器的混合 AF

这是尼康 Nikon 1 V1 的图像传感器示意图。图为整体（蓝色和浅蓝色部分）支持反差检测 AF，中心部位支持相位检测 AF（浅蓝色部分）的混合 AF 的结构。

自从 Nikon 1 发布以来，混合 AF 就备受瞩目，其他制造商也相继发布了搭载像面相位检测 AF 的机型。

以索尼 NEX-5R 搭载的快速混合 AF 为例，相对于对焦精度较高的反差检测 AF，它的定位更偏向于相位检测 AF。对运动中的被摄体追焦和对焦时，它在速度方面有出色表现，即使背景对比度较高，也可以通过图像传感器中心部位中有 99 个对焦点的相位检测传感器实现快速准确的对焦。而且在拍摄运动性场景时，相位检测 AF 还可以持续追焦。

相机通常是在半按快门时对焦的，但现在有些机型引入了新的技术，可以持续分析图像传感器的影像来预判被摄体大致的合焦位置，进而缩短合焦所需时间。

以佳能的 EOS M 搭载的混合 AF 来说，它同时支持对焦速度较快的相位检测 AF 和对焦精度更高的反差检测 AF。对焦时先使用配置在图像传感器像面上的相位检测 AF 像素点快速地粗略合焦，然后使用反差检测 AF 调焦至准确合焦。因此，混合 AF 既实现了高速对焦，又确保了准确性。此外，佳能还成功研发并导入了实现像面相位检测 AF 的技术"全像素双核 CMOS AF"（图 2.22）。有关这个技术的详细介绍，请参照第 5 章。

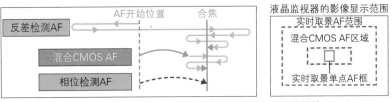

——▶ 低速驱动　━━▶ 高速驱动（混合 CMOS AF）　-- ▶ 高速驱动（相位检测 AF）

图 2.22　佳能的混合 AF

图为 EOS M 的混合 AF 的工作原理（引自佳能官方网站）。通过在像面（CMOS 传感器）中嵌入的用于进行相位检测 AF 的像素点，我们可以快速判别对焦偏差和方向，然后驱动镜片移动至合焦区域附近。最后通过反差检测 AF 进行准确合焦。

以前人们一直认为微单相机的对焦速度比单反相机慢，而且操作反应速度慢，但随着技术的日益更新，这些缺点已经得到了改正。

有关自动对焦的其他内容，3.9 节会详细介绍。

2016 年 10 月索尼发布了 α6500，搭载了号称世界上最快的 4D 对焦系统。

α6500 自动对焦的响应速度达到了 0.05 秒，它不仅是速度快，而且虽然是利用图像传感器自动对焦的，但使用的是结合了像面相位检测 AF 和反差检测 AF 的混合 AF 方式，像面相位检测 AF 的对焦点有 425 个，反差检测 AF 的对焦点有 169 个，几乎覆盖了整个画框区域（图 2.23）。不论被摄体出现在画框中的哪个地方，而且不论其是否在移动，都可以实现持续追焦。

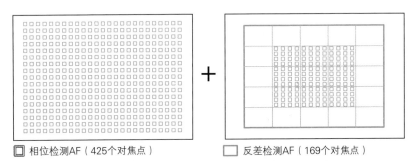

□ 相位检测AF（425个对焦点）　　　□ 反差检测AF（169个对焦点）

图 2.23　索尼 4D 对焦系统的对焦点

图像传感器上几乎布满了对焦点，其中像面相位检测 AF 传感器的对焦点有 425 个，反差检测 AF 的对焦点有 169 个。

相位检测 AF 原本是单反相机特有的功能，但借助像面，人们在微单相机的图像传感器上使用同样的原理实现了该功能，并使之与反差检测 AF 相结合，进而实现了具有更快的对焦速度和更高的对焦精度的混合 AF 方式。像面自动对焦在微单相机上的表现很好，并且在单反相机的实时取景和视频拍摄中也有所应用。

2.6 半透明反光镜技术

半透明反光镜技术的工作原理和特征

有些单反相机虽然有反光镜，但其反光镜系统的工作原理与一般单反相机的不同。例如索尼 α 系列的单反相机采用的半透明反光镜技术。

正如本书多次提过的那样，普通单反相机的反光镜中央部位是半透明状的，通过让光照射到位于相机机身下方的相位检测 AF 传感器进行对焦。按下快门时，反光镜升起，以便光抵达图像传感器，此时对焦操作结束，传送到相位检测 AF 传感器的光也随之消失。

而半透明反光镜技术以固定式半透明反光镜取代了传统反光镜，可以让光直接穿过反光镜抵达传感器（图 2.24）。被反光镜反射的光将被传送到位于相机顶部的相位检测 AF 传感器，用于进行对焦操作。因此，不仅可以在自动追焦等情况下实现不间断对焦，同时由于没有反光镜升起带来的时滞，还可以实现更高速的连拍。在拍摄视频时，这种机制也便于相机对移动被摄体进行追焦。

半透明反光镜技术的结构决定了它无法同时搭载单反相机中的光学取景器，所以人们使用 EVF 电子取景器代替了光学取景器，开始将目镜取景器或液晶监视器当作取景器使用。

半透明反光镜技术的机制

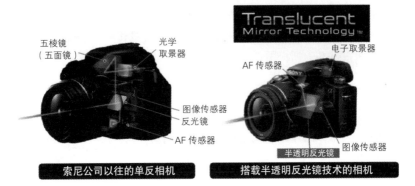

图 2.24 索尼 α 系列的半透明反光镜技术

图为索尼公布的采用半透明反光镜技术的单反相机与普通单反相机的对比图。图中显示了二者在光路及功能上的差异。可以看到,在采用半透明反光镜技术的单反相机中,反光镜是固定的,不会在拍摄时升起。

配备了单反相机的相位检测 AF 传感器的微单相机

有一种系统可以实现在微单相机上安装单反相机所用的相位检测 AF 传感器(需要另行选购)。

另行购买卡口转接环 LA-EA2 和 LA-EA4,即可把镜头搭载在支持半透明反光镜技术的索尼微单相机上使用(图 2.25)。

图 2.25 NEX-7 和 A 卡口转接环 LA-EA2

图为安装在相机机身和镜头之间的转接环,其内部搭载了半透明反光镜技术。

这个转接环用于在索尼 E 卡口镜头的相机上使用单反相机所用的 A 卡口镜头，其中还内置了相位检测 AF 传感器。所以，如果使用这个转接环，不仅可以在 NEX 系列上使用单反相机所用的 A 卡口镜头，而且自动对焦模式也就不再是通常的反差检测 AF，而是相位检测 AF（图 2.26）。

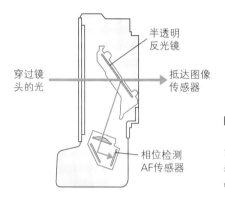

半透明
反光镜

穿过镜
头的光

抵达图像
传感器

相位检测
AF传感器

图 2.26　卡口转接环上内置的半透明反光镜技术

穿过镜头的光通过特殊的全透明反光镜直达图像传感器。一部分光会被反射到下方的相位检测 AF 传感器上。

专栏 光学取景器的发展

　　在微单相机技术不断提升的同时，单反相机也在不断发展。其中的一个表现就是单反相机最大特征之一的光学取景器的发展（图 2.27）。正如本书介绍的那样，通过反光镜和五棱镜，人们可以使用光学取景器实时地看到与镜头中成像大致相同的被摄体，但如果使用的是微单相机的电子取景器，那么人们还可以通过液晶屏看到各种信息。为了让单反的光学取景器也实现该功能，佳能在较大的五棱镜周边配备了全透型液晶屏，在使视野率和放大倍率保持原有的高精度的同时，实现了在取景器上显示各种信息的功能。这个功能被用在了 EOS 5D Mark IV 和 EOS 5Ds 等机型上。

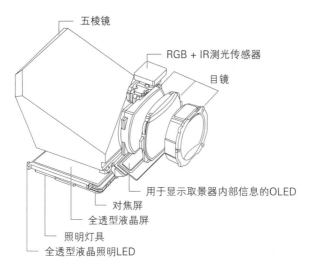

图 2.27　不断发展的光学取景器

引自日本佳能 EOS 5Ds 的官方网站。光学取景器的视野率约为 100%（全画幅时），放大倍率约为 0.71 倍（视角 34.1 度），打破了取景框的限制，实现了宽广明亮的视野。采用大型五棱镜和由 4 枚镜片构成的目镜光学系统，可以修复各种像差。它还可以抑制当视点和光轴偏离时产生的偏离度和暗角，即使长时间拍摄，眼睛也不容易疲劳，可以让用户把精力集中到拍摄上。眼点约为 21 mm。带屈光度调节功能。并且，由于搭载了全透型液晶屏，所以取景器上可以显示各种信息。

2.7　对高速连拍技术的追求

　　每秒能拍多少张照片？——照片记录的是某个瞬间，正因如此，连拍速度一直以来都是一个重要性能。如果是单反相机，以佳能的产品阵容为例，入门机型 EOS Kiss X9i 的连拍速度最快约为 6 张 / 秒；中端机型 EOS 80D 和高端机型 EOS 5D Mark IV（全画幅）最快约为 7 张 / 秒；专业机型 EOS-1D X Mark II（全画幅）最快约为 14 张 / 秒，每秒可拍摄张数达到了两位数（在采用实时取景拍摄时最快约为 16 张 / 秒）。

如果是微单相机，以索尼的产品阵容为例，$\alpha7$（全画幅）系列的α7R III 最快约为 10 张 / 秒，$\alpha9$（全画幅）最快约为 20 张 / 秒。

要实现稳定且实用的高速连拍，需要各种各样的技术支持，包括从图像传感器读取信号，影像处理器的内部高速处理，还有高速且高精度自动对焦以及自动曝光。单反相机和微单相机的智能预测软件技术（算法）也一直在升级，现在也导入了可以智能预测被摄体如何移动并快速合焦、高速追焦的技术。

同时，自动对焦和自动曝光都可以通过颜色检测功能，实现将人像优先识别为被摄体，并快速根据被摄体对曝光参数进行细微调整。

对比了单反相机和微单相机的结构，可以发现单反相机还有一个很大的问题需要解决。

反光镜的稳定性和反光镜振动的抑制

在追求高速连拍性能时，单反相机的反光镜结构带来了一个问题。

每拍一张照片，反光镜就会在相机的机身内部咔嗒咔嗒地翻转，因此必须从结构上让反光镜稳定且高速地工作。另外，对焦时使用的 AF 传感器会在反光镜处于回位状态时工作，并且用户使用光学取景器观察被摄体的操作也是在反光镜回位期间进行的。当反光镜升起时，光学取景器中会瞬间黑屏，感觉就像眨眼一样。也就是说，在高速连拍时反光镜会高速翻转，但它并不是简单地重复升起和下落的动作，所以延长反光镜回位期间所占的时间比例也是重要的技术之一。

而且，反光镜升起和回位时带来的反光镜振动或反弹的现象也需要抑制。虽说翻转速度非常快，但由此带来的反光镜振动或反弹会导致光学取景器中的成像不稳定，进而导致用户很难在拍摄时抓拍到被摄体。

同时，在需要拍摄超高分辨率照片的场景中，单反相机由于反光镜振动而出现机身些许抖动的情况已经成为亟待解决的一大课题。因此，单反相机制造商在努力地研究如何抑制反光镜振动带来的影响。佳能的部分机型采用了由马达驱动抑制反光镜振动和撞击的结构（在反光镜升起和下落时通过高扭矩马达和凸轮急剧加速和减速，以抑制反光镜的反弹），引入了独有的反光镜振动控制系统（图 2.28 和图 2.29）。

图 2.28　反光镜振动控制系统

稳定反光镜的动作，有效抑制反光镜振动，可以使高速连拍的张数增加，并抑制机身抖动。
图为 EOS 5D Mark IV 的反光镜振动控制系统。

资料来源：佳能

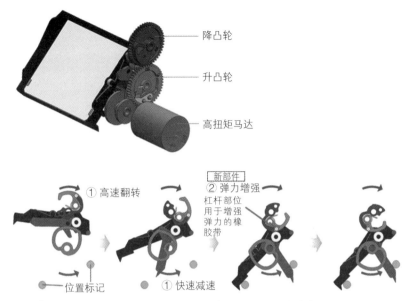

① 通过高扭矩马达让驱动速度加快（加速度很快）并强力减速。

② 通过新开发的杠杆结构强力抑制反光镜的反弹，缩短反光镜撞击到反弹停止的
时间。

※ 通过提升反光镜驱动速度缩短取景器黑屏时间

图 2.29　反光镜振动控制系统的工作原理
引自佳能官方网站（EOS 5D Mark IV）。

微单相机的高速连拍

　　假设微单相机以超越单反相机的性能为目标，那么因为其不存在反光镜结构，所以单反相机面临的问题，比如"反光镜升起时导致的光学取景器黑屏""反光镜翻转导致的机身抖动""反光镜翻转导致的自动对焦或自动曝光运算瞬间中断"等，对于它而言根本都不会存在。

　　微单相机的确无须面对这些问题，但仍要面对别的问题。微单相机一般使用图像传感器进行自动对焦或自动曝光，并通过背面的液晶监视器或EVF取景器显示图像传感器的影像。为了一直自动对焦或自动曝光并防止黑屏出现，就只能使用电子快门。因为如果使用机械快门，成像抵达图像

传感器的光路就会瞬间被切断,这会导致黑屏(关于快门,详见第5章)。

索尼的部分微单相机机型支持无黑屏连拍,其实就是使用了电子快门,让图像传感器一直处于受光状态下并在电子取景器上显示图像,这种技术可以消除黑屏(图2.30)。

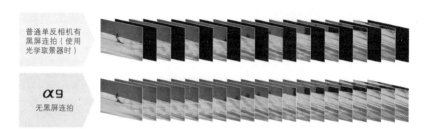

普通单反相机有黑屏连拍(使用光学取景器时)

α9
无黑屏连拍

图2.30 有黑屏连拍和无黑屏连拍
上面是使用普通单反相机连拍时的黑屏现象示意图,下面是α9在使用电子快门时实现的无黑屏连拍的示意图(引自索尼官方网站中α9的主页)。

另外,α9的电子取景器显示更新频率最高为120次/秒,这是为了尽可能地抑制时滞(画面延迟)。同时,自动对焦或自动曝光的运算处理也不管是否正在高速连拍,都以最多60次/秒的速度运算(当快门速度在1/125秒以上时,运算速度会因镜头而异)。

α9上搭载了索尼新开发的堆栈式CMOS影像传感器Exmor RS,其特点在于图像传感器为内置了像素层、图像信号处理电路和集成内存的堆栈式结构(图2.31和图2.32)。堆栈式CMOS影像传感器可以在集成内存中暂时存储大量的输出信号,并让信号处理速度变得更快,因而能够大幅提升高速连拍性能。α9虽然是全画幅机型,但实现了最多约20张/秒的高速连拍(关于图像传感器,详见第4章)。

图2.31 α9
图为索尼的全画幅微单相机α9。它是世界上第一台搭载集成内存的35 mm全画幅堆栈式CMOS影像传感器(约2420万像素)的相机。其特点如下:最多约20张/秒的连拍帧速,附带5轴防抖系统,相位检测自动对焦覆盖693个对焦点,反差检测自动对焦覆盖25个对焦点,配有可翻折液晶屏。

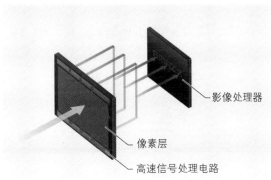

以往的结构

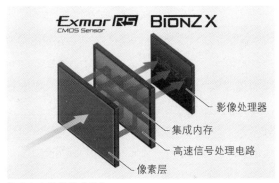

集成内存的堆栈式结构

图 2.32 堆栈式 CMOS 影像传感器 Exmor RS

该示意图显示了新开发的集成内存堆栈式 CMOS 影像传感器的优点。

上面是传统结构的图像传感器，电路层与像素层在同一层，所以电路层只能设置在像素层的外侧，而且只有有限的面积可以使用。

而在下面的堆栈式结构中，电路层与像素层在不同的层，所以电路可使用的面积很大，高速信号处理电路可以得到大幅扩展。

另外，通过将输出信号暂时保存在集成内存中，可以快速处理且不会阻碍信号传递，实现了对像素层的高速读取。

之所以能够集成内存，也是得益于堆栈式结构可以扩大电路面积。

2.8 微单相机的优点：静音拍摄

单反相机在拍摄时会发出较大的声音，所以如果拍摄环境需要保持安静，例如音乐会、网球或高尔夫等体育摄影，或者野生动物摄影，就不适合使用声音较大的单反相机拍摄。单反相机的声音主要是由反光镜的升起和下落，以及机械快门产生的，可以说是需要从单反相机的结构上着手解决的问题。不过也有部分单反相机的机型可以通过降低反光镜和快门的动作速度抑制拍摄声音。

而微单相机没有反光镜，所以就不会像单反相机那样因反光镜升起和下落而发出声音。要是能够去掉快门声音，就可以实现完全静音拍摄。快门可以大致分为机械快门和电子快门两类。在微单相机中也有只使用电子快门拍摄，从而实现静音拍摄的机型（但如果只使用电子快门拍摄，在拍摄移动中的被摄体时可能会出现模糊，这就又需要一种技术解决这个问题。有关快门的相关内容，详见第 5 章）。

另外，从原理上来说，单反相机应该也可以和微单相机一样实现静音拍摄，例如在拍摄时使用实时取景，保持反光镜固定在升起状态，并只使用电子快门拍摄。

第 3 章

镜头

　　数码单反相机和微单相机都可以自由更换镜头。人们常说，"换一个镜头就能拍出完全不同的照片""决定照片好坏的是镜头"。对于相机来说，镜头就是如此重要的一个组成部分。

　　另外，专业摄影师使用的镜头，有些价格昂贵得都足够再买一台甚至几台相机了。那么这些高价镜头到底贵在哪里？便宜镜头和高价镜头之间究竟有什么不同？判断一个镜头的好坏究竟要看什么？

　　本章，我们来了解镜头的工作原理，并尝试解答上面的这些问题。这些基础知识也有助于大家选购镜头。

3.1 可换式镜头

可换式镜头的名称

数码单反相机和微单相机的机身和可换式镜头是分开销售的。虽然很多时候相机制造商或商店也会把机身和镜头组成套装整体销售，但可换镜头式相机的真正魅力在于用户可以自行根据不同的拍摄场景或被摄体、想表达的内容选用最适合的镜头来拍摄。

那么，不同的可换式镜头有什么不同呢？购买时又该如何挑选呢？

追溯相机的起源可知，一开始的相机是没有镜头的。也许你会问，没有镜头也能拍照吗？别着急，关于照片为何会出现在胶片或图像传感器上，我们将在 3.2 节的"暗箱"部分予以介绍。

现代的数码相机没有镜头是不能拍照的。在 1.1 节中，我们讲解了购买可换式镜头时需要确认的基本参数，重点包括焦距（视角）、F 值、防抖、镜头卡口等。

大部分镜头的产品名称比较长，而且其中有数字，所以让人觉得很难记住，但其实产品名称中包含了选购镜头时需要确认的大部分要点。

下面我们就以佳能的镜头产品为例说明一下。

如图 3.1 所示，EF 24-70 mm F4L IS USM 这个很长的名称中就包含了这个镜头的特征（关于末尾的 USM，详见本节的专栏部分）。

图 3.1　佳能 EF 24-70 mm F4L IS USM
（发布于 2012 年 11 月）

· 镜头卡口：EF

· 焦距：24 mm ~ 70 mm（标准变焦）

· 光圈 F 值：4.0

· 防抖功能：有（IS）

镜头术语

本章将介绍镜头的工作原理，在正式介绍之前，我们先根据选购镜头时的要点讲解一下基本的相机术语。

焦距（视角）

在选购镜头时最先考虑的应该是焦距（视角）。卡片数码相机和摄像机的广告强调的往往是"远摄 ×× 倍变焦"等远摄性能，可换镜头式相机则用焦距体现长焦端可以拍到多远的被摄体和广角端可以拍到多广的视野。

焦距是从图像传感器到镜头的距离，距离越长（焦距越长），远处的被摄体显得越大，视角越窄；距离越短（焦距越短），被摄体显得越小，拍摄视野越广（图 3.2）。

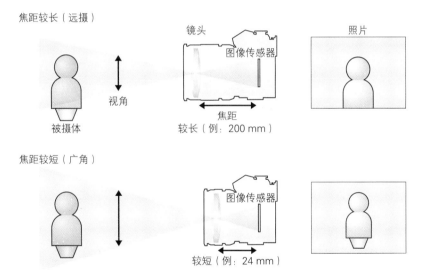

图 3.2　焦距与视角、远摄的关系
从图像传感器（焦点）到镜头的距离（焦距）越长，视角（视野）就会越窄，远处的被摄体显得越大。相反，焦距越短，视角就会越宽。

套机镜头大多是变焦镜头，广角端和长焦端焦距适中，因而性价比很高。

理解了焦距、视角的差异，在根据拍摄目的和被摄体选购镜头时就会方便不少。关于焦距和视角，具体请参照 3.6 节。

光圈

我们在 1.2 节讲过，镜头的光圈 F 值是表示镜头性能的重要参数。有时人们甚至根据这个数值对镜头排名，价格当然也会受到影响。镜头的 F 值越小，光圈就越大，而光圈越大，越可以在暗光环境下以较快的快门速度拍摄，因而能够有效防止手抖或被摄体抖动。同时，如果是同样的焦距，用 F 值更小的镜头拍出的照片，其背景虚化效果更强，可以很容易拍出浅景深的照片。这些都是 F 值更小的镜头受中高端用户青睐的原因。当然，画质高品质好的镜头产品的开发和生产也会更加困难，因而这些镜头的价格大多相对较高。

在 3.5 节中，我们会介绍 F 值的有关内容，以及拍摄时 F 值与光圈的关系。

像差

上面提到了"画质高品质好的镜头产品"，那么"画质高"是什么意思呢？一般在新相机发售时，杂志、网页和博客上会刊登一些使用这款相机拍摄的样片。在看那些照片时，你知道确认哪些地方才能知道镜头的好坏吗？答案是"像差"。

要想开发出高画质的镜头产品，关键就是要抑制像差，镜头制造商在开发镜头产品时也会特别注意像差是否得到了有效的抑制。像差也有很多种类，而且全都会给画质带来不好的影响，如果在看样片之前就了解了这些知识，那么说不定你自己就可以判断画质好坏（图 3.3）。关于像差的具体内容，我们将在 3.3 节介绍。

图 3.3　根据样片判断画质高低
镜头性能所导致的像差容易出现在图像的边缘部分，所以首先可以从查看图像的四个角开始确认样片画质。

防抖

防抖大致分为两种，其中在镜头内搭载防抖结构的方式为"镜片位移式光学防抖"。在采用这种方式的各制造商中，有些制造商的镜头中搭载了防抖结构，有些则没有搭载。如果想购买带防抖结构的镜头，最好在购买前确认清楚。

如表 3.1 所示，各制造商对防抖功能有不同的称呼。

表 3.1　各制造商对防抖功能的不同称呼

制造商	防 抖 功 能
佳能	IS（image stabilizer，影像稳定器）
尼康	VR（Vibration Reduction，减震）
索尼	OSS（Optical Steady Shot，光学防抖）
腾龙	VC（Vibration Compensation，振动补偿）
适马	OS（Optical Stabilizer，光学稳定器）

防抖结构的效果使用"××级"来表示。如果产品说明书或广告中宣称"4级"防抖，那么假设使用没有防抖结构的相机，则在以 1/125 秒的快门速度可以拍到清晰照片的明亮拍摄环境中拍摄时，即使以降低 4 级后的快门速度（即 1/8 秒）拍摄，理论上也可以拍出无抖动的清晰照片。所谓 4 级，就是快门速度可以从 1/125 秒降低 4 个等级，即 1/60 秒→ 1/30 秒→ 1/15 秒→ 1/8 秒。

关于防抖的机制，请参照 5.3 节。

镜头卡口

即使是自己喜欢的镜头，如果镜头卡口不符合相机机身的卡口规格，也不能安装在相机上使用。而且，就算是同一家制造商的产品，镜头卡口也有多种不同类型。单反相机和微单相机的镜头卡口类型往往是不同的，但有些镜头可以通过安装转接环实现通用。单反相机的可换式镜头产品也分 35 mm 全画幅专用（尼康 FX 格式专用）和 APS-C 画幅专用（尼康 DX 格式专用）。

另外，即使是同样的镜头，所使用的相机机身不同，视角也会发生变化。这通常被称为"35 mm 规格换算"，关于这一点，请参照第 4 章。

自动对焦驱动马达

　　佳能 EF 24-70 mm F4L IS USM 镜头名称末尾的 USM 表示镜头采用的是自动对焦驱动方式。衡量镜头性能，要看自动对焦精度、高速性和安静性（特别是拍摄视频时），所以有些用户会特别留意自动对焦的驱动方式。

　　USM 是佳能在全世界首次通过巧妙设计开发的实用型镜头驱动马达，用于进行自动对焦。USM 的标识表示镜头上搭载了超声波马达（Ultrasonic Motor）。超声波马达通过将超声波振动转换为动能来驱动镜头，实现了高速、高精度自动对焦，完美地符合镜头驱动马达的要求。

　　虽然环形超声波马达更为常用，但由于在嵌入环形超声波马达后，镜筒（镜头主体）的体积容易变大，所以越来越多机型开始采用小型化的铅笔型超声波马达。佳能称环形超声波马达为"环形 USM"，称小型超声波马达为"微型 USM"。

　　尼康则将超声波马达称为 SWM（Silent Wave Motor，宁静波动马达）。尼康的超声波马达有两种类型，分别为环形超声波马达和微型超声波马达，它们分别简称为 SWM 和微型 SWM。

　　另外，还有步进马达（Steping Motor，STM）。步进马达也称为脉冲马达，因为对焦时镜头驱动的声音很小，很顺畅，所以在拍摄视频时能够使麦克风收入的刺耳的对焦声音得到控制。

　　除此之外，经常使用的还有 DC 马达，腾龙也有使用了比 DC 马达的静音更出色、对焦速度更快的驻波型超声波马达 PZD（Piezo Drive）的机型。

　　也有一些机型采用了 NANO USM 超声波马达，NANO USM 借助佳能在 2016 年发布的小型动子同时实现了静音驱动和高速自动对焦。

3.2　照片的成像原理和镜头

暗箱和针孔相机

镜头是数码相机众多组成部分中最重要的部件。

可换镜头式数码相机可以通过更换镜头类型拍出风格完全不同的照片。一般摄影师在去旅拍时即使只携带一台相机，也会带上很多不同类型的镜头。通过更换不同镜头，只需要使用一台相机，就既可以实现在拍风光时近景和远景都清晰呈现，也可以实现在对焦时把近处的花设为主题让背景虚化。所以，镜头是决定我们能否拍出符合自己期望的照片的最重要的部件。

但如果只是拍照，其实镜头并不是必不可少的部件。即使没有镜头也可以拍照。这个话题虽然与数码相机的工作原理关系不大，但有助于大家理解镜头以及与镜头相关的各种现象，所以这里我们先来了解一下不使用镜头的相机的工作原理。

暗箱

据说相机起源于公元前 350 年左右的 Camera Obsucra。Camera 是希腊语中"房间"的意思，Obsucra 是拉丁语中"暗"的意思。也就是说，这个合成词是"暗箱"的意思。

但实际上，暗箱的"房间"并不是完全的暗室，挨着外面的箱壁上开了一个小孔。光从箱壁上的小孔射入，然后对面的箱壁上就会以倒立影像（上下左右相反的影像）的形式将外边的景色呈现出来。而且，这个倒立影像比实际的景色要小。这个影像可以让人们通过素描将广阔的风景准确地描绘下来，或者在不直视太阳的情况下实现对日食的观察。据说古希腊哲学家亚里士多德曾见到过暗箱，文艺复兴时期的列奥纳多·达芬奇的笔记中也出现了关于暗箱的记载，甚至有人说绘画中的远近法也是受到暗箱写生的启发而确立的。

接下来，我们就来介绍一下暗箱中出现倒立影像的原理。假设此时屋外的树木被投射到了暗箱的箱壁上。

在这种情况下，光的特性就显得非常重要，因此我们来看一下。光有几个不可思议的特性，这里我们先看一下光的直进性。所谓光的直进性，就是光在大气、水、玻璃和真空沿直线传播的特性。接下来，我们思考一下人们为什么能够看到东西。这是因为，当光照射到物体上时，会被反射到各个不同方向。这称为光的散射。我们看到物体之所以有颜色，是因为被光照射后的物体，其表面分子散射了特定颜色（波长）的光，并导致其他颜色的光被吸收了。

我们以某棵树为例具体思考一下。首先观察树顶部分。绿色波长的光发生了散射，因而树顶部分看上去是绿色的（图 3.4）。

光

图 3.4　光的散射让物体看起来有了颜色
树顶看上去是绿色的，这意味着绿色波长的光散射到了各个方向。

然后我们来看一下散射和暗箱的关系。从树顶部分散射到四面八方的绿色光大多被暗箱的外壁遮挡住了。只有穿过小孔的光照射到了暗箱的箱壁上（图 3.5）。

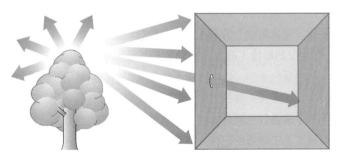

图 3.5　树顶部分散射的光

再来看一下树干部分。树干部分散射的棕色光与树顶部分的绿色光同样照射到了暗箱的箱壁上。虽然树顶部分的绿色和树干部分的棕色是同时到达箱壁的，但树顶部分的绿色光照射到了箱壁的下方，而树干部分的棕色光照射到了箱壁的上方（图 3.6）。

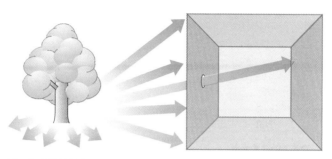

图 3.6　树干部分散射的光

现在来看一下树顶和树干之间的部分散射的光。从树顶稍微往下的部分散射的光将照射在箱壁上，具体来说是比树顶部分散射的光照射的位置略微偏上的地方。再往下的部分散射的光将照射在箱壁更偏上的位置。这样，整个树顶到树干之间的部分散射的光将连续地照射到箱壁的下面到上面的位置。此时，箱壁上的影像不仅上下是相反的，左右也是相反的。因此，我们在暗箱箱壁上看到的就是一个上下左右颠倒的倒立的树木影像（图 3.7）。

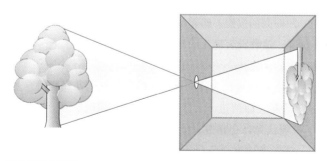

图 3.7　倒立的树木影像

这里关键的是，暗箱上的孔是非常小的。如果孔太大，光就不会从一个角度射入，而会从多个角度射入暗箱。这样就不能在箱壁上投影出清晰的影像（图 3.8）。因此，暗箱箱壁上的小孔相对整个箱体而言是非常小的。一般民房上的小窗户之所以不会出现和暗箱一样的投影效果，就是因为小孔成像的原理对于孔的大小要求是非常严格的。

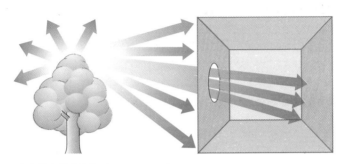

图 3.8　当暗箱上的孔太大时

针孔相机

　　早期的暗箱需要有房间那么大，所以无法随意移动，因而也无法拍到想要拍摄的物体。通过人们的努力，暗箱的体积逐渐变小，并可以移动，这才慢慢接近于现代相机的体积。那么暗箱是从什么时候开始只被称为相机的呢？这可能是经过十几个世纪的漫长岁月后逐渐简化的结果，但关于具体是什么时候开始固定使用相机这个词的，很遗憾现在还没有一个明确的答案。

　　经过一段时间的发展，暗箱的体积不再是房间那么大，变成了与普通相机大小无异。这种没有镜头的暗箱是可以拍出大小相当于常见印刷尺寸的照片的。它的采光孔必须像针孔那么小。因此，不使用镜头而只通过极小的针孔拍摄的相机被称为针孔相机。针孔相机的孔只要没有开得太大，成像就非常清楚。即使进入了 21 世纪，针孔相机也在相机市场上流通（图 3.9）。一般认为针孔相机只能拍摄黑白照片，但其实如果里面装的是彩色胶片，就能够拍出彩色照片。抱着返璞归真的想法使用针孔相机拍照，可以体会到意想不到的乐趣，非常有意思。但如今数码相机流行，购买胶片或者让胶片显影甚至比自制针孔相机还要困难。

图 3.9　21 世纪仍有针孔相机在售
宝丽来的针孔相机 Polaroid Pinhole Camera 80 是使用与暗箱相同的原理拍摄的。当然，如果使用即时显影的彩色胶片，也可以拍出彩色照片。但遗憾的是，由于即时显影胶片停产，图中的宝丽来针孔相机也在 2006 年 4 月停产了。

　　在使用暗箱的时代，人们可以通过素描把倒立的影像记录下来，但随着暗箱的体积变得与现代相机体积基本相同，人们没有办法再通过素描记录影像，于是开始利用感光材料的化学变化来记录影像。早期，人们会在倒立影像成像的位置放置银板或镀银的铜板，而现在会放氯化银或溴化银、碘化银等涂抹了卤化银（银盐）的胶片。然后，在拍摄倒立影像时，光将与这些涂抹了银或卤化银的东西发生化学反应。人们就是利用这种化学反应来记录并保存影像的。顺便一提，以往的胶片相机之所以被称为银盐相机，就是因为胶片的涂剂中使用了被称为银盐的卤化银。

▌镜头的必要性

便携的暗箱拍出的倒立影像太暗

　　如果具备像针孔相机的内部这样的条件，即使没有镜头也可以拍出很漂亮的照片。这一点想必大家已经明白了。但为什么镜头仍是现代相机中最重要且不可或缺的部件呢？接下来我们看看为什么必须有镜头。

　　早期的暗箱需要很大的箱体。在写生或绘画研究中使用时就会出现箱体太大不方便移动的问题。如果不能移动，就只能画同一种景色，而不能将暗箱应用于其他绘画研究。如果把整个装置的体积变小，使其便于移动，就能在各种场合使用它了。于是，人们开始尝试缩小暗箱的体积。

但缩小暗箱装置体积的尝试并不顺利。想要缩小装置，就必须缩小暗箱上的通光孔，因为只有通光孔足够小，我们才能在孔的附近看到倒立影像。而倒立影像出现在孔的附近就意味着箱体可以缩小。但在体积较小的暗箱里显示出的倒立影像太暗了，无法让人看得很清楚。

下面我们以前面介绍的针孔相机 Polaroid Pinhole Camera 80 为例说明。它是用 0.3 mm 左右的孔拍摄的。如果做出这种极小的通光孔，就能把体积缩小至便于携带的大小。然而，在只能用肉眼观察倒立影像的时代，通过 0.3 mm 的极小通光孔拍摄出来的倒立影像由于光量过少，成像几乎看不清楚。而且，由于体积变小了，人们就不能像以前那样直接进入箱体中观察倒立影像。这就需要使用反光镜等对光进行多次反射，然后从外面观察倒立影像。因而与漆黑的箱体中的成像相比，这种方式的成像条件更加严苛，成像时需要有相当多的光才可以。Polaroid Pinhole Camera 80 之所以能拍出清晰的照片，是因为记录媒体使用的是能即时显影的胶片，只要光足以产生化学反应，能拍出倒立图像即可。但它所形成的倒立影像并不是人的肉眼能看清楚的。

为了让暗箱的体积变得更小，人们开始让更多的光在短距离内聚焦，并努力实现在小的暗箱里也能清晰地呈现出倒立影像。其中最有效的办法是给它装上镜头。

镜头的基本工作原理

接下来，我们看一看镜头的工作原理。

因为光是沿直线传播的，所以我们做不到画一条曲线并让光汇聚在曲线附近。但我们还可以利用光的折射这一现象在短距离内汇聚光。那么，什么是光的折射呢？

并不是地球上的所有物体都会使光散射。水、玻璃、水晶和空气等就可以让光穿过。这种透光物体称为介质。光的折射就是当光从一种介质射入另一种介质时，照射到介质分界面的角度和透过介质后的传播角度不同的现象（图 3.10）。用于描述折射程度的数值就称为折射率。折射率根据介质类型的不同而不同。

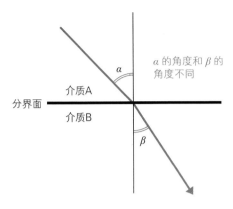

α 的角度和 β 的
角度不同

介质A

分界面

介质B

α

β

图 3.10　光的折射
在折射率不同的两个介质的分界面，光
的传播方向会发生变化。本节旨在说明
相机镜头的工作原理，所以不再介绍关
于反射光的内容。

那光在镜头中又是如何传播的呢？在镜头中，最基本的构成是凸透镜片。凸透镜片指的是中心部位最厚，并且朝着边缘方向逐渐变薄的镜片，比较典型的是放大镜。在接下来的内容中，大家可以把凸透镜当成放大镜去理解。

接下来，我们从侧面看一下光照射在凸透镜片后的传播方向。为了让大家更容易理解，这里假设光源在无限远处，光在镜片的上部、下部和中心部位平行传播（图 3.11）。像这样平行传播的光称为平行光。

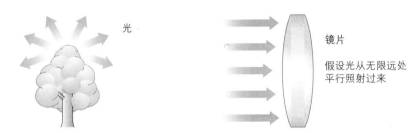

光

镜片

假设光从无限远处
平行照射过来

图 3.11　借助平行光思考镜片的工作原理
实际上光不可能是平行传播的，但为了让大家更加容易理解镜片的工作原理，这里假设光是
沿着镜片的上部、下部平行传播的。

首先，让我们来看一下镜片的边缘部分。朝着镜片传播的光是有一定角度的。然后，光在镜片表面发生折射，变成朝镜片中心传播（图 3.12）。并且，光在从镜片射出时也会发生折射，传播方向进一步朝向镜片中心。

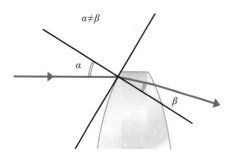

图 3.12　射入镜片边缘的光发生折射

由于平行光是以一定角度射入镜片边缘的，所以不会笔直地传播，而会改为朝镜片中心传播。

接下来，我们看一看镜片边缘与镜片中心之间的位置。

射入这个位置的光也是有一定角度的。如上所述，光将改变角度，朝向镜片中心传播，但这个位置的光的折射角度没有镜片边缘的光的折射角度大。这个位置的折射角度只有镜片边缘的折射角度的一半左右。这是因为光射入镜片的角度不同。这个位置的光从镜片射出时也会发生折射。

把这种模式连续套用在镜片的上端到下端，可知光将汇聚到一个点上（图 3.13）。这个点就称为焦点。

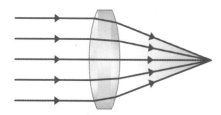

图 3.13　射入凸透镜片的光将汇聚到一个点上

如图所示，射入凸透镜片的光将汇聚到一个点上。

光不会消失在焦点处，而会在经过焦点后继续传播。如果在前方某处造一个箱壁，箱壁上就会像暗箱一样出现倒立影像（图 3.14）。

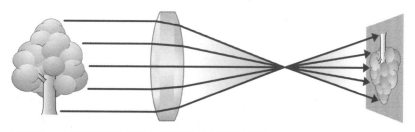

图 3.14　凸透镜片可以让我们在短距离内拍摄出倒立图像

借助凸透镜片，我们可以在较短的距离内拍摄出清晰明亮的图像。

　　这里出现的倒立影像比拥有同样大小的通光孔的暗箱的倒立影像更加清晰明亮。而且，因为凸透镜片能强制性地汇聚光，所以我们也可以把通光孔扩大。把通光孔扩大之后，就能拍出更加清晰明亮的倒立影像了。也就是说，只要使用镜头，就可以在短距离内拍摄出清晰明亮的倒立影像。所以，装置的体积也就可以缩小了。因此，如今的相机上需要安装镜头。

　　早在使用照片记录和保存倒立影像之前，人们就已经开始在暗箱中使用镜片了。从 16 世纪中叶开始，暗箱上就开始使用凸透镜片了，但照片技术直到 19 世纪末才终于成熟。可见，要想把倒立影像记录并保存下来，需要掌握复杂的知识和技术。但或许正因如此，人们才为了拍摄出更加清晰明亮的倒立影像，发明了镜头并一次次改进。

 镜头的词源

　　据说镜头的词源来自"小扁豆"一词（小扁豆的英文为 Lentil，学名为 Lens esculenta Moench）。小扁豆的形状和凸透镜片一样，而镜头是通过将玻璃做成类似小扁豆的形状做成的，所以人们后来称之为 Lens（图 3.15）。据说小扁豆是从古埃及和古希腊时期开始在近东和中东地区以及地中海地区种植的。

图 3.15　与凸透镜片形状相似的小扁豆
镜头是仿照小扁豆的形状设计的，据说这就是镜头一词的来源。

3.3 像差

镜片与像差

凸透镜片可以汇聚大量光，在体积较小的装置中使用它就可以拍照。但仅用一枚凸透镜片是无法拍摄出清晰的照片的。数码相机也不例外。

比如，当使用放大镜看本书中的文字时，虽然字看起来更大，但仔细观察会发现，被镜片边缘放大的文字有些会看不清。有些文字会虚化或者轮廓边缘处的颜色偏彩虹色，镜片边缘的文字甚至会发生畸变（图 3.16）。如果只用一枚凸透镜片拍摄，就会像这样出现虚化、色晕或畸变的现象，拍不出漂亮的照片。

图 3.16　使用放大镜看到的图像不清晰不鲜明
相机或数码相机需要把看到的影像忠实地记录到照片中，所以像这样是无法拍出清晰的照片的。

前面我们提到镜片可以把光汇聚到一个点上，但实际上人们很难将射入镜片的所有光都汇聚到一个点上。如果不能把光汇聚到一点，那么通过镜片观察到的图像就会不清晰。像这样，因为不能把光汇聚到一点而产生的虚化、色晕或畸变的现象就称为**像差**。

像差会因镜片的材质和大小等出现很大的差异。另外，像差可以大致分为两类，分别是由光的波长（颜色）导致的**色像差**和不受光的波长（颜色）影响的**单色像差**，色像差又简称色差，分为轴向色差和倍率色差两种，而单色像差有球面像差、彗形像差（彗星像差）、像散、像场弯曲和畸变五种（图 3.17）。

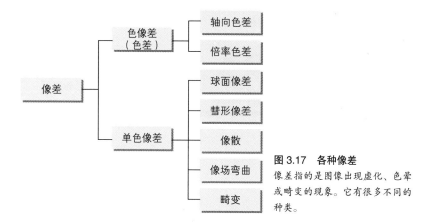

图 3.17 各种像差

像差指的是图像出现虚化、色晕或畸变的现象。它有很多不同的种类。

接下来，我们介绍一下各种像差和消除像差的方法。

轴向色差

光的波长不同折射率也稍有不同。通过棱镜，我们可以用肉眼确认不同波长的光的折射率。棱镜是用玻璃做的透明三角柱。让自然光从侧面直接照射，我们将看到光呈现红、橙、黄、绿、青、蓝、紫七种颜色。为了简化说明过程，这里重点说明三原色，即红、绿、蓝三种颜色。观察棱镜的折射光可知，红光的折射角度不大，蓝光的折射角度最大，而绿光的折射角度介于红光和蓝光之间（图 3.18）。

图 3.18 不同颜色的光的折射率也不同

当光照射到棱镜上时，我们就可以用肉眼观察到不同颜色（波长）的光的折射率不同的现象。这和在学校学习过的彩虹的原理是一样的，相信应该有很多人见过彩虹。

当光照射到凸透镜片上时，也会发生与上面相同的现象。具体来说，与蓝光的焦点相比，红光的焦点出现在距离镜片更远的地方，也就是说蓝光的焦点比红光的焦点更靠近镜片，光的颜色不同，焦点位置也不同。焦点不一致就意味着焦点偏了，会导致物体看起来模糊不清。这种焦距因光的颜色而不同，导致焦点虚化的现象就称为轴向色差（图 3.19 和图 3.20）。

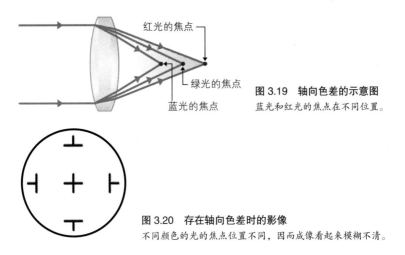

红光的焦点

绿光的焦点

蓝光的焦点

图 3.19　轴向色差的示意图
蓝光和红光的焦点在不同位置。

图 3.20　存在轴向色差时的影像
不同颜色的光的焦点位置不同，因而成像看起来模糊不清。

在一般情况下，一枚玻璃材质的凸透镜片，其红光和蓝光的焦距差在 2% 左右，但这个差值会因镜片材质等因素的不同而发生微妙变化。当镜片的焦距差较大时，色散就较大；当焦距差较小时，色散也较小。用于表示色散程度的指数为阿贝数，用 ν 表示，需要根据夫琅和费线太阳光谱中的暗线（吸收线）的蓝光、红光和黄光的折射率计算。

相机镜头所用的玻璃根据阿贝数不同可以大致分为两类。阿贝数低于 50 的为火石玻璃，高于 50 的为冕牌玻璃。但对于阿贝数在 50 左右的玻璃，有时即使阿贝数高于 50 也称为火石玻璃，玻璃的类型并不是严格按照数值区分的。

消除轴向色差最简单的方法是把凸透镜片和凹透镜片组合起来使用。凸透镜片的红光折射率小，蓝光折射率大，而凹透镜片恰好相反，红光折射率大，蓝光折射率小。综合这种特点，就能让红光焦点和蓝光焦点汇聚在同一个位置。

这里应该注意的是，在选择凹透镜片时，要选择能够从整体上实现与凸透镜片相同效果的凹透镜片。因此，凸透镜片要使用折射率低而阿贝数大的冕牌玻璃，凹透镜片要使用折射率高而阿贝数小的火石玻璃。通过把所选的凸透镜片和凹透镜片组合起来，我们就可以让红色波长的光和蓝色波长的光汇聚到一个焦点上（图 3.21）。

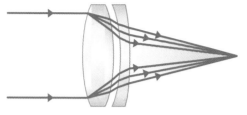

图 3.21 通过组合凸透镜片和凹透镜片校正色差
把折射率低而阿贝数大的凸透镜片和折射率高而阿贝数小的凹透镜片组合起来，就能让红光和蓝光汇聚到同一个焦点。

倍率色差

到目前为止，我们都是以平行光来理解射入凸透镜片的光的。但实际上，除此之外还有从光轴外射入的光。接下来，我们看一看光斜射入镜片的情况。

此时，由于光的颜色不同折射率也不同，所以焦点位置会因颜色不同而发生偏移。即使焦距相同，离镜片中心轴线的距离也是不同的。这种焦点位置因颜色而不同的现象，在专业上称为"成像倍率因颜色而不同"。由于成像的倍率不同而形成的色晕像差称为倍率色差。在倍率色差较大的镜片中，即使镜片中央部位的黑色文字轮廓清晰可见，镜片边缘位置的文字轮廓也会呈红色或蓝色（图 3.22 和图 3.23）。

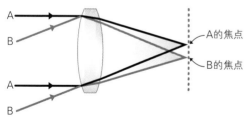

图 3.22 倍率色差的示意图
斜着射入的蓝光和红光的焦点位置也不同。

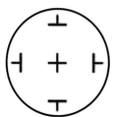

图 3.23 存在倍率色差时的影像
中央部位看起来很清晰，但边缘部位出现了色晕。

倍率色差很难抑制，虽然解决方法有很多种，但总是不能完全消除。这些方法包括使用由能够将色散控制在极低程度的材质制作而成的特殊低色散镜片，使用只有特定波长光的折射率会发生改变的异常色散镜片，以及通过镀膜（涂层）实现异常色散等。

球面像差

单一波长的平行光在射入凸透镜片后，应该会汇聚到一点。但严格来说，即使是单一波长的平行光，也是无法汇聚在一个点上的。这是为什么呢？

如前所述，平行光在射入凸透镜片时，光会汇聚在一个焦点上，但实际上，因为镜片边缘的光的入射角度太大，所以其焦点距离镜片更近，像差由此产生。这是因为，镜片是球面型的。这种像差就称为球面像差（图 3.24 和图 3.25）。

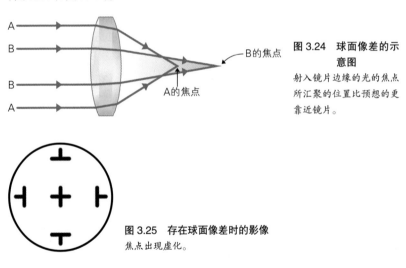

图 3.24 球面像差的示意图
射入镜片边缘的光的焦点所汇聚的位置比预想的更靠近镜片。

图 3.25 存在球面像差时的影像
焦点出现虚化。

抑制球面像差的方法有两种。

一种方法是与校正轴向色差的方法一样，将凸透镜片和凹透镜片组合起来。这是因为，凸透镜片和凹透镜片发生球面像差的方向是相反的。但我们很难制造出完全消除凸透镜片球面像差的凹透镜片，所以这种方法并不能完全消除球面像差。

另一种方法是使用镜片表面为非球面形状的镜片。也就是把镜片的形状设计成可以将射入镜片中央附近的光的焦点和射入镜片边缘的光的焦点汇聚到一个点的形状。这种镜片称为非球面镜片。如果是高性能的非球面镜片，那就可以把球面像差完全消除。

与非球面镜片相对，不属于非球面镜片的普通镜片称为球面镜片。

彗形像差

即使是完全不会产生球面像差的镜片，在光以某个角度射入时也会出现焦点偏离的现象。此时的焦点不会像球面像差那样模糊，而会偏离镜片中央部位。这就类似于倍率色差的焦点偏离现象。本该汇聚到一个点的光在成像时却出现了像彗星拖着尾巴一样的色晕。这种慧尾形状的像差称为彗形像差（图 3.26 和图 3.27）。

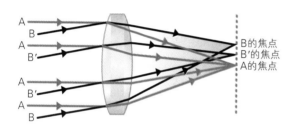

图 3.26　彗形像差的示意图
在光以某个角度射入时，焦点会出现在偏离中心的位置。

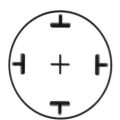

图 3.27　存在彗形像差时的影像
可以看到像彗星尾巴一样的光晕。

镜头的口径（直径）越大，彗形像差越显著。这是因为，镜头的口径越大，进入镜头的光越多。因此，要想抑制彗形像差，需要使多余的光不射入镜片。利用光圈装置就可以校正彗形像差。光圈装置一般设置在镜头前方，用于调整进入镜头的光量。设置了光圈，我们就可以像暗箱一样去除多余的光。如果没有从不必要的角度射入的光，彗形像差就不会产生。相机的光圈结构可以调节通光孔的大小，因而借助光圈，我们可以调节出在明亮环境下最适合的光量和在昏暗环境下最适合的光量。

像散

在凸透镜片的边缘，垂直方向和水平方向的焦点位置是不一致的。也就是说，如果将焦点对准竖线，横线就会模糊，而如果反过来对准横线，竖线就会模糊。这种像差称为像散。

凸透镜片是三维球面，在水平方向和垂直方向上都是弯曲的。在镜片的边缘部分，水平方向和垂直方向的弯曲程度有时是不同的，在这种情况下，水平方向上的线（即竖线）的焦点和垂直方向的线（即横线）上的焦点就会不一致。这种像差就是像散。像散只能通过将镜片表面的弯曲程度设置为合适的值的方式来避免（图 3.28 和图 3.29）。

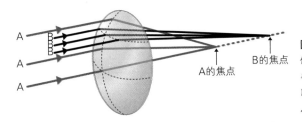

图 3.28　像散的示意图
假如镜片垂直方向的折射率与水平方向的折射率不同，光就不会汇聚在一个点上。

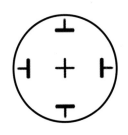

图 3.29　存在像散时的影像
在镜片的边缘，垂直方向和水平方向上的焦点不同，其中一方将模糊不清。

像场弯曲

在使用凸透镜片时，我们有时会发现尽管所观察的物体是位于距离相同的平板上的，但在中央焦点对焦清晰的情况下，边缘处的对焦会不清晰，而如果边缘对焦清晰，中央焦点处的对焦就会不清晰。这种像差称为像场弯曲。

射入镜片的光既有垂直射入的，也有从不同角度射入的，这些光的焦点到镜片的距离当然最好是一致的，但现实有时并不如人愿。与垂直射入的光的焦点相比，以某种角度射入的光的焦点更加靠近镜片（图 3.30 和

图 3.31）。也就是说，影像本来应该出现在平面上，结果出现在了弯曲的面上。这就是产生像场弯曲的原因。这种像差只能通过将镜片表面的弯曲程度设置为合适的值的方式来改善。顺便说一下，像散和像场弯曲之间有着密切的关系，像散一旦被消除，像场弯曲也会随之消失。

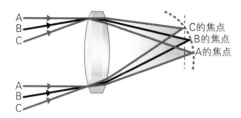

图 3.30　像场弯曲的示意图
不管是垂直射入的光，还是以一定角度射入的光线，最终都没有汇聚到同一个焦点上。

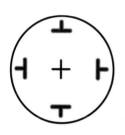

图 3.31　存在像场弯曲时的影像
镜片边缘和中央部位中的一方将模糊不清。

畸变

　　前面讲解的像差都是与影像清晰度相关的，比如虚化、色晕。但也存在焦点一致，也不存在色晕，但影像看起来却歪歪扭扭的情况。譬如，有时我们在用镜片观察方格纸时会注意到，格子的边框鼓了起来或凹陷了。这种像差就称为畸变。

　　畸变分为从中央向外侧膨胀的桶形畸变（图 3.32）和从外侧向中央呈凹陷状的枕形畸变（图 3.33）。

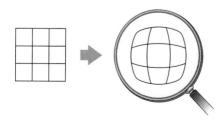

图 3.32　桶形畸变
格子边框看来呈桶形膨胀的像差称为桶形畸变。

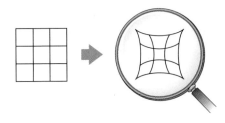

图 3.33 枕形畸变
格子边框看起来呈凹陷状的像差称为枕形畸变。

畸变程度会根据光圈位置发生变化。通过放置两枚相同的镜片并在镜片之间设置光圈，就可以校正畸变。这是因为，在光源一侧产生的畸变将由光圈之后的镜片抵消，因而畸变会变得不那么明显。以光圈位置为中心，在光圈前后放置相同结构的镜片的镜头就称为对称型镜头（图 3.34）。另外，我们也可以使用非球面镜片来校正畸变。

光圈

图 3.34 对称型镜头的结构示例
图为单反相机镜头采用的高斯型镜头结构，以光圈位置为中心，分别在距离光源近的一侧和图像显影的一侧配置了相同作用的镜片。这种结构的镜头也称为对称型镜头。

3.4 消除像差

非球面镜片

普通的球面镜片从中心轴线向边缘延伸容易出现焦点偏差，这会导致像差，因此我们需要一种无论是中心轴线还是边缘都不会出现焦点偏差的镜片。于是，非球面镜片应运而生（图 3.35）。它代表的是表面为非球面的所有镜片，所以虽然有些非球面镜片甚至像甜甜圈那么圆，但大家最好把表面不是弯曲度一致的球面的镜片全都看作非球面镜片。在设计镜片表面时，需要使从中心轴线到边缘的焦点都不出现偏差。

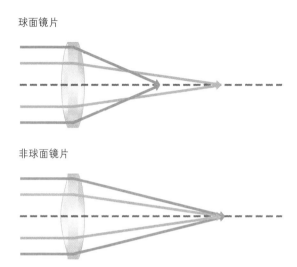

图 3.35 非球面镜片的优点
球面镜片的中心轴线与边缘部分的焦点会出现偏差，而非球面镜片的形状设计可以消除（减少）这种焦点偏差。

非球面镜片可以有效地消除特定像差，让我们拍出成像更加清晰的照片，但因其制造工艺复杂，所以以前只有价格高昂的相机上才会搭载。球面镜片通常使用球面皿研磨，很容易产生曲面，但非球面镜片的曲面是以 μm 为单位的，这种高精度研磨制造非常困难，且成本高昂（图 3.36）。

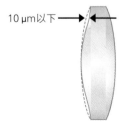

图 3.36 非球面镜片的曲面凹陷程度很小
这里的非球面镜片的凹陷程度画得很大，但实际上普通的球面镜片与非球面镜片之间的曲面凹陷程度的差值常常在几十微米（μm）以下。

但随着制造技术的逐渐进步，如今我们已经可以制造出比以往便宜很多的非球面镜片了。接下来，我们就来介绍两种具有代表性的制造技术。

　　一种技术是玻璃铸模，也就是把玻璃熔化后放入模具，然后压铸成非球面镜片。这似乎不是多么先进的技术，但实现起来却非常困难。原因就在于玻璃的熔点较高，而这导致了一系列的问题，比如模具膨胀变形，熔化后的玻璃无法均匀地注入模具中，很难在压铸的同时使玻璃保持一定的温度。如今，人们已经研发出了具有高耐热性的陶瓷模具，而且能够精细地控制熔化后的玻璃，因此可以通过压铸成功生产出非球面镜片。

　　另一种技术是使用树脂镜片。树脂的熔点比玻璃低，因而容易加工，也容易制造出非球面镜片。但是，如果只用树脂制作镜片，那么与只用玻璃制作相比，焦距更容易因温度和湿度的影响而发生改变，透光率也会变差。因此，树脂的非球面镜片制造成本也很高。于是，人们又研发出了把与非球面镜片具有相同曲线的薄薄的树脂涂层粘贴到玻璃球面镜片的表面的方法。这种由玻璃和树脂两种不同材质制成的镜片有时被称为复合非球面镜片（图 3.37）。但这种方法需要高精度的粘接技术，以使玻璃和树脂紧密贴合，所以很难得到应用。直到近年，随着制造技术大幅引入计算机技术，复合非球面镜片的制造成本才终于降了下来。

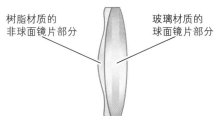

树脂材质的
非球面镜片部分

玻璃材质的
球面镜片部分

图 3.37　复合非球面镜片

复合非球面镜片融合了玻璃材质不容易受温度和湿度影响以及树脂材质容易加工的优点。

　　复合非球面镜片的价格更加低廉，还能拍出像差更小的照片，但因为玻璃和树脂的温度系数相差很大，所以与只使用玻璃的非球面镜片相比，它的缺点就是可以使用的温度范围较小，在使用时需要留心。到了数码相机时代，我们才终于能够方便地使用非球面镜片，所以最好在购买时也确认一下镜头所用的镜片种类。

镜头结构（×组×枚）

　　一旦产生像差，拍出的图像就不清晰。对于像差问题，可以通过把凸透镜片和凹透镜片组合起来，或者采用非球面镜片，对镜片添加涂层的方法解决。但我们不可能通过组合凸透镜片和凹透镜片这一种方法，把所有像差都校正或者消除掉。而且，虽然非球面镜片的生产成本与以往相比的确是降低了，但那毕竟是相对于以往的非球面镜片来说的，它并没有便宜到可以在平价的数码相机镜头上安装好几枚。所以在很多情况下，人们会用多枚球面镜片的组合来替代非球面镜片，并期望以此达到相当于使用非球面镜片的校正效果。

　　比如，使用非球面镜片虽然可以防止产生畸变，但如果从成本上来说很难采用非球面镜片，那么也可以使用在光圈前后配置大小相同的镜片的对称型镜头解决问题。因此，实际上相机镜头是由 4 枚或者 6 枚镜片组合而成的，其中有些镜头为了消除像差甚至组合了 20 多枚镜片。如果弄清楚了镜头组合多少枚镜片才能发挥相当于 1 枚凸透镜片或 1 枚凹透镜片的作用，我们就可以推测出镜头的性能。这种若干枚镜片的组合称为组。如果只用 1 枚镜片就发挥了相当于凸透镜片或凹透镜片的作用，那么哪怕只有 1 枚也称为 1 组（图 3.38）。

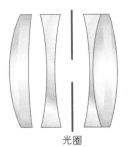

光圈

图 3.38　3 组 4 枚式镜头示例

天塞镜头是最早在相机镜头中采用多枚镜片的镜头产品，也是镜片组数和枚数不同的相机镜头中结构最简单的镜头之一，给后来的相机镜头带来了很大影响。

　　在数码相机的规格表中，镜头一项通常会标明该相机镜头使用的镜片枚数和组数。比如，总共使用了 6 枚镜片，但其中 3 枚的作用相当于 1 枚凸透镜片，那么该镜头的结构就是 4 组 6 枚。镜头结构可以当成一个指标，用来判断镜头能否尽可能地减少像差。

　　但是，仅凭镜片的组数和枚数是无法判断镜头好坏的。譬如，由 3 组镜片构成的镜头既有按"凸凹凸"顺序排列的，也有按"凹凸凹"顺序排列的。而且，同样是 4 组 6 枚的镜头，既可以让其中 3 枚发挥 1 枚凸透镜片的作用，也可以让其中 2 枚发挥 1 枚凸透镜片的作用（图 3.39）。

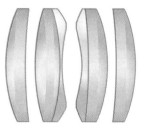

图 3.39　哪怕都是 4 组 6 枚的镜头，其内部结构也可能不同

没有人规定每组必须有多少枚镜片，所以也存在同样是 4 组 6 枚的镜头但内部结构完全不同的情况。

　　究竟哪种结构的镜头更好呢？这其实不能一概而论。要看是想以广角拍摄远处风景，还是想拍摄近处的人物，拍摄目的不同，适用的镜片组合也不同。而且，组数或枚数多的镜头与组数或枚数少的镜头，有时也拥有同等的像差校正能力。在校正像差时，既有不采用非球面镜片或特殊涂层镜片的镜头，只增加镜片组数或枚数的方法，也有镜片组数或枚数少但镜头采用非球面镜片或特殊涂层镜片的方法。

　　并不是所有的数码相机的规格表中都标明了镜头的结构。镜头成本较低的平价相机一般不会标明。反过来，如果规格表上标明了镜头的结构，就说明这款相机在镜头上也是花了一些心思的。

3.5　F 值

亮度和光圈 F 值

　　使用由若干镜片组成的镜头虽然可以减少像差，但会带来另一个问题。那就是镜片数越多，能够聚焦的光就越少。因为射入镜片的光并不能全都通过镜片，其中一部分光会被反射。也就是说，由若干镜片组成的镜头在光通过镜头时会产生反射损耗，因而最终能够汇聚到焦点的光量会减少。光量如果减少，就会导致最终成像变暗。能否形成明亮的倒立影像对如今的照相机或数码相机来说也是一个重要课题。因为使用倒立影像更明亮的相机镜头拍摄，才能拍出清晰的图像。在相机的世界中，能够把倒立影像拍得清晰明亮的镜头称为大光圈镜头，否则称为小光圈镜头。而 F 值就是用于判断相机镜头是大光圈还是小光圈的数值。

F 值

决定镜头明亮度的因素有两个。

一个是镜头的口径大小。镜头的口径越大，光照射的面积就越大，聚集到的光也就更多。如果是 2 倍大的口径，面积就会是 4 倍大；如果是 3 倍大的口径，面积就会是 9 倍大。也就是说，镜头的明亮度与口径的平方成正比。

另一个是焦距。正如下文所述，相机镜头的焦距指的是从主点到焦点的距离，这里可以简单地理解为从镜头到焦点的距离。

拍摄同一个被摄体，焦距越长，倒立影像越大。焦距短的倒立影像和焦距长的倒立影像相比，在光量相同的情况下，后者需要把光量大幅拉伸，所以倒立影像的单位面积亮度会降低。也就是说，倒立影像的焦距越长则画面越暗，越短则画面越明亮。当焦距变为 2 倍，倒立影像的面积变为 4 倍，亮度就会变成原来的 1/4。可见，镜头的明亮度与焦距的平方成反比。

镜头的口径除以焦距得到的值称为口径比。这个口径比的倒数就称为 F 值，表示镜头的明亮度。F 值小的镜头称为大光圈镜头，F 值大的镜头称为小光圈镜头。

$$F = \frac{f}{D}$$

F：F值
D：镜头口径
f：镜头焦距

F 值是相机镜头明亮度的衡量标准，几乎所有的可换镜头式相机的镜头或数码相机上都标明了 F 值。除 F = 2.8 这种标注方法外，也有以 1 为基准，标注为 1 : 2.8 的情况（图 3.40）。

图 3.40 F 值的标注

左图中的镜头上标注了"1 : 2.8"，表示任何焦段的光圈 F 值都可以达到 2.8，而右图中的镜头标注了"1 : 4.5-5.6"，表示该镜头的光圈 F 值随着焦距的变化在 4.5～5.6 的范围内变化。

光圈和焦深

虽然光足够多就可以拍出清晰的照片，但如果太多就可能出现死白现象，或者产生像差。因此，我们需要根据情况减少射入镜头的光量。光量的调节可以通过调整光圈大小实现。相机镜头的 F 值反映的就是光圈在最大状态时的值。此时的 F 值就称为最大光圈值。

使用大光圈的优点除了校正像差，还有增大焦深等。焦深指的是在焦点前后能够拍出清晰图像的范围。相机镜头的焦点从物理上来说只是极小的一个点，但人的眼睛并没有那么精确，多少有些偏差看起来也不会觉得不正常。这个可以容许的范围就称为焦深（图 3.41）。

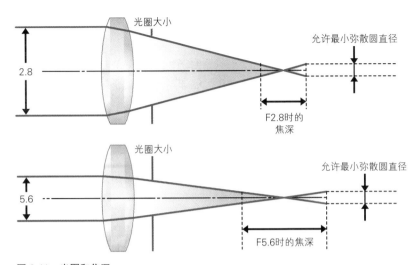

图 3.41 光圈和焦深
缩小光圈孔会导致焦深变大。上图为最大光圈值为 2.8 和 5.6 时的光圈和焦点深度示意图。

这个焦深也关系到景深。所谓景深,指的是在对焦的被摄体前后能够拍出清晰图像的范围。譬如,在拍集体照时人们需要排成几排进行拍摄。此时,如果景深浅,就只能对准前排的人,后排的人会被虚化。但如果景深较深,那么从前到后的所有人都可以清晰对焦。如果焦深变大,景深也会变大,那么从前到后的较大范围内都可以清晰对焦,所以可以通过调整光圈扩大清晰对准的范围(图 3.42)。

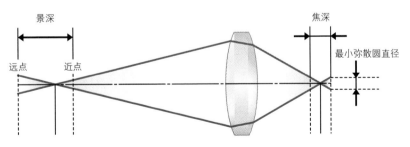

图 3.42 焦深和景深
焦深变大,景深也会变大。

光圈的大小一般会标示在相机镜头上,我们除了可以直接旋转光圈环来调节光圈的大小，也可以直接转动相机机身上的光圈拨盘来调节。数码相机一般采用的是后者。光圈大小与 F 值一样，都以 1 为基准，可设置的大小有 1.0、1.4、2、2.8、4、5.6、8、11、16、22、32。这些数值通常出现在相机镜头或数码相机机身的刻度上，看上去好像没有什么规律，但其实数值每提升 1 档，亮度会提升到 2 倍。进光量和镜头半径的平方成正比。F 值是口径比的倒数，所以光圈大小与 F 值的平方成反比（图 3.43）。也就是说，当 F 值以 1 为基准时，下一个刻度是上一个刻度的 $\sqrt{2}$ 倍。像这样排列下去，得到的就是上面的 1.0、1.4、2、2.8……32 这样的数值。

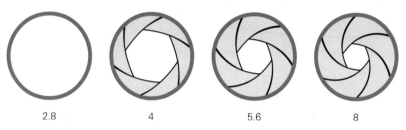

| 2.8 | 4 | 5.6 | 8 |

图 3.43　光圈值和光圈孔的大小

光圈是用几枚叶片来调整光圈孔大小的。上图为最大光圈值为 2.8 时相机镜头的光圈值与光圈孔大小的示意图。

在拍摄时，使光圈值变大称为缩小光圈，而使光圈值变小称为放大光圈。

放大光圈值有很多好处，但如果放大程度超过所需程度，就会导致光量变少，成像变暗。此时，可以通过减慢快门速度等办法校正曝光量，让相机在适当的光量下拍摄。

人们经常将光圈比喻为水龙头。水龙头的出水口是光圈，水管的粗细是镜头的口径，而流出的水是光量。如果放大光圈，就可以使用整个镜头接收大量的光，获得更快的快门速度。如果缩小光圈，只使用镜头的中心部分，那么接收的光量将减少，此时如果不减慢快门速度，就无法得到充足的光。但如果减慢快门速度，就存在容易出现抖动的缺点。

综上所述，在拍摄时通过改变光圈大小，既可以控制光通过镜头的位置或量，也可以控制被摄体的景深。如果是像集体照那样需要把所有人都拍得焦点清晰的情况，就需要缩小光圈拍摄。而如果是对特定人物进行肖像拍摄，需要让其他人物或背景虚化，就需要放大光圈拍摄。

需要注意的是，改变光圈值并不会改变拍摄视角和范围。即使光圈值变大，拍摄范围也不会变小。

3.6 焦距与视角

焦距

把放大镜放在白色桌子和日光灯之间并调整放大镜的位置，就能发现日光灯会作为一个点清晰地出现在桌子上。此时，从放大镜的镜片中心到桌子的距离就是焦距（图3.44）。焦距也是评价相机镜头的性能或其能否实现拍摄目的的重要因素（图3.45）。

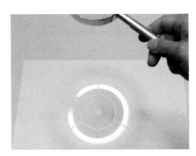

图3.44　焦距
此时，放大镜和桌子的距离就是焦距。

图3.45　相机镜头的焦距
可以看出镜头的焦距比放大镜的短。因为镜头有效抑制了像差，所以畸变比放大镜小很多。

相机镜头的焦距可以比镜头长度还长

把若干镜片组合起来，不仅可以校正像差，还可以调节焦距的长短，从而让镜头在长焦镜头和短焦镜头之间自由变换。

不过，镜头焦距具体指的是哪段距离呢？如果只有一枚镜片，我们立刻就可以知道焦距指的是从镜片剖面的中心点到焦点的距离，但相机镜头是由若干枚镜片组成的，所以我们不容易搞清楚它的焦距到底是哪段距离。其实，焦距的长短是由主点到焦点的距离决定的。主点指的是根据光射入镜片的折射判断出来的镜片的中心点。可以认为主点在一枚虚拟镜片上。据此，我们可以把由若干枚镜片组成的相机镜头整体看作一枚镜片。

这里的重点在于，主点并不是物理上的中心点，而是基于光的折射计算得到的一个点。比如放大镜，因为它只是一枚凸透镜片，所以主点就是镜片剖面的中心点。因为主点位置和镜头本身的中心位置不同，所以光从镜头的前方射入时与从镜头的后方射入时的主点位置也不同。如果主点是由来自被摄体一侧的光形成的，就称为后主点（第二主点）；如果是由来自胶片或者 CCD 一侧的光形成的，就称为前主点（第一主点）。这里的后主点与焦点之间的距离就是焦距。根据镜头的结构不同，主点也可能不在镜片之间，而在镜片之外的某个位置（图 3.46）。

相机镜头的焦距是使用 f = 焦距的形式表示的。如果焦距为 50 mm，就写作 f=50 mm，为 300 mm 就写作 f=300 mm。这里的 f 表示焦距，与"F 值"中大写的 F 所表示的内容完全不同。但有些镜头也会像 f2.8 这样用小写字母 f 标记光圈值，所以要注意不要混淆。

长焦镜头

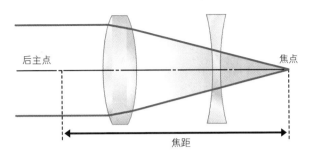

逆焦式镜头（retrofocus）

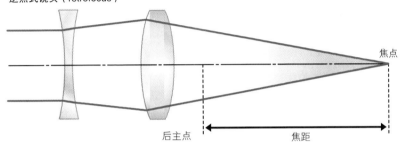

图 3.46　相机镜头的焦距
图为两种典型的相机镜头结构与焦距的关系。

顺便说一下，相机镜头的规格表中记载的焦距并不是像图 3.44 那样近距离拍摄物体时的焦距大小，而是假设被摄体在无限远处，然后根据来自无限远处的光射入镜头时的折射计算得到的数值。

视角

相机镜头的焦距大小决定了拍摄视角的大小。视角指的是以角度表示的镜头能够拍摄到清晰图像的范围。

虽然最终的成像是四边形的，但实际上相机镜头中显示的倒立影像是圆形的。这时，倒立影像中最清晰的就是中心部位，并且越靠近边缘，图像越暗越模糊。可以使用的清晰图像所在的圆形范围称为成像圈。如果用 y 表示成像圈的半径，用 f 表示焦距，那么两者之间的关系为（图 3.47）：

$$y = f \times \tan \theta$$

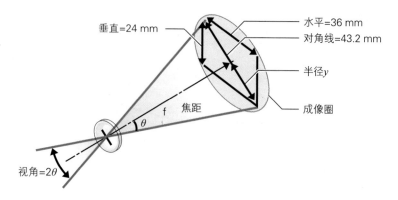

图 3.47 视角与成像圈

关系式 $y = f \times \tan\theta$ 成立。视角的值为 θ 的 2 倍。

下面我们以胶片相机常用的 35 mm 胶片的成像为例来讲解焦距和视角。35 mm 胶片所能拍摄的成像范围是 24 mm × 36 mm。此时，成像圈大小为 24 mm × 36 mm 的对角线长度 43.2 mm，这决定了可以清晰成像的视角大小。上面公式中的 y 值就是对角线长度的一半，也就是 21.6 mm。然后，只要算出 θ 的值，就可以根据公式计算出焦距和视角的大小。

由相机镜头的后主点与成像范围的对角线的两端所形成的角度称为对角线视角。在描述相机镜头的视角时，一般指的是对角线视角。但在尽可能地扩展拍摄视野范围时，无论是胶片相机还是数码相机，都不会直接扩展对角线视角，而是扩展相机自身垂直方向或水平方向可摄范围的大小。因此，相机镜头的制造商也相对应地不仅会标明对角线视角的大小，还会标明水平方向 36 mm 和垂直方向 24 mm 所对应的视角。在以 35 mm 胶片拍摄时，焦距与视角的关系如表 3.2 所示。

表 3.2 以 35 mm 胶片拍摄时的焦距和视角

有些相机镜头的制造商会考虑到畸变导致的视角增减情况而标注增减后的数值。

焦 距	对角线视角	水平方向视角	垂直方向视角
20 mm	94°	83°	61°
24 mm	84°	74°	53°
28 mm	74°	64°	45°
35 mm	62°	53°	37°

（续）

焦　　距	对角线视角	水平方向视角	垂直方向视角
45 mm	50°	42°	29°
50 mm	46°	39°	26°
55 mm	43°	36°10′	24°40′
85 mm	28°30′	23°50′	16°
105 mm	23°20′	19°30′	13°
135 mm	18°	15°	10°
180 mm	13°40′	11°30′	7°40′
200 mm	12°20′	10°20′	6°50′
250 mm	10°	8°10′	5°30′
300 mm	8°10′	6°50′	4°30′
400 mm	6°10′	5°10′	3°30′
500 mm	5°	4°10′	2°50′
600 mm	4°10′	3°30′	2°20′
800 mm	3°	2°30′	1°40′
1000 mm	2°30′	2°	1°20′

在标示相机镜头的焦距时，大多采用以 35 mm 胶片拍摄时的焦距。有些数码相机不仅会标明实际焦距，也会同时标明进行 35 mm 规格换算后的焦距。这种按 35 mm 胶片规格进行换算的方式称为 35 mm 规格换算或银盐换算。

3.7　镜头的分类

按视角划分的三个类别

如果使用镜头视角差异很大的相机，那么即使是同样的景色，拍出的

照片也会完全不同（图 3.48）。相机镜头按照视角可以分为标准镜头、广
角镜头和长焦镜头三大类。这种分类原本应该基于视角度数来划分，但实
际上大多数是按照焦距来划分的。视角与焦距是互相影响的，无论基于哪
个划分其实都是一样的。而且，在很多情况下也会标明以 35 mm 规格换
算后的焦距。

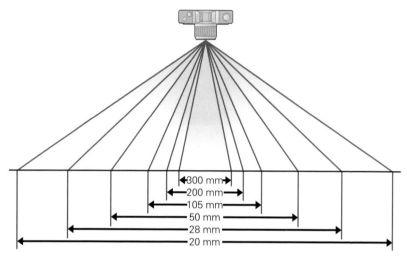

图 3.48　焦距和视角的示意图
把主要焦距的对角线视角画出来之后，就会发现不同焦距能够拍摄的范围完全不同。

标准镜头

　　标准镜头指的是对角线视角和焦距大小差不多的镜头，以 35 mm 规格
换算后焦距在 50 mm 左右的数码相机镜头就是标准镜头。当焦距为 50 mm
时，视角为 46°，这与人们平时目视时感受到的纵深感非常接近，所以
这种镜头就称为标准镜头。在人物抓拍等讲究自然的拍摄中，就可以使用
标准镜头。

　　另外，在可换镜头式单反相机所用的相机镜头中，有些是光圈值在
F1.2 ~ 2.8 的大光圈标准镜头，如果是定焦镜头，可以用相对便宜的价格
购入。大光圈标准镜头可以通过调整光圈值改变拍摄景深，让我们能够拍
出各种各样的照片，可以说是使用场景非常丰富的万能相机镜头。

广角镜头

广角镜头指的是对角线视角比标准镜头的大的镜头，可以拍摄的角度更广，也就是拍摄范围更大。对角线视角较大意味着焦距会变短。因此，广角镜头一般是以 35 mm 规格换算后焦距小于 40 mm 的相机镜头。

广角镜头还有几个特点。首先，被摄体会变小。虽然可以拍到范围更大的景色，但也会导致拍到的被摄体显得很小。如果想让人物占满整个画面，在拍摄时就需要离模特非常近。

与标准镜头相比，广角镜头的拍摄景深较大，这也是其特点。在拍大型集体照时，有时标准镜头的对焦范围无法覆盖所有人，但如果使用广角镜头，只要把光圈值放大一点，就可以把所有人都拍得很清楚。在使用广角镜头拍摄时，如果不是拍摄距离较近的被摄体，那么几乎不需要对焦就可以拍摄出完全不虚化的照片。

广角镜头更加强调纵深感。在使用广角镜头拍摄的照片中，近处的被摄体会很大，而远处的被摄体会很小。而且，无论是远处的被摄体还是近处的都不会虚化，所以拍出的照片会让人觉得纵深感较强。这在专业术语中称为透视。透视原本指的是绘画中的远近法，但在摄影领域，指的是利用透视效果拍摄时的效果。引入透视效果的拍摄称为强行透视。

广角镜头经常发生桶形畸变。从中央到边缘，畸变越来越严重。在人像摄影等场景中，越靠近模特，桶形畸变越严重。如果认为广角镜头的这种性质是一种像差，那这的确是不好的现象，但也有人专门利用这种效果进行拍摄。比如，以狗的鼻尖为中心构图而拍摄的大鼻子照片曾经很流行，这就是巧妙利用广角镜头的畸变进行拍摄的一个典型例子。

广角镜头视角广、景深大，即使稍微抖动也不会影响图像质量。在拍摄时可以不使用三脚架，也就是说，广角镜头还适合手持拍摄，也常常用于拍摄广阔的景色，或者在团体旅行时拍摄集体照。

并且，焦距越短这些特征就表现得越显著。

在广角镜头中，也有镜面像鱼眼一样凸出呈球面的鱼眼镜头。有些制造商把鱼眼镜头中视角为 360° 的镜头分类为超广角镜头。

在拍摄星空时，如果想把整个天空都拍摄进去，就可以使用鱼眼镜头。

其实，只要把标准镜头的光圈值放大，就可以拍摄出与广角镜头一样纵深感较强的照片，只是效果没有广角镜头好。

长焦镜头

长焦镜头指的是对角线视角比标准镜头的小的镜头，适用于需要将远处的被摄体拍得更大的拍摄场景。我们可以简单地将长焦镜头理解为可以像使用望远镜那样使用的相机镜头。对角线视角小就意味着拍摄范围更窄。所以，近处的被摄体往往无法全部收入画面中。

如果遵循标准镜头、广角镜头这样的分类命名方式，这种镜头应该称为窄角镜头，但人们并没有以它的这个缺点命名，而选择了以它的优点命名，将其称为长焦镜头。长焦镜头的对角线视角小，所以焦距会变长。所谓长焦镜头，一般指的是以 35 mm 规格换算后焦距大于 80 mm 的相机镜头。其中，焦距超过 400 mm 的镜头有时也被称为超长焦镜头。

长焦镜头的视角很窄，所以在拍摄时即使相机稍微有一点抖动，也会导致被摄体超出画框。而且，即使是微小的抖动也可能对画质产生影响。在使用长焦镜头时，容易产生手抖。因此，在使用长焦镜头拍摄时，最好把相机固定在三脚架上，在确保不会发生抖动的状态下拍摄。

长焦镜头除了视角狭窄外，还有一些其他特点。首先，长焦镜头的拍摄景深比标准镜头浅。譬如，在用超长焦镜头拍摄骑摩托车的人时，尽管人物对焦清晰，但摩托车的前轮和后轮却虚化了。其次，在使用广角镜头时，即使对焦后焦点稍微移动了一些，图片一般也不会模糊，但如果使用长焦镜头，有时哪怕焦点只在对焦后稍微移动了一点，被摄体也会偏离原本的视场深度而被虚化。虽然这可以通过大幅缩小光圈来改善，但焦距较长的镜头的成像原本就很容易变暗，在缩小光圈拍摄时这种情况只会更甚。拍出明亮的图像的方法就是扩大镜头口径，但如果镜头的口径变大，镜头也会变得更大更重，这会带来携带不方便等缺点。摄影师在拍摄奥运会或足球比赛等时有时使用体积非常大的镜头，其原因不仅在于使用的是超长焦镜头，也在于为了拍出更加明亮的照片，摄影师装配的镜头通常口径较大。

在使用长焦镜头拍摄的照片中，近处和远处的被摄体都会被拍得很大。但是，只有其中一处的被摄体能够清晰对焦，其他距离的被摄体都会模糊不清。由于这种虚化效果可以体现出被摄体是在近处还是在远处，所以使用长焦镜头拍摄的照片给人一种空间被压缩了的感觉（这称为压缩效果，图 3.49）。

使用广角镜头拍摄的照片　　　　　　　　使用长焦镜头拍摄的照片

图 3.49　强调纵深和空间压缩

在使用广角镜头拍摄时，近处的被摄体会显得很大，远处的被摄体会显得很小，所以纵深感很强。但是，如果使用长焦镜头拍摄同样的场景，被摄体的大小不会因为所处位置的远近而产生太大的变化，但由于被摄体会变得模糊不清，所以也会产生纵深感，而这种纵深感会让人有一种空间被压缩了的感觉。

　　长焦镜头常用于拍摄鸟类等不易接近的野生动物或运动场景。此外，人们还常常利用其浅景深的特点进行模特的人像摄影，使人物清晰可见而背景被虚化。尽管把标准镜头的光圈调大，使景深变浅，也可以像长焦镜头一样拍出具有压缩效果的人像照片，但使用长焦镜头的效果更佳。

3.8　镜头类型

变焦镜头

　　广角镜头、标准镜头和长焦镜头各有特点，不能一概而论地说哪种镜头更加优秀。但如果你除标准镜头以外，还拥有广角镜头和长焦镜头，那就足以应对各种各样的拍摄场景了。可是，如果把各个焦段的镜头都买来，价格就比较昂贵了，而且普通用户也不会每次出门都带好几个镜头。于是，人们又研发了变焦镜头（图 3.50）。

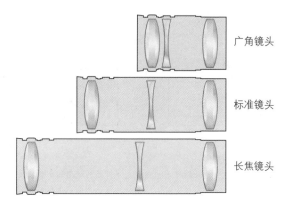

广角镜头

标准镜头

长焦镜头

图 3.50 变焦镜头的工作原理

变焦镜头是三片式结构，图为变焦的工作原理示意图。通过调整镜片之间的间距，焦距可以变成广角、标准、长焦。从理论上来说，保持两端镜片的间距不变也可以实现变焦，但为了消除像差，使图像更加明亮，经常需要通过改变两端的间距来实现变焦。

　　变焦镜头是可以在不改变拍摄位置的情况下连续改变焦距的相机镜头。焦距一旦改变，视角也会随着发生变化。

　　缩短焦距能拍出与广角镜头一样的效果，反之，增大焦距能拍出与长焦镜头一样的效果。变焦镜头的视角最广的一侧称为广角端，焦距最长的一侧称为长焦端（图 3.51）。

28 mm 的状态

200 mm 的状态

图 3.51 焦距可以改变的变焦镜头

图为焦距可以从 28 mm 调整到 200 mm 的变焦镜头。镜头在焦距为 28 mm（广角端）时较短，为 200 mm（长焦端）时是最长的。

　　如果使用变焦镜头，就可以灵活应对各种摄影状况和摄影目的，比如拍摄范围（视角）或以多高的快门速度拍摄移动被摄体等多种摄影场景，可以更加便捷地实现拍摄意图和拍摄效果。这里顺便说一下，不能改变焦距的相机镜头称为定焦镜头。在使用定焦镜头时，摄影师需要通过前后移动来改变构图，从而调整被摄体在照片上的大小。

　　在使用变焦镜头时，拍摄者可以保持拍摄位置不变，通过变焦功能方便地调整跟被摄体之间的距离，但我们不能就此断定变焦镜头就一定比定焦镜头好。在影响相机镜头画质的像差和光圈等性能指标上，变焦镜头不如定焦镜头，因为定焦镜头的设计更加重视像差和光圈。而且有变焦结构的镜头，其结构较为复杂，所以容易产生像差，光圈大小也容易下降。另外，变焦镜头的体积更大，所以容易变得很重。

　　尽管如此，由于变焦功能具有极大的便利性，包括数码相机套机产品在内的大多数相机也还是搭载了变焦镜头。因此，在镜头制造商生产的很多可换式镜头产品中，既有像差和光圈都能达到中等水平的平价镜头，也有拥有和定焦镜头同样的高质量，在保持低像差大光圈的同时还可以变焦的高端镜头。定焦镜头体积较小，重量较轻，而变焦镜头具有高性能，但大多较重较昂贵，这种镜头比较受专业摄影师或摄影爱好者喜欢。

　　变焦镜头越来越多，于是人们又根据焦距对变焦镜头进一步进行了细分。一般来说，以 35 mm 规格换算后焦距小于 50 mm 的变焦镜头称为广角变焦镜头，焦距包含 50 mm 的镜头称为标准变焦镜头，最短焦距大于 50 mm 的镜头称为长焦变焦镜头（图 3.52）。

　　在描述变焦镜头的性能时，我们有时会提到"n 倍变焦"。它表示的是焦距的可变范围有多大。例如，焦距可以在从 50 mm 到 150 mm 的范围内变化，就意味着焦距可以从 50 mm 变到 3 倍长度，即 150 mm，这就是"3 倍变焦"。虽说是性能指标，但这表示的只是焦距的放大倍率，关于焦距的可变范围整体是靠近广角端还是靠近长焦端，光看这个性能指标是无法得知的。比如，搭载以 35 mm 规格换算后焦距为 28 mm ~ 84 mm 的广角变焦镜头的数码相机与搭载 85 mm ~ 255 mm 的长焦变焦镜头的数码相机，都可以说是 3 倍变焦的相机，但这两个镜头拍出的照片风格却完全不同。如果是足球比赛等体育摄影，推荐使用搭载长焦变焦镜头的数码相

机。这样一来，即使运动员在运动场的中央位置，我们也能够让选手占满
大部分画面。但如果使用搭载广角变焦镜头的数码相机，即使运动员跑到
了摄影师附近，在拍出的照片上，运动员也只能占画面的一半左右，很明
显不能满足需求。反之，如果经常需要拍摄 100 人左右的集体照，就推荐
使用搭载广角变焦镜头的数码相机。因为如果是广角变焦镜头，即使离被
摄体较近，也能轻松地将所有人收入同一个画面。而如果使用搭载长焦变
焦镜头的数码相机，就需要与被摄体保持相当远的距离，很显然这种镜头
不适合这种拍摄场景。

图 3.52　佳能长焦变焦镜头示例
左图是长焦端可以到 300 mm 的长焦镜头，但比右图中长焦端可以到 200 mm 的镜头还便宜。
重视便携性（机动性）和价格的镜头与重视画质性能的镜头之间价格相差也很大。

型号	EF 70-300 mm F4-5.6 IS USM（左）	EF 70-200 mm F2.8L IS II USM（右）
最大直径 × 长度	φ 76.5 mm × 142.8 mm	φ 88.8 mm × 199 mm
重量	630 g	1490 g
建议零售价	68 000 日元（约合人民币 4271 元）	300 000 日元（约合人民币 18 846 元）

　　因为变焦镜头也分擅长拍摄广角还是长焦，所以在选购变焦镜头时，
除了要看是几倍变焦以外，还要看清楚焦距的变焦范围。不过，目前镜头
的精度和制造技术都有了飞跃性的提高，所以也出现了焦距覆盖广角到超
长焦的万能型高倍率变焦镜头。如果我们能充分利用它的变焦焦段，就会
非常方便。但方便的同时也存在一些缺点。首先，当变焦倍率提高，镜头
在像差和光圈方面的性能不可避免地会变差。另外，为了尽量减少这些性
能问题带来的影响，一般镜头的直径都很长，因而整个相机会变得很大很
重，价格也容易变得昂贵（图 3.53）。

图 3.53　搭载 50 倍变焦镜头的数码相机
佳能的 PowerShot SX50 HS 搭载的镜头虽然不能更换，但
该镜头拥有 50 倍光学变焦，按 35 mm 规格换算后的可变
焦距范围为 24 mm 到 1200 mm（2012 年 9 月发售）。

微距镜头

最短拍摄距离和工作距离

在需要把花、花瓣、昆虫或文具等很小的被摄体拍得很大时，就需要用到微距镜头。

如果想把小的东西拍得大一些，一般会把镜头贴近被摄体来拍。要想知道拍摄时可以离多近，可以查看镜头规格表中的最短拍摄距离[1]，而实际拍摄时的距离就是工作距离。

通常，相机和镜头的规格表中标明的最短拍摄距离指的是可以在距离被摄体多近的地方对焦的拍摄距离，也就是被摄体与图像传感器（胶片面）的距离（图 3.54）。但是，图像传感器的位置从相机的外侧是看不出来的，所以制造商一般会在相机机身上标出距离基准的记号，从这个记号到被摄体的距离就是最短拍摄距离（图 3.55）。即使是相同焦距的相机镜头，其最短拍摄距离也会因为材质、凸透镜片和凹透镜片的组合方式以及枚数的不同而不同。

[1]　有些制造商称之为"最近对焦距离"等。

图 3.54　镜头上标注的最短拍摄距离
镜头上一般会标出最短拍摄距离。如图所示是标准变焦镜头，从标示可以看出这个镜头的最短拍摄距离为 0.5 m（50 cm）。

图 3.55　相机机身上的距离基准记号
产品说明书或规格表中的最短拍摄距离指的是从相机机身上的距离基准记号到被摄体的距离，不是从镜面开始计算的。

被摄体与镜头前端之间的距离称为工作距离。例如，对于最短拍摄距离为 20 cm 左右的镜头，在减去镜头本身的长度之后，实际与被摄体之间的最短工作距离会变得非常短，有时甚至是贴着被摄体拍摄的。即使在这么短的距离内也可以成功对焦的就是微距镜头。

标准微距、中长焦微距、长焦微距

微距镜头可以大致分为标准微距、中长焦微距和长焦微距（图 3.56）。与普通镜头一样，微距镜头的焦距单位也是 mm，50 mm 左右为标准微距，标准微距镜头的最短拍摄距离比标准镜头的短。例如，以 35 mm 规格换算后焦距为 50 mm 的标准镜头的最短拍摄距离通常为 40 cm ～ 50 cm，但如果使用焦距为 50 mm 的标准微距镜头，即使距离被摄体 20 cm 左右也能拍摄。也就是说，标准微距镜头可以贴近被摄体拍摄，非常适合拍摄花瓣和水滴等。

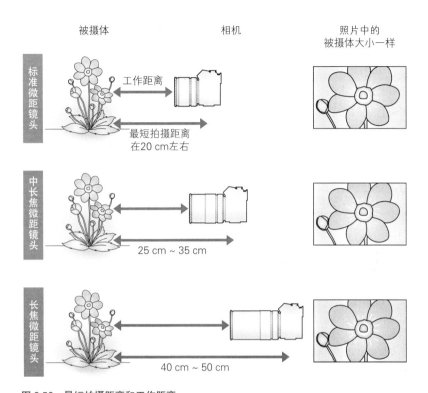

图 3.56　最短拍摄距离和工作距离
在拍摄的照片中的被摄体大小一样时，标准微距镜头、中长焦微距镜头和长焦微距镜头与被摄体的距离（最短拍摄距离和工作距离）各不相同。图中各个微距镜头的最短拍摄距离仅供参考（不同镜头可能会有差异）。

　　但其实，只是可以贴近被摄体准确合焦，还不能满足微距摄影的全部需求。比如在拍摄昆虫、鱼或者其他生物时，要是过于贴近，被摄体就会被吓跑。而且拍摄者和镜头本身所形成的阴影也可能导致受光不充分。所以人们还研发了可以从稍远的距离拍摄被摄体的微距镜头，其中有焦距为 70 mm ~ 100 mm 的中长焦微距镜头，以及焦距为 150 mm ~ 200 mm 的长焦微距镜头。

　　长焦微距镜头可以让我们从较远的地方拍摄，优点是可以排除阴影造成的影响，但由于工作距离变长，所以很难拍摄体积较小的被摄体，也很难从被摄体的正上方或正下方拍摄。

由于以上原因，人们在微距摄影入门时一般会选用较为方便的中长焦微距镜头。

微距镜头除了有定焦镜头，还有变焦镜头，包括广角微距变焦镜头和长焦微距变焦镜头。另外，有些镜头虽然不是专门的微距镜头，但配备了一种可以通过微距模式的开关让镜头在拍摄时一般情况下更靠近被摄体的机制。很多卡片数码相机也配备了微距模式。一般来说镜头的视角越广，桶形畸变和暗角就越显眼，但微距镜头可以有效抑制这种像差。

近摄镜（滤镜）

市面上还有一种镜头滤镜，它可以和微距镜头一样把被摄体拍得很大。镜头滤镜也称为近摄镜或微距滤镜，只要把滤镜装在镜头前，就可以把被摄体拍得很大，而且可以贴近被摄体拍摄（图 3.57）。

图 3.57　装在镜头前的近摄镜
如果在镜头前面安装一个近摄镜（滤镜），那么即使贴近被摄体拍摄，也可以成功对焦，而且可以把被摄体拍得很大。

在售的近摄镜也有很多种类，以肯高图丽的近摄镜为例，有些近摄镜可以在使用最短工作距离为 50 cm 的镜头时，实现在距离被摄体 33 cm ~ 100 cm 的地方成功对焦，将被摄体拍得很大，有些甚至可以实现最短距离为 8 cm ~ 10 cm 的微距拍摄。

要想将被摄体拍得很大，使用上述专用微距镜头是最好的选择。与微距镜头相比，近摄镜很容易产生色晕，也会出现畸变和暗角。但是，对于偶尔才会进行微距摄影的用户来说，微距镜头昂贵，而且有些用户会觉得单独携带微距镜头很麻烦。这时，能够放在口袋里随身携带而且比较便宜的滤镜是一个很好的选择。

放大倍率

微距镜头中经常出现放大倍率这个词。它表示被摄体的实际大小与图像传感器（或胶片面）上的影像大小的比率。换言之，当被摄体的实际大小与图像传感器上的影像大小相同时，我们就称放大倍率为 1：1、1 倍或等倍。如果使用胶片相机拍摄，就可以把胶片上的成像和实际的被摄体并排起来比较，这样可能更加容易理解，但如果使用数码相机，那通常不能通过目视比较图像传感器上的成像，所以所谓的等倍大小就不容易让人理解。

如果不用微距镜头而用普通镜头拍摄，图像传感器上的成像一般会小于被摄体，通常是 1/5 倍（1：5）或 1/3 倍（1：3），而高性能的微距镜头的放大倍率有 1 倍的，也有最大为 5 倍的。也就是说，镜头的放大倍率越高被摄体就能拍得越大，高性能微距镜头可以说就是微距摄影的专用镜头。

3.9 自动对焦 / 泛焦

近年来，大多数数码相机开始搭载自动对焦功能。本节，我们将通过自动对焦来了解一下对焦。

泛焦

自动对焦功能可以让照片整体都能清晰成像，非常方便。但实际上，即使不使用自动对焦功能，我们也可以拍出对焦清晰的照片。把相机镜头的焦点对在某一个固定距离的位置，就可以大幅改善景深范围内对焦不清晰的状况。当然，仅仅是固定焦距，还不能使近处到远处的成像都很清晰。因此，还需要借助景深。景深指的是在包含准确对焦点的被摄体前后能够清晰成像的距离范围。如果在拍摄时景深很大，那么所拍出的照片的远处和近处就都会很清晰。

这种对焦原理就称为超焦距或泛焦。

采用了泛焦的相机一般会搭载焦距较短的广角镜头。并且，在拍摄时要把光圈值调大，并把对焦位置设在距离相机约 2 m～3 m 的被摄体上。

这样一来，拍摄景深就可以从 1 m 左右延伸到无限远。可以进行泛焦拍摄的相机，其优点是不需要对焦操作，但同时因为需要调大光圈值，所以不擅长在暗处拍摄或拍夜景，这是它的一个缺点。一次性胶片相机或者平价数码相机、手机等设备上的相机很多采用了泛焦的对焦方式。

区域对焦

在较暗场景中拍摄或进行夜景拍摄时，使用泛焦对焦方式的相机拍出的照片大部分比较暗。这时可以采用另一种能够在拍摄时尽量使用大光圈的对焦方式。具体来说，需要把焦点位置设在分为 3～5 级的不同地方。与泛焦对焦方式相同，这种方式也是利用景深进行拍摄，但这种方式的景深没有泛焦对焦方式的大。例如，在焦点位置可以更改为 3 个位置的情况下，就需要把景深分为远距离、中距离、近距离 3 种，并分别对各个范围应用景深。然后，根据被摄体所处的位置选择焦点位置并拍摄。这样一来，即使不调大光圈值，也能清晰地拍摄出从 1 m 到无限远的景物。这种对焦方式就称为区域对焦（图 3.58）。

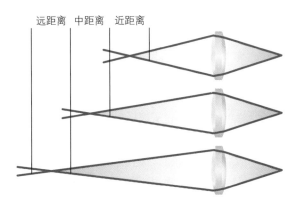

图 3.58　区域对焦
需要将拍摄景深分为 3 个区域，分别设定好最佳的焦点位置和拍摄景深，在拍摄时可以选择使用哪一个区域。

　　每个区域的景深不需要多么宽广，所以可以使用大光圈拍摄。因此，即使是在较暗的场景中拍摄，画面也不会像泛焦拍摄时那样变暗。另外，采用区域对焦方式的相机一般会采用简单易懂的图标把对应于远、中、近3种距离的对焦位置标示出来（图 3.59）。

图 3.59　选择焦点时所用的图标

采用区域对焦方式的相机，大多可以让我们通过选择诸如山等的远景、多个人或一个人的上半身这样的图标来选择对焦点。

　　但这种方式也存在缺点，就是有时会因为选了错误的焦点位置而导致拍出的照片没有准确合焦，所以在操作时需要多加注意。现在，由于搭载自动对焦功能的相机已经变得更加廉价、小巧，而且结构简单的泛焦方式更有优势，所以采用区域对焦的相机并没有很多。

自动对焦

　　对焦指的是微调焦点位置并合焦的过程。要改变焦点位置，需要移动1枚或多枚镜片，微调镜片之间的间隔。镜片之间的间隔非常小，需要通过连续移动来调整，所以以前都是通过手动拨动对焦环对焦的。像这样的手对焦方式称为手动对焦（Manual Focus，MF）。自动对焦则是可以自动完成对焦过程的功能。目前的数码相机大部分采用的是自动对焦，但在微距摄影或体育摄影等场景中，往往需要细致调整对焦位置，或者需要由人类在瞬间作出判断，这时使用更多的仍然是手动对焦。可换式镜头一般设置了切换开关（按钮），可以让用户自己选择使用 AF 还是 MF。另外，有些镜头产品默认使用 AF 模式，当用户自行转动对焦环调焦时就自动切换成 MF。这样一来，我们就可以先使用 AF 模式对焦，然后在需要微调时旋转对焦环，使用 MF 模式调节偏差（图 3.60）。

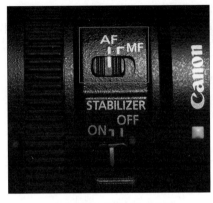

图 3.60 自动对焦和手动对焦的切换

AF 表示自动对焦，MF 表示手动对焦，可以自己切换（左图。顺便一提，下面的开关 STABILIZER 用于打开或关闭防抖功能）。长焦镜头可以实现高速对焦和提高对焦精度，所以有些长焦镜头可以通过开关来选择到被摄体的大致位置（右图）。

　　自动对焦技术曾经很难实现。因为能精准控制镜片移动的马达的体积很难缩小，而且马达的控制精度很低。但是，随着计算机技术不断发展，制造超小型步进马达的技术也在不断进步，检测对焦点的技术也达到了应用水平，所以现在的自动对焦技术也已经很成熟了。

　　自动对焦的检测方法有很多种，这里列举两种具有代表性的检测方法：被动式和主动式。

被动式

　　被动式对焦是单反相机、微单相机和卡片数码相机最常用的自动对焦方式，它是通过测量透过镜头的光（影像）与被摄体的距离来检测自动对焦点的。根据实现方式，被动式对焦还可以进一步细分。与主动式对焦相比，其优点就是即使距离较远也可以检测出对焦点。但这种方式也有不少缺点，比如在较暗的场所或被摄体反差较小时，检测精度会有所下降，而且如果被摄体的中间极其明亮或反差对比只由线条构成，合焦就会比较困难。不过，因为被动式对焦的方式多样，而且技术也在不断提高，所以有很多数码相机采用这种对焦方式。

- **相位检测 AF**

　　单反相机最常用的对焦方式是相位检测 AF。这种对焦方式是通过测距操作测量被摄体与相机传感器之间的距离的，具体来说，就是使用专用的自动对焦传感器，捕捉光通过镜头后形成的两个不同成像，然后根据两个成像之间的偏移量测距（计算出到准确对焦位置的距离），并一次性驱动镜片至准确的对焦位置，迅速完成合焦。这种对焦方式与人用双眼分别判断远和近并测量距离的工作原理非常接近。其特征是只需要移动一次镜片就可以完成对焦，不仅速度快，而且精度也比较高。所以，在运动会、宠物或铁道摄影等被摄体可能发生移动的摄影中，这种高速的对焦方式非常有利。

　　但这种对焦方式也存在缺点，那就是其结构稍微有些复杂，所以会导致相机机身变大。在单反相机中，对焦时利用了透过镜头射入的光，所以人们有时也会称这种对焦方式为 TTL（Through The Lens）相位检测 AF。

- **反差检测 AF**

　　反差检测 AF 需要测量被摄体图像中暗部与亮部的对比度，然后找出对比度的峰值，将其判断为对焦位置。这种方式是通过一边移动镜片一边寻找图像对比度峰值部分来检测的，所以需要来回移动镜片。另外，它还有一个特点，那就是如果在焦点对准的状态下再次启动自动对焦，则焦点会先变成虚化状态，然后再次完成合焦。这种对焦方式一般是不使用专用的自动对焦传感器，而使用图像传感器的图像来检测对焦位置的，所以有时也被称为 CCD-AF 方式。因为这种对焦方式是利用图像传感器所接收的图像进行分析后对焦的，所以我们可以在这个过程中附加各种各样的功能，比如从图像传感器所接收的图像中检测人脸，或者从多个人物中追踪其中一个人进行对焦，从图像中自动检测出笑脸并按下快门等。

　　这种对焦方式也适用于小型镜头，而且不需要专用的传感器，所以重视机身体积小巧度的卡片数码相机、摄像机或微单相机等通常使用这种对焦方式。

　　不过，这种对焦方式虽然精度较高，但合焦的处理时间较长（合焦速度较慢）。

■ **外光被动式 AF**

外光被动式 AF 是胶片式卡片数码相机等经常采用的对焦方式，使用专用的自动对焦传感器生成两个图像，然后利用三角测量原理使双重影像重合，并测出对比度最大的地方，就可以计算出可以合焦的准确位置。外光被动式 AF 的优点是可以实现高速对焦，缺点是对焦精度没有那么高。

主动式

主动式对焦通过将光或红外线等照射到被摄体上，并利用三角测量原理进行对焦，或通过让被摄体反射超声波，计算反射时间并利用反射时间测距的方式进行对焦。主动式对焦的优点是，即使是在暗处拍摄，或被摄体反差不明显、重复时，对焦检测的误差也较小。而缺点是当被摄体距离较远或隔着玻璃等时对焦会比较困难，有时甚至对不上焦。

在自动对焦功能刚开始得到应用时，主流的自动对焦方式是被动式自动对焦。但因为被动式自动对焦需要具有驱动装置，会导致相机结构变得复杂，所以主动式自动对焦方式又逐渐成为主流。但随着相机的变焦功能日益进步，焦距逐渐变长，擅长远距离拍摄的被动式自动对焦再次回到人们的视线。于是市面上又出现了采用混合式自动对焦的数码相机，我们可以根据拍摄条件不同区别使用被动式和主动式两种方式。

在变焦功能已普及的现代数码相机中，被动式的相位检测 AF 和反差检测 AF 是主流的对焦方式。单反相机更多采用的是使用专用自动对焦传感器的相位检测 AF，而在微单相机中，越来越多的机型开始采用可以同时支持（像面）相位检测 AF 和反差检测 AF 的混合自动对焦方式的图像传感器。

单次 AF 和连续 AF

使用自动对焦功能的相机一般会为了在按下快门前准确对焦而提前检测最佳的对焦点位置。大部分相机的自动对焦功能会在半按快门时启动，然后检测被摄体的位置信息并调整镜片完成合焦。因此，与泛焦的对焦方式相比，自动对焦方式在拍摄时可能需要花费更多的时间。

因为合焦过程需要花费一定的时间，所以有些相机也预设了一些对焦动作。这些对焦动作称为对焦模式，用户可以在拍摄前或拍摄时自由选择模式。

被大家熟知且最为简单的对焦方法就是被称为单次 AF（One Shot Auto Focus）的对焦方式。在半按快门按钮时，自动对焦功能启动，它会检测焦点位置并对焦，所以直接按下快门拍摄就可以。如果在对焦后让快门保持在半按状态，那么焦点就会被固定在合焦位置上（AF 锁定），所以如果预先在构图的中央完成对被摄体的合焦，那么即使横向移动改变构图也不会出现脱焦现象。这种拍摄手法称为对焦锁定拍摄（图 3.61）。

另外，当对焦位置不准确或被摄体位置发生改变时，就需要再次半按快门按钮，重新找出合焦位置并对焦。

单次 AF 不适合对运动激烈的被摄体进行拍摄。譬如，在需要连续拍摄（连拍）朝我们跑来的狗或朝我们驶来的公交车等的情况下，有时连拍的第 1 张照片对焦明明是准确的，但第 2 张及其后的照片却会因为与被摄体之间的距离发生了变化而无法准确合焦，导致连拍的

图 3.61 单次 AF 和对焦锁定
上：一开始处于虚化状态
中：半按快门并对被摄体合焦
下：在半按快门的同时移动相机，改变构图
　　（对焦锁定）

照片模糊不清。因此，人们又开发出了可以在保持快门按钮处于半按下状态的期间，连续追踪被摄体的运动并对焦的方式。这种对焦方式称为连续 AF 或连续伺服 AF、智能追踪 AF 等。对于这种对焦方式，相机制造商有不同的叫法，尼康称之为连续伺服 AF，而佳能称之为人工智能伺服 AF（AI 伺服 AF）。

有些机型的连续 AF 不仅在半按快门时，甚至在连拍时也可以对被摄

体持续对焦。要注意的是，在连拍时有些机型是在锁定焦点后连拍，有些机型是实时追踪对焦，除此之外还有可以自由选择对焦模式的机型。

连续 AF 的优点是可以在合焦状态下连拍，缺点则是因为需要频繁测距并移动镜片位置来调焦，所以电池消耗比较快。因此，最近又出现了在被摄体静止期间采用单次 AF 预先对焦，在被摄体开始运动时相机自动检测出被摄体的运动并自动切换为连续 AF 的对焦方式，这样就可以兼具单次 AF 和连续 AF 的优点。有些昂贵的数码单反相机甚至同时支持这 3 种方式，可以根据情况自主选择最适合的对焦方式（图 3.62）。

图 3.62　移动的被摄体和连续 AF
在采用单次 AF 的方式半按快门后，因为合焦位置将被锁定在一开始对焦的位置，所以在拍摄从对面跑过来的狗时无法合焦（左图）。
在采用连续 AF 的方式半按快门的期间，焦点会随被摄体的运动而移动（右图）。

3.10 转换镜头 / 附加镜

虽然很多数码相机搭载了变焦镜头，但在实际拍摄时经常会产生更多的需求，比如想要拍得更远或更广，想要更近距离地拍摄。当然，你可以把能够满足这些需求的镜头全都买来，但其实在大多时候这并不现实。更何况包括卡片数码相机在内的很多相机还无法自由更换镜头。

于是，人们产生了通过在可换式镜头或卡片数码相机的镜头前加装一个镜头来改变焦距（视角）的想法。如果在加上新的镜头后焦距变长，就可以实现距离更远的长焦拍摄，反之如果焦距变短，就可以实现视野范围更广的广角拍摄。像这样加装的用于改变焦距或最短拍摄距离的镜头称为附加镜。另外，这种方法甚至可以让标准镜头变成长焦镜头或者广角镜头，甚至微距镜头，所以人们也将这种镜头称为转接镜头或转换镜头。

此外，也有可以安装在镜头卡口一侧的附加镜。一般称装在镜头前面的为前置转换镜头，装在镜头后面（卡口一侧）的为后置转换镜头。

安装在可换式镜头（主镜头）上、能够使视角变得更广的镜头称为广角附加镜。这种镜头是需要安装在镜头前面的前置转换镜头（图3.63）。在选购时需要注意它是否与主镜头的卡口类型一致。

图3.63 前置转换镜头
图为微距类型的广角附加镜的安装示例，在拍摄时它可以比一般镜头更加靠近被摄体。

可以提升长焦效果的镜头称为增距镜。这种镜头大多是需要夹在主镜头和相机机身之间的后置转换镜头，但在卡片数码相机或摄像机这样镜头不可更换的产品上，就只能使用前置转换镜头。

附加镜虽然可以使拍摄视角的变化幅度增大，但因为是后来加装在拥有精密设计的主镜头上使用的，所以有时难免会出现像差、暗角等画质问题。

广角附加镜尤其容易出现畸变，拍摄的图像经常出现桶形或线性畸变。在变焦镜头上搭载附加镜时，有些机型只会在广角端或长焦端发生畸变，因此在使用安装了附加镜的镜头拍摄时，最好事先确认一下畸变的程度。

在使用增距镜拍摄时，需要注意画面亮度的下降。增距镜用 n 倍表示倍率，倍率为主镜头的 2 倍的称为 2X 增距镜，1.4 倍的是 1.4X 增距镜。例如，在安装了 1.4X 的增距镜后，光圈叶片的光孔大小会减小 1 档，而在安装了 2X 的增距镜后，光圈叶片的光孔大小会减小 2 档，所以画面会变暗。图 3.64 是肯高图丽的 "1.4 倍 增距镜 MC4 DGX"，图 3.65 则是在佳能 EF 80-200 mm F2.8L（80 mm ~ 200 mm 变焦，光圈 F 值为 2.8）的镜头上加装肯高图丽的 "1.4 倍 增距镜 MC4 DGX" 的操作示例图。此时，原本最大 200 mm 的长焦端搭载转换镜头后变为了具有 280 mm 焦距的长焦镜头，光圈 F 值变为了 F4.0。在一般情况下，光圈如果太小，镜头的自动对焦功能就会失效，这支 "1.4 倍 增距镜 MC4 DGX" 镜头在光圈值在 F4.0 以下时是可以使用自动对焦的，但如果这个附加镜安装在光圈更小的镜头上，用户就只能使用手动对焦拍摄了。另外，即使是大光圈镜头，也有些镜头可能自动对焦功能会失效，或者没有搭载防抖功能，所以在购买前最好确认清楚。

图 3.64　肯高图丽的 "1.4 倍 增距镜 MC4 DGX"

安装后可以实现 1.4 倍的远摄效果（后置转换镜头类型）。

图 3.65　安装增距镜

图为将 1.4 倍的增距镜安装在镜头的卡口部位（后置转换镜头类型）的示意图。通过安装增距镜，200 mm 的长焦镜头焦距可以扩展到 280 mm，方便进行体育摄影或鸟类摄影等。但镜头的光圈叶片的光孔大小会减小 1 档。

当主镜头是变焦镜头时，微距镜头类型的附加镜可能只有在最远的长焦端或最广的广角端才能准确合焦。另外，正如前文提到的那样，搭载附加镜后光圈 F 值会发生变化，受此影响，光圈值和曝光等的设定也需要格外注意。而且，有些数码相机在安装转换镜头后，必须要在拍摄模式设定中把模式切换到"使用转换镜头"才行，否则将无法拍出画质最佳的照片。虽然转换镜头非常方便，但在购买或使用时一定要注意本节提到的这些要点。

3.11 滤镜

在享受数码相机带来的拍摄乐趣时，我们有时会觉得默认的配置达不到自己想要的效果。如果想追求照片的艺术表现力，最简单的方法就是使用滤镜。这里所说的滤镜，准确来说应当称为照片滤镜或光学滤镜，它们有的可以再现实际的颜色，有的可以给照片带来丰富多彩的表现力。

滤镜一般安装在镜头前面。在大多数情况下，相机镜头的前端部分有螺纹，大部分滤镜可以通过这个螺纹安装。这种嵌入螺纹式的安装很简单，不过只可以安装与螺纹的口径大小相同的滤镜。如果滤镜的口径大于相机镜头的口径，就需要使用转接环。即使是没有螺纹的数码相机，也可以使用相机专用的夹子来安装（图 3.66 ~ 图 3.68）。

图 3.66　滤镜
如果相机镜头的前端有螺纹，就可以通过螺纹安装滤镜。

有螺纹

图 3.67 可以安装滤镜的数码相机示例
如果卡片数码相机的镜头前端有螺纹，也是可以安装滤镜的。但因为卡片数码相机的口径较小，所以需要注意的是，如果滤镜的大小和镜头不合适或没有转接环，就有可能不能使用。

图 3.68 转接环
如果滤镜的口径较大，可以使用转接环将其安装在口径较小的镜头上使用。

3.12 可换镜头式相机和镜头卡口

镜头卡口

相信通过前面的介绍，大家已经了解到了镜头擅长拍摄的场景和不擅长拍摄的场景因焦距、视角、光圈 F 值和自动对焦等而不同。例如，广角镜头可以拍摄到视野范围更广的景色，而长焦镜头可以拍摄更远的景色，光圈 F 值较小的镜头即使在较暗的场景也可以拍出明亮的照片（同时需要设置一定的快门速度）。如果使用的是可换镜头式相机，就可以根据不同的拍摄场景，更换为拥有最适合的视角和光圈 F 值的镜头，这样就可以拍出期望的照片。本章开头之所以说"可换镜头式相机的真正魅力在于用户可以自行根据不同的拍摄场景或被摄体、想表达的内容选用最适合的镜头来拍摄"，就是出于这个原因。

在胶片相机时代，特别是在需要进行手动曝光或手动对焦等操作的时候，要想熟练使用单反相机，需要了解很多非常专业的知识。但在如今的数码相机时代，随着全自动控制技术的发展、自动对焦功能的成熟，以及自动选择最适合的光圈和曝光数值的功能的实现，连新手用户都可以很快地使用单反相机完成拍摄了。如果想拍出展现自己特色的照片，只需学习一些专业知识，就可以感受到摄影世界的奥秘。

但是，对于这种可换镜头式相机，我们在选购镜头时必须注意一些地方。

镜头卡口的差异

镜头和相机之间接合面的形状或规格称为镜头卡口。如果镜头卡口的形状和相机不吻合，就会因其物理结构不同而不能安装使用。但即便卡口相同，相机也有可能无法正常工作，因为数码相机中还有光量检测、光圈结构、自动对焦等数码控制的功能单元，这一点必须注意。接下来，就让我们来看一下不同镜头卡口之间的具体差异。

镜头卡口有各种形状，具有代表性的有螺纹式、套管式和刺刀式。

顾名思义，螺纹式就是接合面处刻有螺纹，可以通过旋转镜头把相机镜头安装到相机机身上的方式。早期的胶片式可换镜头相机大多使用这种方式。

套管式是使用镜头外围的紧固环等固定镜头的方式，也称为套管锁定式。与螺纹式不同，在安装时不需要旋转相机镜头本身。因为不需要旋转，所以可以提高相机镜头和机身的精密度，在胶片式可换镜头相机的时代，有些制造商采用过这种卡口，不过随着长焦镜头的出现及不断发展，相机镜头的体积变得越来越大，这种卡口无法固定得非常牢固，容易脱离，所以这种卡口很快就消失了。

刺刀式是把相机镜头直接插入相机机身的深处，然后通过一定角度的旋转来锁定的方式。

相机主体和相机镜头的接合面处设置了几个像指甲一样的凸起，通过旋转一定的角度，两个凸起将重叠，这样就可以实现固定——这就是刺刀式的原理。胶片式可换镜头相机的后期机型以及大多数可换镜头式数码相机采用的就是这种卡口。

刺刀式虽然是相机的主流卡口形式，但卡口的指甲型凸起的数量和形状以及负责传递测光和光圈值信息的触点数量和位置等都没有统一的规格。每个制造商都遵循各自的相机卡口技术规格。各制造商相机卡口的名称也不同，比如，具有代表性的相机制造商佳能的可换镜头式数码单反相机采用的是佳能 EF 卡口，而尼康的可换镜头式数码单反相机采用的则是尼康F 卡口。不同卡口的相机机身和相机镜头，一般来说是不能互相匹配的。

譬如，因为佳能和尼康采用了不同形状、不同结构的相机卡口，所以尼康的可换镜头式单反相机就不能使用佳能的镜头。虽然有时可以使用镜头转接环将佳能的镜头安装在尼康的相机上使用。但由于测光以及光圈结构不同，所以自动对焦功能、测光和光圈大小的更改等常常无法实现，如果不是熟练掌握光圈、快门速度以及曝光组合等，精通相机的用户，就很难熟练使用。总之，可换式相机镜头并不是在所有制造商的相机上都能安装使用，可以更换的镜头种类非常有限。

像这样，为了在拍摄时发挥各相机自身的性能，就必须使用卡口规格一致的相机镜头。为此，专业制造相机镜头的制造商会生产卡口规格不同的同类镜头产品。

虽然在前面我们说每个制造商都有各自的相机卡口，但其实也存在制造商不同但卡口可以通用的情况。比如采用了由多家制造商联合制定的4/3 系统或微型 4/3 系统的数码相机。目前，奥林巴斯和松下就都采用了微型 4/3 系统的机型，所以这两个制造商之间的镜头可以互换使用。例如，采用微型 4/3 系统的松下相机机身就可以搭载同规格的奥林巴斯镜头。另外，该系统规格的设计还保证了无论在哪个制造商的数码相机上使用，都可以充分发挥镜头上的自动对焦等自动化功能。

还有一种情况，就是数码相机制造商本身不生产和销售相机镜头，这些制造商采用的是其他制造商的卡口规格。

譬如，富士胶片的可换镜头式相机是由尼康以 OEM（Original Equipment

Manufacturer，即代工）方式生产的，所以采用的是尼康的 F 卡口。另外，柯达以前销售单反相机时，也有采用了佳能 EF 卡口或尼康 F 卡口的产品。

即使是相同制造商的镜头也要注意

需要注意的是，即使是相同制造商生产的数码相机和镜头，如果镜头卡口规格不同，就不能安装使用。尤其是如今除了单反相机，微单相机的可换式镜头产品也开始出现在市面上，所以更加需要注意。

例如，佳能的系列产品是完全电子卡口，所以胶片式单反相机曾经使用的 EF 卡口可换式镜头也可以安装在佳能的数码单反相机上。即使到了数码单反相机时代，这种卡口规格的新型研发、销售仍在继续。另外，佳能数码相机中使用 APS-C 画幅图像传感器的相机（后面简称为 APS-C 相机）配备的是 EF-S 卡口。EF-S 卡口从 EOS Kiss 系列开始得到应用，是为了让初学者也可以快速上手使用的小型、轻量、廉价的卡口。与 35 mm 胶片专用（或 35 mm 全画幅图像传感器专用）的 EF 镜头不同，该卡口是作为最适合 APS-C 相机的镜头系列发售的。如上所述，因为是完全电子卡口，所以在 EOS Kiss 系列、EOS 7D 和 EOS 70D 等 APS-C 相机上，既可以搭载 EF 卡口镜头，也可以搭载 EF-S 卡口镜头。但在 EOS 5D 系列和 EOS 1D 系列等 35 mm 全画幅相机上，只能使用 EF 卡口镜头，而不能使用为 APS-C 研发的 EF-S 卡口镜头。

随着小型轻量化的微单相机 EOS M 的发售，微单相机专用的 EF-M 卡口的可换式镜头也出现了。EOS M 除了可以使用 EF-M 卡口的镜头之外，还可以通过转接环安装 EF 或 EF-S 卡口的镜头（有些镜头会因使用转接环而导致部分功能受限）。

尼康除了传统的搭配 35 mm 全画幅相机使用的 F 卡口（现在称为 FX）镜头之外，还有搭配 APS-C 相机使用的 DX 卡口镜头。另外，35 mm 全画幅相机（FX）除了可以安装 FX 卡口镜头之外，也可以使用 DX 卡口镜头。但此时，即使是 FX 全画幅相机，图像大小和所用像素数也会变为 DX 规格。同时，微单相机 Nikon 1 专用的 Nikon 1 卡口镜头也加入到尼康系列的镜头群中了。通过转接环，Nikon 1 也可以使用 F 卡口的镜头。

综上所述，即使是单反相机，所搭载的图像传感器的画幅不同，适用的最佳镜头也就不尽相同，而且如今微单相机的镜头也加入到了产品阵容中，所以在选购镜头时要做好充分的确认。

 老式镜头的兼容性

佳能于 1987 年推出了世界上第一个采用完全电子卡口 "EF 卡口" 的 EOS 系统。该卡口规格被完全电子化，即使在 30 年前研发的胶片相机上搭载最新的数码单反相机的 EF 卡口镜头，也可以正常使用调焦功能等。但是，佳能的 FD 卡口由于卡口的形状不同，不能直接使用。顺便说一下，尼康在手动胶片相机时代采用的也是尼康 F 卡口，所以即使是手动胶片相机时代的旧镜头也可以搭配使用，但有些镜头在测光或光圈值等的使用方法上可能会受到限制，或完全不能使用。

3.13 数码相机专用镜头

什么是数码相机镜头

我们在前面讲解镜头卡口时也简单提过，可换式相机镜头经常被贴上数码相机专用镜头或针对数码相机的可换式镜头这样的标签。那么，这种镜头与以往的胶片相机所用的可换式相机镜头又有什么不同呢？在使用以前胶片相机所用的可换式相机镜头时，会出现什么问题呢？接下来，我们就再深入了解一下镜头的相关知识。

广角摄影有时需要使用专用镜头

数码相机专用镜头就是主要为搭载 APS-C 画幅图像传感器（DX）的数码相机而开发的镜头。虽然数码单反相机也有 35 mm 全画幅机型，但数码相机专用镜头这种叫法是从 APS-C 画幅相机成为数码相机主流机型开始的。

正如 4.11 节所说，在采用 APS-C 画幅图像传感器的可换镜头式数码相机上使用 35 mm 胶片相机时代的镜头时，需要把焦距提高若干倍。如果是长焦镜头还好，因为可以提高变焦倍率，但如果是广角镜头，因为镜头的焦距会增长数倍，所以无法确保镜头有足够广的视野范围。

例如，在拍摄风景时，35 mm 胶片相机上搭载的通常是焦距为 28 mm 的定焦镜头。但如果想用 APS-C 画幅相机以相同视角拍摄，那么就需要搭载以 35 mm 规格换算后焦距为 17 mm 或 18 mm 的广角镜头才可以实现。这个焦段的镜头一般是接近于拥有高端科技或特殊设计的鱼眼镜头的超广角镜头，价格也不菲。也就是说，如果一直以来都是使用胶片相机以 28 mm 焦距拍摄风景的，那么在换成 APS-C 画幅相机之后要是不购买高价镜头，就无法拍出同样视角的照片。

解决方法之一，是设计了比 35 mm 胶片规格图像区域小，但可以确保 APS-C 画幅图像区域的数码相机专用镜头，这也是数码相机专用镜头问世的缘由。这种镜头以低于以往的超广角镜头的价格实现了相同的拍摄视角。另外，采用这种设计的数码相机专用镜头比 35 mm 胶片规格的镜头更小更轻便，这也是数码相机专用镜头的优点。

反之，如果把数码相机专用镜头用在 35 mm 胶片相机上，图像就容易出现畸变、暗角，甚至拍出来的照片不可用。此外，有些镜头通过缩短与图像传感器之间的距离解决了这个问题，但有些镜头受限于自身的物理结构只能在数码相机上使用，所以有些镜头甚至做了专门设计，使其不能安装在不支持数码相机专用镜头的相机机身上使用。

光最好垂直照射到图像传感器上

适用于数码相机的镜头也对画质做了优化。

即使是专为胶片相机设计的很不错的相机镜头，如果安装在数码相机上，也有可能得不到足够好的画质。因为胶片的受光面是平面的，所以即使光是斜射进来的，胶片也会充分感光，因此不会对画质产生太大的影响。但在数码相机中，图像传感器的表面是立体的，而且受光部位是设置在凹陷位置的。在这种状态下，如果光斜射进来，就会出现光无法完全到达受光部位的情况。特别是在像差较大的边缘部分，有时会发生伪色，或者因光量不足而产生暗角。

要想解决这个问题，就必须使图像传感器的受光面直接面向光照射进来的方向。所以，数码相机专用镜头的设计会使光垂直照射到图像传感器上。光垂直照射到图像传感器的特性称为远心性，它是镜头设计中非常重要的一个因素。

卡口的口径（直径）越大对远心度越有利。通过镜头的光束的出口（对相机机身来说的入口）越大，可以接收的垂直光就越多。但如果在开发新镜头时改变了胶片相机时代所设计的镜头卡口口径，那么以前的镜头就不可以使用了。所以卡口规格对相机来说是非常重要的。

表 3.3 列出了各制造商产品中主要卡口的口径（大概实测值）。虽然 4/3 系统的图像传感器的体积比其他制造商的要小，但它采用的却是相对较大的卡口口径，从这一点也可以看出 4/3 系统是专为数码相机设计的。

表 3.3　主要镜头卡口的口径

制造商 / 卡口	口　　径
佳能 /EF	51 mm
尼康 /F	44 mm
索尼 /A	46 mm
宾得 /K	45 mm
适马 /SA	45 mm
4/3 系统	47 mm

另外，卡口口径大的镜头，其远心度较高，可以确保足够的光量，方便设计和制作大光圈镜头。但大口径并不能决定相机的画质。而且如果卡口口径较大，整个相机机身的体积也会变大。这里大家只要理解前面提到的远心度的重要性以及远心度和镜头卡口口径的关系就可以了。

因此，可以在胶片相机上使用并表现很好的镜头在数码相机上不一定有同样好的表现（图 3.69）。当然，也不是说胶片时代的镜头都是随便设计的。数十年前的胶片相机镜头中，有些产品的设计也实现了让光垂直照射到感光元件上。

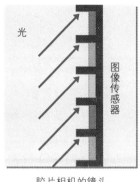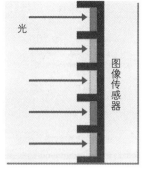

胶片相机的镜头　　　　　　数码相机专用镜头

图 3.69　胶片相机的镜头有时也得不到很好的画质

胶片相机的镜头在光斜射时不会受到很大影响，所以设计稍微粗糙也不会有什么问题，但数码相机的图像传感器受光部位于凹陷位置，所以如果不是专门为数码相机设计的镜头，就得不到很好的画质。

防止反射的技术

让我们进一步看一下远心度。即使通过镜头的光束的直进性高，也可能产生如下的问题。这与组合镜片中最接近图像传感器的镜片形状有关。

直接照射到胶片或图像传感器上的光并不会被完全吸收，有些部分会被反射。胶片大致有 18% 的光被反射，而 CCD 和 CMOS 等图像传感器则有 4% 左右的光被反射。胶片的反射率只有两成左右，不会带来什么问题，这是因为胶片的表面有细小的凹凸，所以在发生散射后，光不会反射回镜头方向。而图像传感器的表面是平坦的，像一面镜子一样，虽然只有 4% 的反射光，但大部分光将像全反射一样反射到入射方向。前面提到，虽然图像传感器的受光部位在稍微深一点的地方，但因为光是垂直照射进来的，所以几乎不会受到格子的影响。而有些以前的相机镜头，其中的后部镜片形状呈剖面，所以大部分光将被反射到这个剖面，然后被再次反射到图像传感器上。如果发生这种光反射现象，光的照射就会不准确，也会对最终的照片产生影响。为此，需要在后部镜片上添加曲面或防止反射的涂层，使反射光不要射向图像传感器的方向（图 3.70 ）。

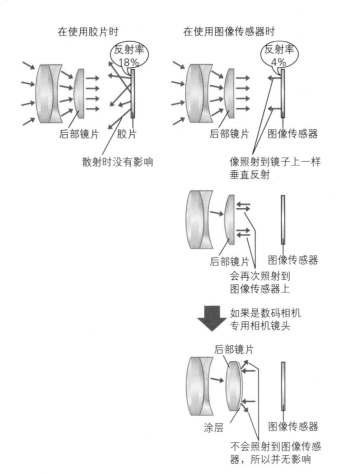

图 3.70 数码相机专用镜头还需要在后部镜片上下功夫

图像传感器的反射率虽然只有 4% 左右，但几乎所有的反射都是朝向镜头的，所以还需要对后部镜片进行处理。

虽然可换镜头式相机可以利用过去那些丰富的镜头群，但在某些情况下，却不能充分发挥数码相机的性能。请记住，最新镜头是为了能够在数码相机上发挥最佳性能而设计的镜头，因而优点更多。

制造商会针对最新的数码相机系统做许多优化，比如在镜片表面涂上高价的涂层，以减少像差，或者重新设计镜片的组合方式等。

3.14 微单相机与法兰距

小型相机的镜头卡口设计

随着微型 4/3 系统相机受到广泛欢迎，小型可换镜头式微单相机开始变得很有人气。

其他制造商是通过采用体积小于 35 mm 胶片的小型 APS-C 画幅图像传感器的方式缩小相机机身的，而微型 4/3 系统则在采用与 4/3 系统尺寸相同的图像传感器的情况下实现了大幅缩小相机机身。为了让相机机身和镜头更小巧，微型 4/3 系统把改善的重点放在了卡口口径和法兰距上（详见 4.12 节）。

为数码单反相机制定的 4/3 系统的确通过前面讲到的扩大卡口口径的方式使画质得到了很大提高，但同时也导致相机系统本身的体积变得较大（但与以前的单反相机相比，体积还是小的）。

而微型 4/3 系统通过缩小卡口口径和缩短法兰距的方式实现了系统的精简。

法兰距指的是从镜头卡口到图像传感器（或胶片）的距离。不同规格的镜头卡口有不同的法兰距。这是因为，如果更换相机镜头后法兰距发生了些许变化，相机的对焦等功能将受到很大影响。微型 4/3 系统通过将法兰距缩短到传统 4/3 系统的一半并将卡口外径缩小 φ6 mm，缩小了相机的机身体积（图 3.71）。

或许你会想，如果能够实现这么小的体积，那么从一开始制定系统规格时就这样设计不就好了吗？其实，这不是一蹴而就的，而是随着技术的进步逐步实现的。首先，把法兰距变短而图像传感器的大小保持不变，就意味着必须让光急剧弯曲并垂直照射到图像传感器上。这样一来，就容易产生像差，对镜片组合方式等的设计以及涂层技术都提出了很高的要求。而且，制造这种镜头的生产技术也必须提升。当法兰距缩短到这种程度时，就几乎没有安装反光镜的空间了，所以很难加入单反相机系统。因此，需要使用图像传感器实时取景，但如果使用大尺寸图像传感器实时取景，就会出现动作速度变慢、电池消耗过快和发热等问题，在一开始制定系统规格的阶段，这些技术的水准还没有达到实用水平（详见 5.5 节）。

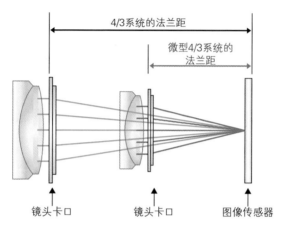

图 3.71　将法兰距缩短 50%

镜头卡口所在的基准面称为法兰。通过缩短法兰距并缩小卡口外径，就可以在采用相同尺寸的图像传感器的同时最终实现相机体积的大幅缩小。

　　然后，在大胆地砍掉单反相机的反光镜箱，并缩小卡口口径和法兰距之后，小巧轻便的微单相机诞生了（图 3.72）。

图 3.72　机身小巧轻便的可换镜头式微单相机

奥林巴斯在世界最大规模的影像器材综合性展览会"世界影像博览会 2008"上展出了可换镜头式微单相机的概念机型。如果采用微型 4/3 系统，相机机身就可以大幅度缩小。此后，微单相机就迎来了发展的黄金期。

　　另外，采用微型 4/3 系统的相机机身可以使用 4/3 系统转接环来安装并使用传统的 4/3 系统的相机镜头（图 3.73）。因为微型 4/3 系统是扩展规格，所以自动对焦和光圈调节等镜头功能都可以像以前一样使用（但根据镜头不同，可能存在部分功能不能使用的情况），而且以前 4/3 系统的镜头群或相机也都可以继续使用。

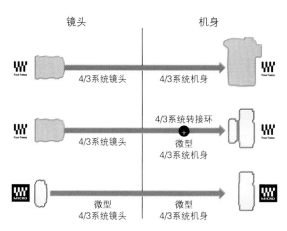

图 3.73　使用专用的转接环就可以使用现有的相机镜头
微型 4/3 系统可以支持以前采用 4/3 系统的相机镜头。

　　微型 4/3 系统规格并不是移植 4/3 系统规格而成的，而是一种扩展规格。因为在制造像差小、光圈大的镜头时，4/3 系统有较大优势。如果宁愿相机大一些也想要追求高画质，可以选用 4/3 系统的产品；如果追求机身小巧，可以选择微型 4/3 系统的产品。一方面，随着微单相机越来越受欢迎，微型 4/3 系统的市场份额也开始有所增加。另一方面，在数码单反相机市场上，35 mm 全画幅相机等图像传感器较大的相机也开始引起人们的注意。于是，在 2013 年秋天，奥林巴斯宣布退出 4/3 系统的数码单反相机市场，同时发布了 OM-D E-M1，提出未来将在高画质的微单相机上发力的方针。

　固件升级

　　数码相机时代的相机机身和镜头大多搭载了 CPU、系统固件（嵌入相机和镜头中的控制软件）和程序。为了防止在发布新的相机机身或镜头后出现某些功能在旧产品上不支持等问题，用户可以通过互联网上的

主页自行下载最新版本的系统固件或程序进行升级（图 3.74）。

下载尼康数码产品的固件（固件是指控制照相机和其他设备的内置软件）。若要查看说明、注意事项以及下载和安装指示说明，请单击"查看下载页面"。请注意，某些固件更新可能需要读卡器或其他设备。指示说明可在下载页面中查找。

标题	版本	发行日	
D6 固件	C:Ver.1.11	2020/11/12	查看下载页面

图 3.74　尼康 D6 的固件升级相关信息
图为尼康官方网站中关于固件升级的页面。

　　如果是升级相机机身的固件，用户可以自行查看相机制造商的主页，确认是否有最新固件（或程序）或关于固件升级的信息。在一般情况下，用户从主页下载最新版的固件到计算机上，然后将其复制到存储卡中，并将存储卡安装在数码相机上，就可以自动升级相机机身的固件。

　　如果是升级镜头的固件，那么以 4/3 系统为例，需要先从主页下载最新版的固件，将其复制到存储卡等存储介质中，并将存储卡安装在相机机身上，然后把相机镜头安装在相机机身上。接下来，就可以自动进行镜头的固件升级了。

　　固件升级的目的除了支持新的相机和镜头，还包括校正原有问题或改善用户操作性、提高性能或功能。最近有一个这样的事例：首批出货的相机产品自动对焦的合焦速度非常慢，评价很差，但在升级固件后，自动对焦速度得到了飞跃性的改善。所以，建议大家定期确认一下自己的相机机身或镜头的固件是否需要升级。

第 4 章

图像传感器
（感光元件）

　　数码相机与胶片相机最大的区别就是记录图像的感光元件从胶片变成了图像传感器。此外，图像传感器的不同会直接影响照片的画质。

　　本章将通过讲解图像传感器的工作原理，对规格表中1000万像素、1/3英寸CCD等参数，以及全画幅、APS-C、背照式和低通滤镜等术语的含义进行介绍。

4.1 什么是图像传感器（感光元件）

从胶片到图像传感器

如今是数码相机的时代，但在相机刚开始普及的时候人们使用的是胶片相机。

随着相机的普及，人们渐渐地不满足于只将相机所拍摄的倒立影像记录在胶片上，开始考虑其他用途。比如，把倒立影像转移到更远的地方，然后在那里显示。这样一来，人们即使不在拍摄地点，也可以看到那里的情形。这就是电视机设计构想的雏形。在这一构想产生后，人们发现电信号比较适合向远处传递信息，于是又研发出了把光信号转变成电信号的装置。这就是感光元件。

在感光元件刚诞生的时候，晶体管还没有出现，所以当时使用的是真空管。使用真空管制作的感光元件称为摄像管，它可以在真空环境中控制电子运动。人们使用摄像管制作了摄像机，电视机因而得到了迅速的发展。

但是，因为需要使用真空管，所以摄像管存在一些问题。比如：从开启电源到稳定为止需要花费一些时间，不能马上投入使用；功耗大，而且需要较高的电压；体积庞大且使用寿命短。后来，人们研究出了晶体管和IC（Integrated Circuit，集成电路）等半导体器件，发现了在这些器件中把受光后的能源转换为电信号的方法，并最终研发了使用半导体成功地把光信号转换成电信号的部件。这个部件就是图像传感器或固态图像传感器。图像传感器不仅体积小、重量轻，而且比真空管更加坚固，在低电压、低功耗下就可以运行。再后来，随着计算机等技术的急速发展，人们逐渐可以拍出高分辨率且没有畸变的照片。在计算机普及后，人们开始直接在计算机上对拍出的照片进行后期修图。但是，当时还只是对胶片上的图像进行数字化，效率不是很高，所以希望在拍摄阶段就实现数字化的需求越来越大。于是，图像传感器又引起了人们的注意。这次，人们试图将通过图像传感器拍摄的影像直接变成静止图像数据，而不是视频。就这样，图像传感器逐渐替代胶片，成了相机的重要部件之一（图 4.1）。

图 4.1　从胶片到图像传感器

图为富士胶片的卡片数码相机 FinePix S700 的内部结构。胶片相机上原来放置胶片的位置上安装了一种称为 CCD 的图像传感器。这款相机虽然是旧机型，但因为正好在胶片位置安装了图像传感器，所以我们能够很明显地看到图像传感器替代了胶片。

拍摄协助：富士胶片

▎出现拍摄延迟的理由

　　这部分内容有些偏离图像传感器这个主题，但与图像传感器的作用有关，所以这里想先讲解一下。

　　对于早期的数码相机，很多人感觉从按下快门到完成拍摄会有延迟，或者从一次拍摄到下一次拍摄要等待不少时间。前者称为快门延时或快门延迟，快门延迟严重的机型在按下快门后需要 1 秒左右的时间来记录图像。即便是现在，在用手机拍摄时有时也会出现这种滞后感。比如在按快门时明明已经对准了快速移动的被摄体，拍到的却只是被摄体经过之后的背景。像这种情况就是出现了延迟，也就是说没能在对准时拍摄。那么，为什么和以前的胶片相机相比，使用数码相机拍摄会延迟这么长时间呢？

　　第一个原因是数码相机在记录图像之前需要进行各种各样的图像处理。如果是胶片相机，光照射到胶片后，拍摄处理就结束了。胶片的化学反应在光照射胶片的过程中就可以完成，而且显影这样的工序也不需要在相机中完成。但在数码相机中，仅将光照射到图像传感器是无法完成拍摄的，此时图像也无法显示在计算机或数码相机的液晶监视器上。

数码相机内部需要进行各种各样的处理，比如用图像传感器将光信号转换成电信号，或者根据设置调整色调等。关于这些工序，我们会在第 5 章中详细介绍。为了使图像能够在拍摄后立马显示在液晶监视器上，必须在相机内部数字化，把电信号转换为图像文件。数码相机搭载的 CPU（相当于计算机的心脏部分）需要稍微花费一些时间才能完成这些处理。这和计算机是一样的，比如在计算机上读取较大的照片时，或者应用滤镜功能进行虚化或打马赛克时，也需要等它处理一段时间。另外，在播放视频时，也会遇到出现卡顿或等待一段时间才开始播放的情况。

即使使用计算机来处理图像或数据文件，也需要花费一定时间。更何况数码相机内置的小型 CPU 所转换的，往往是计算机显示器上都无法全屏显示的图像文件，所以处理需要花费一些时间也是可以理解的。

第二个原因是向存储卡写入数据需要花费时间。用数码相机拍摄的图像不会马上就被写入存储卡，而是会被预先写入主存储器或能够临时记录图像数据的缓冲存储器。但是，这里写入的数据会随着电源关闭而被删除。所以，最终还是需要把数据记录和保存到即使没有电源也可以保存数据的闪存中。主存储器和缓冲存储器是通过电流记录数据的，所以可以高速地读写数据；而闪存（小型闪存和 SD 卡等）是通过物理的方式记录数据的，所以即使关闭电源或把它从相机中取出来，数据也不会消失，只是往其中写入数据的过程需要花费一些时间。此外，数码相机的主存储器和缓冲存储器的容量有限，所以在把拍摄数据完全写入存储卡之前，相机无法进行下一个处理。因此，过去的数码相机并不能像胶片相机那样连续拍摄。如今的数码单反相机大多已经通过增加缓冲存储器的容量解决了这个问题，通过在连拍过程中先把图像暂时保存在缓冲存储器中，然后在连续拍摄结束后把数据记录到闪存，就可以实现连续拍摄。但是，卡片数码相机因为只能搭载容量比较小的主存储器或缓冲存储器，所以连续拍摄的张数会受到限制，因而从按下快门到拍摄完成的时间就相对比较长。

第三个原因是液晶监视器和自动对焦的功能会导致延迟。微单相机和卡片数码相机需要把图像传感器受光后的成像显示在机身背面的液晶监视器上，并将液晶监视器当作取景器使用。但是，这个显示过程需要一定的处理时间，容易导致延迟。这种现象在智能手机或平价卡片数码相机上常见。当液晶屏上显示了被摄体的成像时，如果上下左右晃动智能手机或数码相机，液晶屏上的图像有时会出现卡顿，或者发生畸变。这就是液晶屏显示的处理负荷较大导致的。因为延迟，我们很难抓拍到在比赛中奔跑的运动员或正在移动的宠物。一般在拍摄时会开启自动对焦功能来检测对焦位置，然后移动镜头进行构图并拍摄，但如果自动对焦速度过慢，就会出现快门延迟。如果持续对焦，延迟倒是会变少，但电池的消耗会加快。这就需要缩小卡片数码相机的体积，或者用 5 号或 7 号电池来驱动，因而电池容量的扩大是受到限制的。此外，自动对焦功能与监视器的显示也有关系。比如，经常进行连续对焦（连续 AF）或脸部识别（详见第 5 章）也会造成相当大的处理负担，包含监视器的实时显示在内的整体动作都有可能变慢。

为了解决由这三个原因引起的拍摄延迟问题，最近的数码相机在缩短快门延迟和连续拍摄方面下了很多功夫。比如，为了缩短处理时间，给数码相机搭载不输计算机的 CPU，以及大容量的主存储器和用于临时储存数据的缓冲存储器。另外，随着体积小但容量大的电池的开发、零部件功耗的降低，如今也出现了可以从合焦一直到按下快门为止持续自动对焦的机型。

但是，这些在体积较大的单反相机上相对容易实现的改进方法，在平价卡片数码相机上就很难实现了。而且，仍有一些产品从按下快门到记录完成需要花费较长的时间。对于这种会在很大程度上左右数码相机使用性能的因素，最好在购买前做好充分的调查。

图像传感器的作用

图像传感器最主要的目的就是把光信号转换成电信号。这个过程称为光电转换。在进行光电转换时，需要利用光电效应。所谓光电效应，简单来说就是当特定物体被光照射时，电子等的运动会变得非常活跃的现象。要想得到光电效应，就需要在图像传感器上使用光电二极管。光电二极管可以根据光的强度把电荷变成电流，或者把电荷取出来，通常指的是用于捕捉光的强弱变化的传感器。图像传感器中的光电二极管数量并非只有 1 个，而是和图像传感器的像素数一样多。

那么，首先要了解什么是像素。

让我们试想一下在纵向和横向上对通过镜头后形成的倒立影像进行细微分割的情形。分割得越细，分割后每个区域中的图像就越简单。而且如果分得足够细，每个区域中就会只剩下一种颜色。这个只有微小区域范围的最小单位就称为像素。像素的数量越多，成像图片的画质就越好。反之，如果减少像素数，图像就会成为马赛克状。

在数码相机的产品说明书上，我们经常会看到 100 万像素或 1000 万像素这样的参数，这表示可以把倒立影像分割成 100 万或 1000 万份。但一个光电二极管只能针对照射到分割后的一个区域的光产生电荷，所以光电二极管的数量需要与像素数相同。

要想把倒立影像分割成 100 万份数据，就需要 100 万个光电二极管。因此，数码相机所用的图像传感器的光电二极管的大小相当于边长为几微米的方格。1 μm（微米）是 1 m 的 1/1 000 000，也就是 1 mm 的 1/1000，可见它有多小。

由无数相同的光电二极管产生的电荷将作为信号被取出来，但从边长为几微米的光电二极管得到的电荷作为能源来说实在太微弱了。因此，还要通过增幅器（放大装置）将其转换为更大的能源，才能使之成为图像处理部件所能识别的电信号。图像传感器的作用就是利用光电效应使各个区域产生大小适合的电荷，并以一定电荷量为单位将电荷转换成电信号。

但是，取出信号的方式并不简单。例如，把多达数百万的光电二极管全部连接起来构成电路，就需要极高的图像传感器制造技术。为了减少布线数量，人们还想到了以行或列为单位，按顺序取出的方式，但如果不注意取出的时间或时机，就不能正确取出光信号。最终，人们利用了各种不同的技术和方法，才实现了如今这些取出信号的方式。

图像传感器的原理——CCD 的原理

图像传感器有很多种类。数码相机中常用的图像传感器为 CCD，除此之外还有 CMOS。鉴于 CCD 理解起来更加容易，下面先来介绍一下有关 CCD 的内容。

CCD 是 Charge Coupled Devices 的简称，中文为电荷耦合器件。它会按照以下步骤将光信号转换成电信号。

1. 将光信号转换成电荷并蓄积起来
2. 转移电荷
3. 将电荷转换成电信号

接下来，我们分别看一下每个步骤。

将光信号转换成电荷并蓄积起来

这里利用了光电效应。在光电效应中，电荷量因照射到像面的光的强度而异。也就是说，光照越强，产生的电荷就越多；光照越弱，产生的电荷就越少。而且，电荷在转移之前可以储存起来。利用这个性质，我们可以在将这些电荷作为输出取出时，决定当像素数为 100 万或 1000 万时各像素之间的明暗关系。

转移电荷

我们需要将由光电效应产生并蓄积起来的电荷作为信号取出。最简单的方式就是从所有的光电二极管中直接取出，但是将由所有光电二极管连接而成的电路或机制埋入 CCD 中是比较困难的。因此，现在是由 CCD 负责转移电荷并从中取出信息的。转移电荷可以说是 CCD 最大的特征。

CCD 中转移电荷的工作，与水在水渠中流动的情形相似。这里就使用夹在两个堤坝之间的水渠和水来举例说明。如果把电荷比作水，那么电位就相当于堤坝的高度。

首先，光照射到 CCD 后会产生电荷。电荷相当于水，它会像水蓄积到水渠中一样蓄积起来。根据光的强度不同，产生的电荷量是不一样的。也就是说，每个水渠的水位不尽相同（图 4.2）。

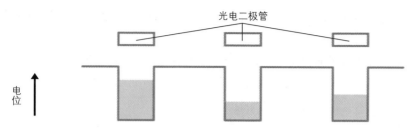

图 4.2　CCD 的电荷转移①
水（产生的电荷）在水渠中（低电位）蓄积。

　　电位可以部分发生变化，如果降低与低电位相邻部分的电位，就相当于水渠朝某个相同方向变大了一样。电荷会像水一样流动，从而引起电位（水位）下降（图 4.3）。

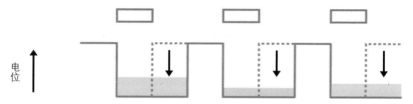

图 4.3　CCD 的电荷转移②
水渠变大后，水流动开来，水位随之下降。

　　接着，将最初的水渠部分的电位提高到与堤坝一样高。于是，隔壁水渠的水位（即电位）高度就会与最初蓄积时的高度一样。这样做的结果就是蓄积的电荷移动了。如此反复，电荷就会被成功转移。这种方式有时被形容为"通过水桶接力依次转移电荷"（图 4.4）。

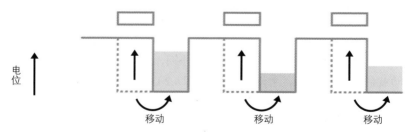

图 4.4　CCD 的电荷转移③
电荷向其他位置移动。如此反复执行，就可以像水桶接力一样成功转移电荷。

将电荷转换成电信号

从光电二极管取出电荷后，还需要把电荷转换为电信号。转换时需要用到电容器。

被转移过来的电荷会蓄积在电容器中。此时，电容器两端的电压与电荷量成比例变化。最终，电荷量会转变为电压强弱，以便转换成电信号。因为在此过程中，电荷信号会被放大为电信号，所以电容器有时也被称为增幅器。

图像传感器的大敌

图像传感器虽然能够将拍摄的图像作为数字数据取出来，但它也存在缺点。这里继续以 CCD 为例，介绍一下图像传感器的缺点。

炫脉

前面提到 CCD 会像水桶接力一样转移电荷。接下来，我们详细地看一看 CCD 是如何工作的。

CCD 会被分割为数十万到数百万的像素区域，每个像素区域会像水桶接力一样转移电荷。在像素区域中，电荷如果是沿垂直方向转移的，那么这部分就称为垂直转移 CCD。除了垂直转移区域以外，还有水平转移的区域，称为水平转移 CCD。由光电效应蓄积的电荷将先被垂直转移 CCD 沿垂直方向转移 1 列，然后被水平转移 CCD 在水平方向上进行转移，最后会被放大并作为电信号被取出。在水平转移结束后，再次沿垂直方向转移 1 列，然后再向水平方向转移，如此循环反复（图 4.5）。

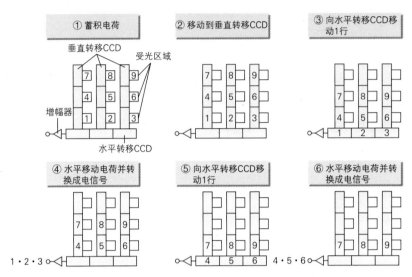

图 4.5　电荷转移的顺序

首先，将 1 列电荷沿垂直方向移动到水平转移 CCD。接着，将水平转移 CCD 的电荷沿水平方向转移，以像素为单位对全部电荷增幅。垂直方向有多少列，就循环多少次。

假设某个区域在某一刻被强光照射了，而且此时的强光正好足以产生大量电荷，以至电荷溢出电容器，就像多余的水从水渠中溢出一样。那么，溢出的电荷会被添加到接下来将沿垂直方向转移的电荷中。如果下一个电容器中的电荷与新添加的电荷一起又导致了电荷溢出，那么溢出的电荷就会继续向下一个电容器转移。电荷量反映的是光的亮度，所以当电荷过多时，照片就会发白。于是，没有被强光照射的部分也会变白，图像上会出现垂直方向的线状高光溢出。这就是炫脉（图 4.6）。

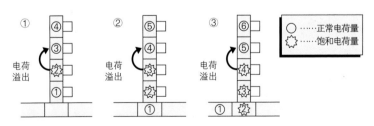

图 4.6　产生炫脉的原理

当一个垂直转移 CCD 中的电荷呈饱和状态后，电荷会转移到相邻的垂直转移 CCD 中。如果连续不断地溢出，则图像的垂直方向会出现一道白光，这就是炫脉。

在拍摄时，如果被摄体中包括太阳、灯等光源，或由金属、玻璃等反射的光源，就会产生炫脉。但是，在数码相机的拍摄场景中，这些又是不可避免的，所以改良 CCD 的一大目的就是尽量避免产生炫脉。

暗电流

对比 CCD 品质好坏的标准还有动态范围（图 4.7）。它以 dB（分贝）为单位，表示 CCD 能处理的最大信号和最小信号的比率。最大信号和最小信号的差值越大，相机能识别的色阶越多，颜色表现就越自然。因此，动态范围大的 CCD 品质更好。

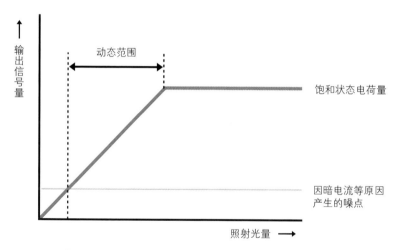

图 4.7 动态范围
动态范围指的是电荷量在饱和状态下的最大信号和会产生噪点的最小信号之间的范围。

最大信号指的是即将产生炫脉的饱和信号量，而最小信号不为零。因为即使在完全隔绝光线的状态下，CCD 也会因待机等产生的热量而产生电荷，这称为暗电流。暗电流产生的信号和 CCD 产生的信号不同，是不能使用的。这种干扰信号称为噪点。小于噪点的信号会被噪点淹没，所以无法确定它是所需的信号还是噪点。因此，最小信号需要大于噪点。由 CCD 的暗电流产生的噪点称为暗电流散粒噪点。暗电流散粒噪点不是 CCD 中唯一的噪点，但是最大的噪点之一。

在尽可能地扩大动态范围时，一个较大的障碍就是暗电流。于是，尽可能减小暗电流也成了改良 CCD 的一大目的。

4.2 决定画质的图像传感器的像素数和尺寸

▌像素数和图像传感器的尺寸

从理论上来说，能够在更广范围接收更多光的图像传感器，其动态范围更大，拍出的照片色阶更丰富。换句话说，图像传感器的受光面积越大，画质就越好。然而，在购买数码相机时，比起图像传感器的尺寸，很多人会把"×× 万像素"，也就是图像传感器的像素数（分辨率）作为衡量能否拍出高画质照片的指标。接下来，我们就稍微详细地介绍一下图像传感器的尺寸和受光面积、像素数之间的关系，并阐明为什么"像素数多"不等于"高画质"等问题。

图像传感器及其尺寸

图像传感器的面积越大，受光面积当然也会越大。所以，很多数码相机在产品说明书的规格参数一栏里会写明 CCD 或 CMOS 的尺寸。单反相机的图像传感器的尺寸一般标注为 APS-C 画幅或 35 mm 全画幅，而卡片数码相机通常标注为 1/2.7 英寸或 1/2 英寸等。下面来看看这个数值指的到底是图像传感器哪个部分的长度，以及不同尺寸的图像传感器之间到底有什么样的差异。

用数值表示图像传感器尺寸的方法有两种。一种是用图像传感器的纵向长度乘以横向长度来表示，比如表示为 23.0 mm × 15.5 mm。图像传感器较大的数码单反相机经常采用这种方法。在大多数情况下，单位采用 mm（毫米）表示，这样比较容易理解。

另一种则是只用一个数来表示，比如前面提到的 1/2 英寸等。这种表示方法常见于卡片数码相机。单位为英寸，表示的是图像传感器对角线的长度。因为它是一个分数，所以容易让人误解，事实上分母越小尺寸越大，比如 1/2 英寸大于 1/2.7 英寸。当然，数的大小与分子也有关系，比如 2/3 英寸就大于 1/2 英寸。

使用英寸表示对角线长度是沿用了真空管时代的摄像管的尺寸表示方法。虽然随着科技的不断发展，真空管的直径逐渐变小，已经从 1 英寸、2/3 英寸变到了 1/2 英寸等，但由于沿用这种表示方法便于图像传感器直接使用已有的光学系统，所以在图像传感器出现时，人们沿用了摄像管时代的尺寸表示方法并使用至今。

但数码单反相机现在使用的图像传感器远大于摄像管。使用真空管的摄像管从来没有出现过这么大的尺寸，于是数码单反相机又采用了纵向长度乘以横向长度的方式来表示图像传感器的尺寸，如 23.0 mm × 15.5 mm。另外，还有需要换算成胶片相机时代的 35 mm 胶片或盒式胶片（APS-C）的尺寸表示方法，比如"35 mm 全画幅"或"APS-C 画幅"。

这里需要注意的是，图像传感器的尺寸与摄像管的实际使用尺寸是相吻合的。话虽如此，图像传感器的 1 英寸并不是 25.4 mm。比如，1/2 英寸的图像传感器，其对角线长度应该是 12.7 mm。但是，当摄像管，也就是真空管的直径为 1/2 英寸时，由于还要考虑玻璃厚度等因素，所以真正的像面对角线长度并不一定有 12.7 mm。因此，在 1/2 英寸的摄像管中，像面对角线的长度一般约为 8 mm。而 CCD 或 CMOS 等图像传感器也作为一种惯例沿用了这种计算方法，1/2 英寸 CCD 的对角线长度通常约为 8 mm（图 4.8）。

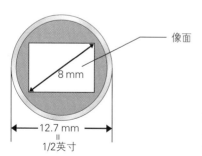

图 4.8　摄像管和像面
对于摄像管，必须考虑玻璃的厚度等，所以像面会稍微小一些。

在 8 mm 前加上"约"其实是有原因的。也就是说，存在不是 8 mm

的情况。之所以这么说，是因为不同的数码相机，其画面长宽比也可能不同。一方面，以计算机和电视机的画面长宽比为基准的数码相机，其长宽比为 4：3。这是因为在计算机上显示照片的情况较多，或者采用这个长宽比便于利用电视摄像机的技术降低成本。而考虑到 35 mm 胶片的图像比率的数码相机的长宽比就为 3：2。根据各自的基准制造出来的图像传感器的尺寸会因制造商或机型而多少有些误差。比如，1/2 英寸图像传感器的对角线长度基本为 8 mm，但实际产品可能会有 0.5 mm 左右的差异。因此，1/2 英寸图像传感器的对角线长度为"约"8 mm。

另外，严格来说，上述数码单反相机中使用的 35 mm 全画幅（35 mm 胶片画幅）和 APS-C 画幅，其尺寸也会因制造商或机型而不同。以佳能为例，即使都是使用 35 mm 全画幅图像传感器的机型，图像传感器的尺寸也有一些微小的差异，佳能的 EOS 5DS 和 EOS 5D Mark IV 的图像传感器尺寸约为 36.0 mm × 24.0 mm，EOS-1D X Mark II 的约为 35.9 mm × 23.9 mm，EOS 6D Mark II 的约为 35.9 mm × 24.0 mm，EOS 6D 的约为 35.8 mm × 23.9 mm。

那么，1/2.7 英寸和 2/3 英寸又有多大不同呢？本书对比了采用主流画面长宽比 4：3 的数码相机的图像传感器的尺寸，结果如表 4.1 和图 4.9 所示。

表 4.1　卡片数码相机所用的图像传感器

CCD 的大小	长（mm）	宽（mm）
1/5 英寸	2.9	2.2
1/4 英寸	3.6	2.7
1/3 英寸	4.8	3.6
1/2.7 英寸	5.28	3.96
1/2 英寸	6.4	4.8
1/1.8 英寸	7.2	5.4
2/3 英寸	8.8	6.6

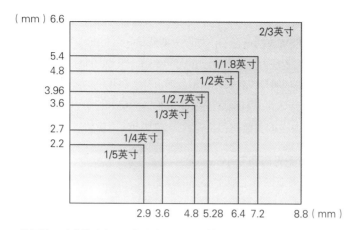

图4.9 像面的尺寸比较（当画面长宽比为4：3时）
1/2.7英寸图像传感器与2/3英寸图像传感器的面积之比约为4。此图为示意图。

如果以轻薄型卡片数码相机所用的1/2.7英寸图像传感器为标准，那么中级卡片相机所用的1/1.8英寸图像传感器的面积是它的约2倍，而10万日元（约合人民币6275元）左右的机型所用的2/3英寸图像传感器的面积则是它的约4倍。可换镜头式数码单反相机甚至可以以17倍左右的大面积受光（图4.10）。

图4.10 各种尺寸的CCD
图中显示了各种尺寸的CCD，既有数码相机所用的CCD（中画幅用），又有早期的手机所用的1/7英寸CCD。左下角的是可换镜头式数码单反相机所用的23.0 mm × 15.5 mm（相当于APS-C）的CCD，与卡片数码相机所用的1/2.7英寸CCD相比，面积相差近17倍。
拍摄协助：富士胶片

另外，手机上所用的 1/4 英寸或 1/5 英寸图像传感器，面积只有 1/2.7 英寸图像传感器的 1/2 或 1/3 左右。如此大的差异导致相机与手机在动态范围或中间色阶的自然表现力上也产生了很大的差别。因此，即使同样是 1000 万像素，用手机拍摄的照片，其画质远不如用卡片数码相机拍摄的照片。

虽然画质好坏并非只取决于图像传感器的尺寸，但它是影响非常大的一个要素，所以在购买数码相机时，一定要确认图像传感器的尺寸。

像素数增加，受光面积变小

产品说明书或广告上通常会标明像素数，比如"1600 万像素""2000 万像素"等，正在选购数码相机的人在看到这些参数后可能会觉得"像素数越多，画质肯定越好"。但实际上也有观点认为，像素数越多，画质反而越差。或许有些人会觉得不可思议，接下来我们详细介绍一下。

数码相机拍摄的照片（数码图像）由无数的点构成。所谓彩色图像，就是由彩色的点集合起来构成的影像。这个点就称为像素，所以数码相机拍摄的照片也可以说是由无数像素点构成的。像素点是由配置在图像传感器上的像素元件表示的颜色信息。图像传感器中的像素点的数量称为像素数。1000 万像素的图像传感器有 1000 万个像素点。像素点越多，细节表现越好。也就是说，像素数是左右图像精细度的一个要素。与 100 万像素的数码相机拍出的照片相比，1000 万像素的相机拍出来的照片更加细腻（没有锯齿状噪点）（图 4.11）。假如使用像素密度，即"分辨率"来对比，1000 万像素相机的分辨率是 100 万像素的 10 倍，可以说是相当高了。

图 4.11　像素和画质表现
左图和右图分别为高像素图像和低像素图像的示意图。像素数多的一方，细节部分表现得更好。也可以说它具有"高分辨率"。

画质好坏不是仅凭精细度（分辨率）来判断的。图像传感器的尺寸也在很大程度上左右了色彩或色阶等表现力的丰富程度。例如，在比较两台数码相机时，如果一台相机的图像传感器尺寸较大，像素数也较多，那么可以推测出用这台相机所拍摄的照片的画质会更好。但是，如果两台相机的图像传感器尺寸相同，那么，像素数较多的那一台，画质反而可能较差。因为当像素数增加时，图像传感器用于生成图像信息的单位受光面积会变小，动态范围也会变小。

"如果图像传感器的尺寸相同，那受光面积不应该是一样的吗？"可能有人会产生这样的疑问，所以我们举个简单的例子来介绍一下受光面积。假设两个图像传感器的尺寸相同，但它们的像素数分别为1个和4个。此时，如果每个像素的整体区域都可以作为受光区域使用，那么1个像素和4个像素的受光面积相同。但如果每个受光元件都有边框，或需要一定程度的隔离线，那么受边框或隔离线的影响，4个像素的总受光面积就会变小。所以，如果图像传感器尺寸相同但像素数不同，受光面积是不同的（图4.12）。

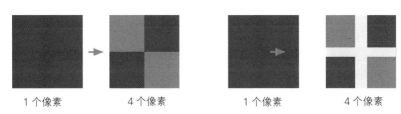

1 个像素　　　4 个像素　　　　　1 个像素　　　4 个像素

图 4.12　比较 1 个像素和 4 个像素的受光面积
如果每个像素的整体都可以作为受光区域使用，那么即使像素数变成 4 个，受光面积也不变（左）。但如果有隔离线等，那么像素数变成 4 个后，受光面积会变小（右）。

接下来，我们详细讲解数码相机上搭载的图像传感器。在很多图像传感器中，各像素并不是整个区域都可以用作受光区域。像面上除了受光面之外，还有负责处理信号的区域，具体来说是用于垂直转移 CCD 的区域和用于其他功能的区域。图 4.13 以 CCD 为例，展示了在不改变其尺寸的情况下，把 1 个像素分割成 4 个之后的情形。信号处理部分的垂直转移CCD 区域和其他功能区域的面积并不会变得更小。所以，每个像素中不能受光的区域所占的比例就会变大。这就导致受光面积比增加像素数之前的还要小（图 4.13）。受光面积越小，接收的光就越少，动态范围也就越小。也就是说，虽然从精细度上来说能够拍摄出精细度高 4 倍的图像，但由于动态范围变小，所以很难有很好的色彩表现，或者图像容易偏暗，在明暗反差较大的地方拍摄时可能出现高光溢出或暗部缺失，甚至可能出现伪色、噪点、眩光等现象。

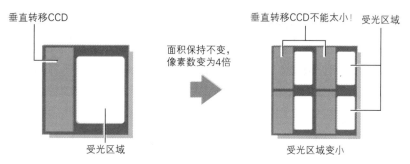

图 4.13　像素数和受光面积
在面积相同的 IT-CCD 图像传感器上，一旦像素数增多，受光面积就会变小。

　　另外，像素数越大，图像数据量越大。图像数据量的增加会导致相机内部的各种处理负担加重，比如数据转换、各种运算、设定和效果反映等。这是处理时间变长、操作响应速度变慢的主要原因。

　　综上所述，并非像素数越多画质就越好。像数码单反相机这样的图像传感器尺寸固定（全画幅或 APS-C 画幅）的系统，使用的技术既能够实现高密度、多像素数的画面表现，又能提高色彩表现力。

　　找到两者之间的平衡点很重要。第 1 章中也提到过，佳能或尼康的高端数码单反相机机型的像素数反而比面向摄影爱好者的机型更少（表 4.2）。

表 4.2　数码单反相机的像素数对比

佳能	
EOS-1D X Mark II	约 2020 万像素 ★
EOS 5D Mark III	约 3040 万像素
尼康	
D5	约 2082 万像素 ★
D850	约 4575 万像素

※ 带 ★ 的是面向专业人士的机型。

现在卡片数码相机的像素也越来越高。要是光看像素数，有些机型的像素数已经追上甚至超过了数码单反相机。但要是看拍出来的照片画质，还是数码单反相机更胜一筹。因为数码单反相机的图像传感器能够以大口径镜头接收更多的光，而卡片数码相机和智能手机需要保持小巧的机身，所以只能使用较小的镜头和较小的图像传感器，并在此基础上运用高分辨率图像技术。但是，对比一下最终的照片画质就不难发现，卡片数码相机和智能手机还是不及数码单反相机。

图像大小和像素数

用数码相机拍摄时保存的图像的大小是取决于"图像传感器的尺寸"还是"像素数"呢？

在使用数码相机的过程中，各位是从什么时候开始意识到图像大小的呢？把拍好的照片显示在计算机屏幕上时？把拍好的照片上传到博客或网页上时？又或是用打印机打印照片或把照片打印到明信片和A4纸上时？一方面，意识到图像大小的契机因人而异；另一方面，也有不少人平时并不关心自己的相机拍出的图像到底有多大。

在计算机上，图像大小是用像素数表示的。图像的大小取决于像素数。用1000万像素的数码相机拍出的照片，其水平像素数 × 垂直像素数的结果约为1000万像素（点）。

平时用于描述大小的单位为mm或cm，所以在用像素数描述时我们可能一下子反应不过来。以计算机的画面分辨率为基准讲解可能更加容易理解。比如，笔记本式计算机的画面分辨率通常为1024×768。因为也存在宽屏或小液晶屏的笔记本式计算机，所以分辨率并不一定都是这么大，但这里暂且以此为基准讲解。那么，全屏显示的图像所需的像素数就为1024×768=78万6432像素。用1000万像素的相机拍摄的图像，像素数就是这台计算机的桌面大小的12倍以上。

如果是在网页或博客中使用的图片，分辨率一般不会比计算机的屏幕分辨率大，所以如果需要直接使用拍好的照片，其实只要有100万像素就足够了。但实际上，后期可能需要对照片裁剪，或缩小图像以显示出更好的画质（掩盖背景虚化等）等，所以在拍摄时追求高像素肯定是没错的（表4.3）。

表 4.3 计算机的屏幕分辨率和像素数

相机像素达到 200 万，拍出的照片就足以在常用的计算机上显示了。

屏幕分辨率	像素点数	数码相机所需像素
640 × 480	307 200	30 万像素
800 × 600	480 000	50 万像素
1024 × 768	786 432	80 万像素
1280 × 960	1 228 800	130 万像素
1600 × 1200	1 920 000	200 万像素
2048 × 1536	3 145 728	320 万像素

　　在用打印机打印照片时，可以根据纸张尺寸预先计算所需的像素数。但是，此时需要的是与打印机相适应的分辨率。例如，当使用 300 dpi 的打印机时，每英寸（25.4 mm）需要 300 个像素，我们可以据此来计算想要使用的纸张尺寸所需的像素数。比如明信片尺寸为 148 mm × 100 mm，则需要约 1748 × 1181 个像素点，即需要约 206 万像素，而 A4 纸尺寸为 297 mm × 210 mm，则需要约 3508 × 2480 个像素点，即需要约 870 万像素。

总像素数和有效像素数

　　从相机的产品规格表中可以看到有效像素数和总像素数两个数值。这里介绍一下它们之间的差异。数码相机中的图像传感器并不是所有受光区域都用于生成图像数据。在最终作为图像数据输出时有效的像素数称为有效像素数，而图像传感器的像素总数称为总像素数。

　　有效像素数分两种，一种是图像传感器自身的有效像素数，另一种是图像传感器搭载在数码相机上之后的真实有效像素数。为了除去容易导致噪点的暗电流，图像传感器上会覆盖遮光膜，以使一些区域不被光照射。此区域称为光学黑体。如果该区域产生了电荷，那就是暗电流导致的，所以从信号量中减去光学黑体的电荷信号量，就能够去除噪点。图像传感器自身的有效像素数就等于总像素数减去"光学黑体的像素数"后的数值。

　　当图像传感器搭载在数码相机上之后，最终实际可用于生成静止图像数据的像素范围更小，这个范围称为成像圈，其中的像素数就是有效像素数。

但是，在计算有效像素数时，有时也会包含那些在成像圈周边用于读取图像处理所需信息的像素。在成像圈周边区域的像素称为环形像素。

日本的数码相机产品说明书的标注方法是以原日本摄影机工业协会（JCIA）的数码相机委员会 1998 年 3 月制定（2014 年修订）的《关于数码照相机的产品目录等的标注指南》为标准的。其中就有关于有效像素数的标注规定：在产品说明书中描述相机的拍摄性能时，需要优先标注有效像素数；如果需要标注总像素数等，为了避免与有效像素数混淆，标注方法如"有效像素数 200 万（所用 CCD 的总像素数为 210 万）"。另外，日本摄影机工业协会已于 2002 年 6 月 30 日解散，从 2002 年 7 月 1 日开始，由日本国际相机影像器材工业协会（CIPA）继续这项工作。

如今在售的数码相机都会根据这个指南，把实际生成图像数据时的像素数标注为有效像素数。但如果是很旧的数码相机，可能没有遵循这个指南。

4.3 CCD

CCD 可以说是现在数码相机中使用的图像传感器的基础。虽然如今大部分相机已经用 CMOS 传感器取代了 CCD，但是一部分卡片相机还在使用它。

接下来，我们详细介绍一下 CCD 的种类及其读取信号的方式等。

CCD 的种类

为了减轻炫脉或减少暗电流并扩大动态范围，人们对 CCD 进行了各种改进。对 CCD 的改进有几种方式，不同的方式对炫脉和暗电流的形成各有不同的作用。这些特点会直接反映在数码相机的画质上，所以相机采用的是哪种方式的 CCD 这一点非常重要。

帧转移方式

帧转移方式（Frame Transfer，FT）是在 CCD 开发初期就采用的方式。以该方式工作的 CCD 也称为 FT-CCD，其结构非常简单。

FT-CCD 由垂直转移 CCD 和水平转移 CCD 构成。垂直转移 CCD 分为拍摄区域和积蓄区域，而水平转移 CCD 用于将电荷转移到增幅器。如果在拍摄区域长时间积蓄电荷，就会产生炫脉，因而为了避免产生炫脉，积蓄区域使用了遮光膜。

FT-CCD 结构简单，所以与后文的其他 CCD 相比，它可以让每个像素的受光面积变得更大。面积大意味着可以增加光量，而光量越多，动态范围就越大。所以，相比其他 CCD，FT-CCD 最大的优点是有更好的色阶表现。但是，因为除了拍摄区域之外，还需要具有相同面积的积蓄区域，所以 FT-CCD 也有缺点，那就是很难增加拍摄区域的像素数（图 4.14）。

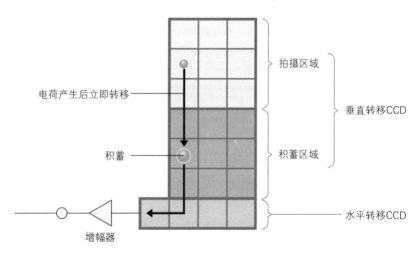

图 4.14　FT-CCD 的结构示意图
在拍摄区域产生的电荷将被转移到积蓄区域积蓄起来。接着，电荷从垂直转移 CCD 转移到水平转移 CCD，再转移到增幅器。

因为在转移电荷的期间光也会照射到拍摄区域，所以会产生炫脉。因此，又出现了全帧转移方式（Full Frame Transfer，Full FT）。这种方式可以在不转移电荷的期间让光照射，然后先用快门进行遮光处理，再进行电荷转移。这样一来，即使没有电荷积蓄区域，也很难产生炫脉。

Full FT-CCD 的优点包括具有较大的动态范围，以及可以高效率地将 CCD 面积分配到拍摄区域，但因为需要配备高性能的快门，所以数码相机的价格容易变得昂贵。Full FT-CCD 有时会被标注为全帧 CCD（FF-CCD），也有些数码相机的规格表中会简单地将其标注为 FT-CCD（图 4.15）。

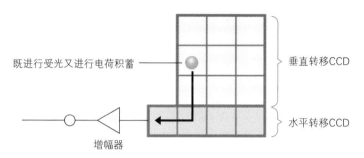

图 4.15 Full FT-CCD 的结构示意图

Full FT-CCD 结构简单，并能高效率地将 CCD 面积分配到光照射的拍摄区域，而且动态范围较大，但为了防止产生炫脉，它需要配备高性能、价格昂贵的快门。

行间转移方式

行间转移方式（Interline Transfer，IT）CCD 在同一个像素层中同时装有光电二极管和垂直转移 CCD。该 CCD 也称为 IT-CCD。

其特点在于为了在光照射期间也能进行电荷转移，垂直转移 CCD 部分的光会被遮蔽。光电二极管产生的电荷会直接积蓄在当前区域。在积蓄完成后电荷就转移到垂直转移 CCD，然后从垂直转移 CCD 转移到水平转移 CCD，最终转移到增幅器（图 4.16）。此时，由于垂直转移 CCD 部分的光是被遮蔽的，所以与 Full FT-CCD 相比，更不容易产生炫脉。但是，因为不能完全把光遮蔽，所以在有强光源照射到被摄体这样的拍摄环境下，还是有可能产生炫脉。

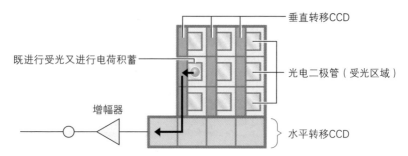

图 4.16　IT-CCD 的结构示意图
用光电二极管产生并积蓄电荷，然后用垂直转移 CCD 转移电荷。接下来，将电荷从水平转移 CCD 转移到增幅器。

　　在 IT-CCD 中，像素层需要分为光电二极管和垂直转移 CCD 两个部分。并且，为了遮光，垂直转移 CCD 上也需要遮光膜，这就会导致光线照射到光电二极管上的面积变得非常小，大约只有 Full FT-CCD 的 1/3。受光面积小就不能聚集太多光，这就会导致动态范围变小，画质降低（图 4.17）。

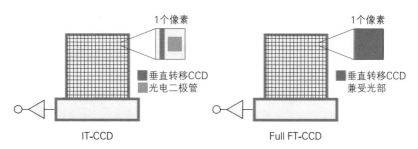

图 4.17　每个像素的受光面积
从结构上来说，IT-CCD 的受光面积只有 Full FT-CCD 的 1/3。

　　解决方法就是在 IT-CCD 的各像素层上安装片上微透镜，其目的在于在 CCD 的芯片上实现镜头功能。这种片上微透镜可以有效扩大像素的受光面积，避免动态范围显著减小，同时也有效地抑制了炫脉现象的产生。但是，虽说片上微透镜的直径只有几微米（μm），但它毕竟也是镜片，所以也会产生像差，甚至会产生伪色（实际没有的颜色）。另外，最近为了提高画质，有的 Full FT-CCD 上也安装了片上微透镜（图 4.18）。

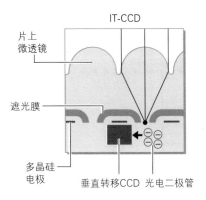
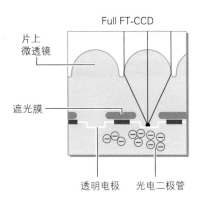

图 4.18　片上微透镜

因为 IT-CCD 需要很大的遮光膜，所以光线照射到光电二极管上的面积变小。因此，CCD 上安装了微透镜，以便更多的光照射过来。

　　虽然与 Full FT-CCD 相比，IT-CCD 的受光面积变小了，但产生、积蓄和转移电荷的工作可以让不同物理部件来分担，所以其在各方面的特性可以得到极大提升。另外，IT-CCD 不仅可以使 CCD 本身的尺寸变小，而且因为很少产生炫脉，所以设计和制造都很容易，拍摄者操作起来也很容易。另外，价格和画质都可以让人接受，性价比很好。因此，IT-CCD 逐渐成了数码相机采用的主流 CCD。

帧行间转移方式

　　IT-CCD 通过对垂直转移 CCD 进行遮光处理抑制了炫脉。可是，因为垂直转移 CCD 与受光区域的光电二极管紧密相连，很难做到完全遮光，所以偶尔还是会产生炫脉现象。

　　帧行间转移方式（Frame Interline Transfer，FIT）CCD 通过在 IT-CCD 的结构上添加与 FT-CCD 相同的电荷积蓄区域，有效地抑制了炫脉产生。该 CCD 也称为 FIT-CCD。

　　FIT-CCD 的受光区域的光电二极管并不积蓄电荷，电荷将在产生后立马通过垂直转移 CCD 转移。除了受光区域，FIT-CCD 还有一个电荷积蓄区域。因为其电荷积蓄区域是遮光的，所以它比 IT-CCD 更能抑制炫脉产生。当积蓄完成后，电荷会被转移到水平转移 CCD，进而转移到增幅器（图 4.19）。

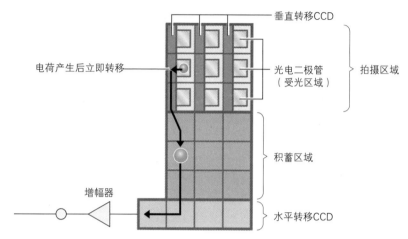

图 4.19 FIT-CCD 的结构示意图

拍摄区域产生的电荷与受光区域是分离的，它将通过进行了遮光处理的垂直转移 CCD 转移到电荷积蓄区域，然后在电荷积蓄区域积蓄电荷。电荷积蓄完成后，会被转移到水平转移 CCD，进而转移到增幅器。

在 IT-CCD 中，垂直转移 CCD 不能完全遮光，所以在积蓄电荷期间 IT-CCD 有可能接收到一些额外的光。如果接收了较多的额外光，那么电荷量就会超过实际所需的量，从而导致产生炫脉。但是，在 FIT-CCD 中，产生的电荷将立刻被转移到积蓄区域，所以接收额外光的时间会变短，因而更不容易受到没有完全遮光的影响。此外，FIT-CCD 和 IT-CCD 一样，可以让不同物理部件来分担产生、积蓄和转移电荷的工作，从而使其各种特性都可以得到质的提升。

但是，FIT-CCD 需要不同于受光区域的积蓄区域，所以它的一个缺点就是 CCD 的尺寸是 IT-CCD 的 1.5 倍。另外一个缺点是受光区域和积蓄区域都需要电路，所以功耗会比较大。因此，以前 FIT-CCD 主要用于电视摄像机，因为它符合"CCD 的尺寸和功耗较大也无妨，但必须最大程度地减少炫脉"这一需求。

最近，很多手机的相机功能也开始采用这种 CCD。这是因为，搭载在手机上的相机，其拍摄区域小一些也可以，而且由于拍摄区域较小，所以即使加上受光区域和积蓄区域，耗电量也不会变大，所以采用这种 CCD 不会带来很大缺点。

读取方式的种类

IT-CCD 和 FIT-CCD 会在积蓄电荷之后，将其移动到垂直转移 CCD，这称为读取转移。读取转移方式有两种，分别是一次读取和分两次读取。不同的读取转移方式会对拍出的照片画质产生不同的影响。接下来，我们来讲解一下读取转移方式。

隔行扫描和逐行扫描

一般来说，在将积蓄的电荷移动到垂直转移 CCD 时，似乎没有必要分两次读取。那么，为什么这里说要分两次读取呢？

这与 CCD 曾作为摄像机拍摄部件的发展历史有关。CCD 从垂直转移 CCD 到水平转移 CCD 逐行转移电荷，并通过增幅器将电荷转变为电信号。最后，信号需要在经过图像处理加工后被传输到电视机上显示。这里，我们试着将一行数据看作一个整体。从最上面的行到最下面的行的传输会出现时间差。以日本的电视机为例来说，一般存在 1/30 秒的时间差。虽然很短，但这个时间差也是人们可以意识到的，因为它会使电视机画面看上去就像在翻动手翻书^①一样。

因此，就需要采取每隔 1 行的方式发送数据。此时，时间差就会变为 1/60 秒，看上去就不像是在翻动手翻书了。然后，紧接着显示刚才跳过的数据行。也就是说，最初的 1/60 秒发送的是奇数数据行，即第 1 行、第 3 行、第 5 行、第 7 行……而接下来的 1/60 秒发送的是偶数数据行，即第 2 行、第 4 行、第 6 行、第 8 行……虽然采用这种方式时也有闪烁，但从肉眼来看，还是这种方式更自然。这就是分两次进行 CCD 读取的原因。

分两次读取的方式称为隔行扫描，一次读取所有像素的方式称为逐行扫描（图 4.20）。逐行扫描相对于隔行扫描来说在读取时不会跳过某一行，因而也称被为非隔行扫描。

---

① 手翻书指的是由多张具有连续动作的漫画图片构成的小册子，在快速翻动时，可以呈现动画效果。

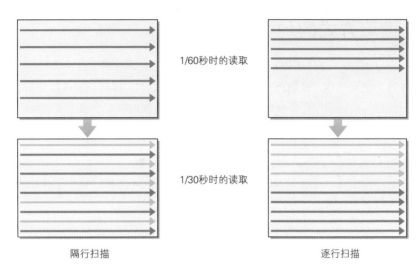

图 4.20 隔行扫描与逐行扫描
隔行扫描可以让电视机上的显示更加自然。

数码相机中的逐行扫描

数码相机不像电视机那样需要在短时间内连续显示数据。因此，人们往往认为使用逐行扫描比较好。确实，如果使用这种方式，在读取转移时不会对电荷信号进行任何加工，所以垂直分辨率较高，可以精确地捕捉到被摄体的运动（图 4.21）。但是，也不能一概而论地认为所有数码相机的 CCD 都适合用逐行扫描。在逐行扫描时，每个读取区域都需要一个与之对应的垂直转移 CCD，所以存在电荷饱和量的极限值降低的缺点。这会导致动态范围变小、画质劣化，或者容易产生炫脉。因此，大尺寸的 CCD 可能会采用逐行扫描的方式，但小尺寸的 CCD 很少采用这种读取方式。因为这种方式会一次读取所有像素，所以也有制造商会在规格表中标明 CCD 的读取方式为全像素读取。

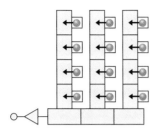

图 4.21　逐行扫描
这种方式将一次读取所有像素并转移电荷，适合运动速度较快的被摄体，不会出现垂直分辨率的损失。不过，这种方式的动态范围较小，不适合小尺寸的 CCD。

数码相机中的隔行扫描

隔行扫描是分两次从 CCD 读取电荷的方式，具体分为帧读取和场读取两种方式。

帧读取比较简单，就是先读取 CCD 中奇数行的电荷，再读取偶数行的电荷的方式（图 4.22）。

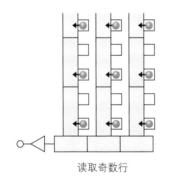

读取奇数行

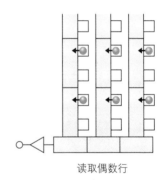

读取偶数行

图 4.22　隔行扫描的帧读取
这种方式将每隔 1 行从像素中读取电荷并转移，虽然不会降低垂直方向上的分辨率，动态范围也较大，但在拍摄移动较快的被摄体时，可能会出现错位。

场读取会读取第 1 行和第 2 行的电荷，并将其混合为第 1 行，即奇数行，然后读取第 2 行和第 3 行的电荷，并将其混合为第 2 行，即偶数行。这是预先读取全部像素，然后分两次发送数据的方法。场读取能读的电荷量更多，所以动态范围更大。不过，因为这种方式会混合垂直方向的信号，所以会导致垂直分辨率损失。在数码相机中垂直分辨率损失更显著，所以数码相机很少采用这种方式。不过，场读取在电视机上可以充分发挥它的优势（图 4.23）。

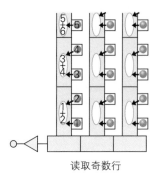 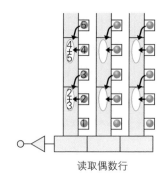

读取奇数行　　　　　　　　　　　　　读取偶数行

图 4.23　隔行扫描的场读取

这种方式是从所有像素中读取电荷，但在转移时会将相邻电荷混合为 1 行，并且每隔 1 行发送信号，非常适合在电视机上采用。但因为垂直分辨率有损失，所以数码相机不怎么采用这种方式。

帧读取不会导致垂直分辨率损失，但它不擅长捕捉移动较快的被摄体。因为读取奇数行和偶数行时会存在时间差，如果被摄体的运动较快，那么在这个时间差中产生的移动也会被捕捉到。所以，在用帧读取拍摄快速移动的被摄体时，照片会产生错位（梳状效应）（图 4.24）。

隔行扫描（帧读取）　　　　　　　　　　　逐行扫描

图 4.24　隔行扫描的帧读取为锯齿状
帧读取会在读取奇数行和偶数行时产生时间差，所以在把两次读取的数据合成一个画面时，有时会出现错位的现象。
资料来源：富士胶片

但是，由于隔行扫描可以使一个垂直转移 CCD 的读取区域变成两个，所以电荷的饱和量会变多，动态范围也会变大。因此，隔行扫描能够让我们拍摄出色彩更加丰富的图像。同时，因为尺寸小的 CCD 也可以获得较大的动态范围，所以卡片数码相机上大量采用了隔行扫描。相对于全像素读取，隔行扫描有时也被称为交错扫描。

4.4 CMOS

CMOS 的原理

数码相机所采用的具有代表性的图像传感器，除了前面讲到的 CCD 之外，还有 CMOS 传感器。CMOS 传感器拥有很多 CCD 没有的特征，又通过技术研发改正了 CCD 的原有缺点，所以开始被使用大尺寸图像传感器的数码相机采用。如今，CMOS 传感器已经成为主流配置。

什么是 CMOS

CCD 主要用作图像传感器，而 CMOS 除了用作图像传感器以外，还广泛用于其他领域，因为 CMOS 本身也是半导体。

MOS（Metal Oxide Semiconductor，金属氧化物半导体）是通过在半导体中运动的自由电子或自由电子飞出后的正孔转移电荷的一种半导体。CMOS（Complementary Metal Oxide Semiconductor，互补金属氧化物半导体）则是使用自由电子和正孔以高速进行电荷转移的半导体。也就是说，CMOS 也是一种半导体，所以除了图像传感器，其他领域也会使用 CMOS。一般数码相机所用的图像传感器需要称为 CMOS 传感器，以区别于 CMOS 存储器、CMOS 自动对焦传感器等，不过在本书中除非特别说明，否则 CMOS 指的就是 CMOS 传感器。

CMOS 的读取方式

CMOS 和 CCD 的一大区别就在于读取方式不同。在 CCD 中，需要使用 CCD 的电荷转移功能，将每个像素被光照射后产生的电荷直接转移到增幅器，然后在增幅器进行放大处理，使之可作为电信号使用。然而，在 CMOS 中，需要在每个像素中积蓄电荷，然后直接对每个像素的电荷进行放大处理，使之可作为电信号使用，最后取出这些信号（图 4.25）。因为 CMOS 是系统芯片[①]，所以不可以像 CCD 那样采用水桶接力方式转移信号，而要让每个像素直接连接电路，单独取出信号。CCD 虽然也是一种半导体，但制造工艺有些独特，与普通的半导体制造方法有些不同。而 CMOS 可以采用普通的 LSI（Large Scale Integrated，大规模集成）制造工艺来制作。因此，在 CCD 中很难嵌入电路，但在 CMOS 中则可以通过嵌入多层结构将电路和图像传感器嵌入到同一芯片中。不过，CMOS 必须在每个像素里装入增幅器以及各种各样的功能模块，所以要想制造出高性能且小尺寸的 CMOS 还是很困难的。

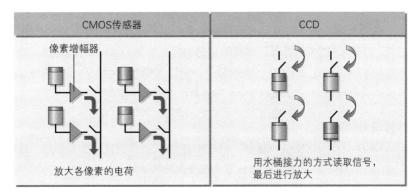

图 4.25　CMOS 的信号读取方式
对各像素积蓄的电荷进行增幅放大后，通过电路从各像素中读取信号。

　　另外，CMOS 还改正了 CCD 的一个缺点，即消除了炫脉。在 CCD 中，当产生的电荷超过饱和状态时，垂直转移 CCD 会对其他像素所积蓄的电荷产生影响，但在 CMOS 中，各个像素产生的电荷已经变成了电信号，所以不会影响其他像素的电荷。因此，CMOS 基本不会产生炫脉，而且与 CCD 相比功耗小了很多。

CMOS 和噪点

　　CMOS 并非所有方面都比 CCD 优秀，也有不如 CCD 的地方——它最大的缺点就是噪点。正因为噪点问题较大，所以如今卡片数码相机上采用

---

① 也称片上系统，英文为 System on Chip。

的图像传感器主要还是 CCD。接下来，我们就介绍一下 CMOS 的噪点。

　　CMOS 与 CCD 一样，也会因为暗电流产生噪点，但其噪点程度远超过 CCD。是什么样的噪点比 CCD 的噪点还严重呢？答案是固定模式噪点（fixed-pattern noise）。固定模式噪点是像素增幅器放大效果不一致导致的噪点，而且 CMOS 的结构决定了这种噪点的产生不可避免。因为 CMOS 采用了与半导体相同的制造方法。也许大家会认为半导体的制造规格一定非常严谨，但实际上半导体产品之间的质量也有相当大的差距。因为半导体的制造是理论先行的。如果是只由铁原子构成的铁块，在制作时可以根据"加热到多少摄氏度时电流会达到哪种程度"的物理性质制造，但半导体是事先决定了"加热到多少摄氏度时电流会达到哪种程度"这个目标值，然后为了达到这个目标计算各种金属的混合比率，或判断应该以哪种工艺来生成硅结晶。然而，将混合比率和工艺完全保持在一定条件不变是比较困难的，实际情况很难与计算结果一致，因而半导体的成品质量存在一定差异。晶体管也是一种半导体，使用直流电流放大倍数 β 的值可以判断其性能。一般来说，不同的晶体管，该值在 70 到 700 之间，偏差高达 10 倍。同样，CMOS 的增幅器性能也一定存在偏差，由此产生的噪点就是固定模式噪点。

　　其实，CCD 的噪点问题也不小，但 CCD 的降噪解决方案在很早以前就被提出并被验证过了，它可以把噪点水平降低到可以忽略的程度。在 CCD 中，首先需要在没有被光照射的状态下读取像素的电荷信息，并暂时存储此时读取出来的暗电流散粒噪点的信号量。然后，将光照射到 CCD 上进行拍摄。在积蓄电荷并读取电荷信号后，要减去暂时存储的暗电流散粒噪点的信号。这样一来，最终效果就是噪点信号看起来像是被消除了。这种方法称为相关双采样，借此方法 CCD 成功消除了噪点。

　　虽然 CMOS 也可以采用同样的方法消除噪点，但它自身的缺点会导致信号有残留。CCD 会像水桶接力那样转移电荷，因此不会出现前一个电荷残留的情况；但 CMOS 并不会转移电荷，所以产生的电荷会稍微有一些残留（图 4.26）。在这样的条件下进行相关双采样是无法读取出正确的信号的，因为前后两次读取的噪点信号量不同。此外，CMOS 还会产生固定模式噪点，与 CCD 相比，其噪点种类较多。所以有人说使用 CMOS 只能拍出有很多噪点的照片。

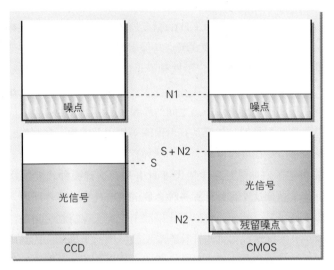

图 4.26 噪点的积蓄性
在 CCD 中，可以正确读取噪点 N1 和信号 S，但在 CMOS 中，在读取信号 S 时只能读取出包含残留噪点 N2 的 S + N2。

CMOS 的受光面积小

常用的 IT-CCD 的缺点是 CCD 中的受光区域较小。CMOS 也有这个缺点，其受光区域比 IT-CCD 的还要小。

在 IT-CCD 中，每个像素结构中电荷转移部分的结构占了约一半。因为需要给电路布线，所以各像素受光区域的面积会变小。而 CMOS 虽然没有 CCD 那样的电荷转移部分，但也需要与 IT-CCD 差不多大小的电路区域。更甚的是，CMOS 需要设置的电路比 CCD 还多。在 CMOS 中，电路布线之间还需要留出一定的空间，因此 CMOS 各像素受光区域的面积会变得非常小。受光区域的面积变小会导致拍摄的图像整体变暗。

IT-CCD 使用片上微透镜解决了这个问题，而 CMOS 通常也使用片上微透镜来解决这个问题。

搭载大尺寸图像传感器的可换镜头式数码相机会采用 CMOS，而卡片相机却很少采用，原因之一就是 CMOS 中各像素的受光面积较小（图 4.27）。

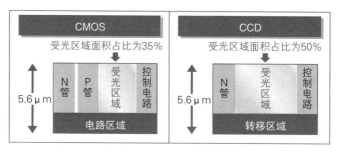

图 4.27　CMOS 的受光面积小
CMOS 的受光面积比 CCD 中受光面积较小的 IT-CCD 还要小。

CMOS 是快还是慢

在讨论 CMOS 和 CCD 到底哪个的性能更加出色时，对于 CMOS，既有人说它快，也有人说它慢。接下来，我们详细介绍一下人们这样说的原因。

CCD 可以同步积蓄电荷。这意味着，在读取了照射到 CCD 上的光所产生的电荷信息后，开始下一轮电荷积蓄时，可以几乎同时开始读取所有像素。这是因为，向垂直转移 CCD 转移电荷的操作几乎是所有像素同时进行的。但是，在 CMOS 上却不能这样做。在 CMOS 中，一个像素所积蓄的电荷会直接放大并作为信号被读取。此操作并不是所有像素同时进行。因为每个像素的电荷都需要进行信号放大，所以必须在一个像素的电荷信息的信号读取完成后，才能开始读取下一个像素的信号。这就会导致左上角的第一个像素和右下角的最后一个像素开始积蓄电荷的时间不同。如果被摄体在高速移动，那么拍摄的图像就会出现从上到下弯曲的现象（图 4.28）。像素越多，这种现象越显著。这就是有人说 CMOS 慢的原因。

但是，在 CMOS 中，可以通过设计把信号分成多个块，以便于读取。虽然分成几百块不太可能实现，但分成四五块还是可以的，如此一来，就能缩短信号的读取时间。CCD 一般不能进行多块分割，最多也只能分成两块。它只能采用比较花费时间的水桶接力的方式来转移电荷，信号的读取时间当然也会相对更长。单从这方面来说，CMOS 的确更快。但是，即使把 600 万像素的 CMOS 分成 6 块，积蓄开始的时间差也会有 100 万个。如此多的时间差会对图像产生影响，使每个块都产生图像弯曲现象。

CMOS　　　　　　　　　　　　　CCD

图 4.28　电荷积蓄的同时性

因为 CMOS 在一个像素的信号读取结束之后才能开始下一个像素的电荷积蓄，所以如果拍摄的是高速移动的被摄体，图像就会产生自上向下弯曲的现象。

资料来源：富士胶片

　　也就是说，从是否可以同时积蓄电荷的角度来看，CMOS 更慢；但从读取信号所花费的时间来看，CMOS 更快。

数码相机上搭载的 CMOS 技术

　　从噪点和同步积蓄电荷的性能来说，CMOS 不如 CCD，所以在数码相机出现后相当长的一段时间内，CMOS 都被认为不适合用作追求高画质的数码相机的图像传感器。数码相机相关的书中通常是这样写的。但自从数码单反相机开始采用 CMOS 后，越来越多的相机产品也开始采用它了，如今就连微单相机也开始搭载 CMOS 了。这是因为 CMOS 的两个弱点，即噪点问题和无法同步积蓄电荷的问题都被解决了。随着这些问题的解决，CMOS 反而变成了优秀的图像传感器，甚至被用在了一些高端机型上。

　　这里我们以开创 CMOS 时代的佳能的技术为例，介绍它是如何解决 CMOS 的这两个问题的。

对噪点的处理

　　如果能像 CCD 一样把每次积蓄的电荷全部转移掉，就能解决 CMOS 的电荷残留问题。因此，佳能在 CMOS 芯片上建立了可以像 CCD 一样完全转移电荷的结构。该结构包括电荷积蓄区域和信号读取区域，以及可以在这两个区域之间移动的"模拟开关"。结合图 4.29 来看更容易理解，所以接下来我们就结合图来讲解一下电荷积蓄和信号读取是如何运作的。

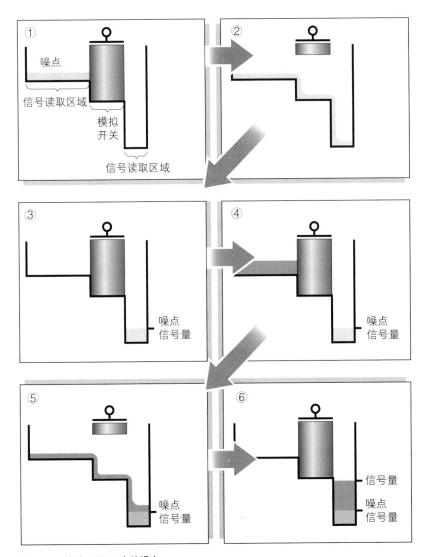

图 4.29　消除 CMOS 中的噪点

① 在没有光照射时，暗电流等会导致产生电荷。② 打开模拟开关转移电荷（复位）。③ 读取噪点信号。④ 因拍摄时受光而产生电荷。⑤ 打开模拟开关转移电荷，读取噪点信号和因光照射而产生的信号。⑥ 如果能够取出二者之间的信号差，就能够与 CCD 一样取出去除了噪点的信号。

首先，因为电荷积蓄区域在光不照射的状态下也可以产生电荷，所以会产生噪点。此时，若打开用于隔开两个区域的模拟开关，就可以将电荷转移到信号读取区域。这称为复位操作。复位时读取的信号为噪点。

然后，关闭模拟开关，进行拍摄。此时电荷积蓄区域被光照射，根据光量多少产生相应的电荷。原本 CMOS 应该会有残留电荷，但刚才的操作已经把电荷完全转移到了信号读取区域，所以此时电荷积蓄区域并没有残留电荷。

最后，拍摄结束后再次打开模拟开关，把电荷信号转移到信号读取区域。在这种状态下的信号读取操作，只针对在光照射下产生的电荷信号和在光照射前产生的噪点信号。这样就可以无视 CMOS 的电荷残留问题，将两种信号之差作为拍摄时的电荷信号读取出来。

之所以能够在 CMOS 上实现这样的完全转移结构，是因为 CMOS 可以是系统芯片。CMOS 的优点就在于可以像这样对元件本身扩展，提升性能。

CMOS 通过搭载完全转移结构解决了容易产生噪点的缺点，不过为了让 CMOS 搭载这么复杂的结构，还需要让每个像素都留出一定的空间大小。随着系统芯片领域微型开发等技术的发展，如今的卡片数码相机也开始将噪点较少的 CMOS 用作图像传感器了。

关于无法同步积蓄电荷的对策

电荷积蓄无法同步的问题可以通过控制各个像素的受光时间来解决。但是，使用 CMOS 自身来控制各个像素的受光时间是很困难的。因此，需要考虑使用外部因素来控制。

比如，在受光一定时间后进行遮光处理，然后开始读取电荷。这样一来，在读取出电荷信号后，即使想开始积蓄电荷，也会因为没有光照而无法积蓄。当然，在遮光期间会因为暗电流而产生噪点，但只要利用完全转移结构在电荷完全转移后再开始受光并积蓄电荷，就可以解决这些问题。

这种外部的遮光处理可以通过快门来实现。数码相机的快门分为电子快门和机械快门两种，在应对电荷积蓄的同时性问题时，使用机械快门更加容易且有效。在将 CMOS 用作图像传感器的数码相机上，高性能的机械快门是必不可少的。

关于电子快门和机械快门的具体介绍，请参照 5.7 节。

 系统芯片和CMOS的更多可能性

　　CMOS 也被用在实现自动对焦功能的核心部件上。以前，自动对焦所用的 CMOS 与图像传感器的 CMOS 是两个不同的传感器，但人们认为，随着 CMOS 的微电路更加精细，系统芯片的密度更高，或许一个 CMOS 就可以兼具图像传感器和自动对焦两种功能，CMOS 和系统芯片的特性或许可以让图像传感器拥有更多可能。实际上，如今的图像传感器不仅可以用于成像，还作为相位检测 AF 传感器起到了很大的作用。

4.5 原色滤镜和补色滤镜

　　CCD 或 CMOS 这样的感光元件都是只能用于判断光的强度（光量）的单色传感器。只凭单色传感器的感光元件是不能识别颜色的。因此，如果想要拍出彩色照片，还需要在图像传感器受光时添加颜色滤镜来识别颜色。

　　滤镜根据使用的颜色不同分为两种。一种是使用三原色，即红色、绿色、蓝色的原色滤镜，另一种是使用青色、品红色、黄色、绿色的滤镜，称为补色滤镜。

　　另外，滤镜有两种具有代表性的配置方式，一种是在一个 CCD 上对每个像素配置不同颜色的单板方式，还有一种是通过棱镜对光进行颜色分解，使用三四个 CCD 的多板方式（图 4.30）。有些摄像机的宣传语中会使用 3CCD 一词，这表示它采用的是多板方式，使用了 3 个 CCD。单板方式的缺点是分辨率会有损失，但在数码相机中，为了减少 CCD 占用的空间或控制成本，一般采用单板方式。

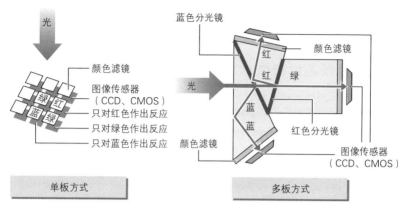

图 4.30 单板方式和多板方式
数码相机大多采用单板方式。

这里介绍许多数码相机所采用的单板方式。原色滤镜并不是由相同数量的红色、绿色和蓝色简单排列而成。因为人的眼睛对绿色敏感度高，所以在排列时绿色成分更多。如图 4.31 所示，原色滤镜的排列方式有两种：一种是每隔一个绿色像素（即图中的 G）排列，另一种是整列全是绿色像素。一般的数码相机采用的是每隔一个绿色像素排列的方式，这称为拜耳阵列。

图 4.31 原色滤镜的颜色排列
拜耳阵列更常用，它利用了人眼对绿色敏感度高的原理，看上去仿佛整体都是绿色的。

在单板方式下，如果图像传感器中的一个像素对应图像的一个点，那么每个点就只能显示红色、绿色、蓝色中的一种，无法表现其他颜色。因此，需要根据周围的像素颜色推测并计算，以补充自身颜色以外的颜色信息。例如，在使用绿色滤镜的像素中，红色要根据上下像素颜色推测得到，而蓝色要根据左右像素颜色推测得到。然后，使用三原色齐全的颜色信息从约 1677 万条颜色信息中计算出最适合的颜色，将其作为图像中的一个点的颜色，从而达到非常细致的颜色表现。像这样通过推测和计算进行补色的处理称为插值处理，用插值处理进行颜色再现的方法称为像素混合方式。拜耳阵列和像素混合方式是目前图像传感器的像素数持续增多的主要原因之一。以 1000 万像素的图像传感器中各种颜色的像素数为例，其中绿色有 500 万个像素，红色和蓝色则各有 250 万个像素，要想得到更多的红色和蓝色的信息，就必须增加总的像素数。因此，尽管分辨率为 1600 × 1200 的计算机显示器只能等倍显示 192 万像素的图像，但像素数高达 1200 万、1500 万等的图像传感器仍然在不断地涌现。

像素混合方式除了导致像素数增多以外，还有其他缺点。那就是容易产生伪色。通常，CCD 的插值处理会混合垂直或水平方向排列的两个相同颜色的像素，但有时候相同颜色的像素并不相邻，所以需要混合的像素之间的距离就变远了，这会导致无法再现原本的正确颜色。比如，在对拜耳阵列的红色进行混合时，中间会加入蓝色，所以红色和红色的间隔将变远，这就会导致不能再现原本的颜色。这种不能再现原本正确颜色的现象就称为伪色。假如在对比度较高的轮廓部分进行插值处理时发生了运算错误，或者有格子图案和被摄体上的图案产生了干扰，就容易产生伪色。前者会导致照片中出现原本没有的蓝色或紫红色，后者则会导致照片中出现摩尔纹。

减少伪色的有效途径是使用低通滤镜，它可以减少或消除颜色的高频部分。但是，通过低通滤镜后的图像会有一定的虚化，而这会导致图像分辨率损失。另外，如今数码相机的数据处理速度有大幅提升，出现了能够混合计算 9 个像素的技术，可以混合 9 个像素的电荷并进行插值处理，尽可能真实地还原原色。像这样对多个像素进行混合可以减少伪色的产生，这也是图像传感器的像素数逐年增多的主要原因之一（图 4.32）。

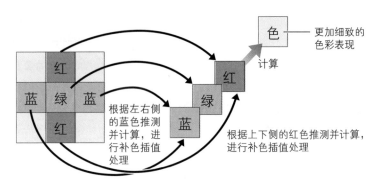

图 4.32　通过插值处理获得除自身以外的颜色

为了补充自身像素以外的颜色信息而根据周围像素进行插值处理，然后通过计算最终实现更加精细的颜色表现。

　　补色滤镜的排列方式有两种：一种是每一列都有绿色，另一种是每隔一列才有绿色（图 4.33）。在补色滤镜中，这两种排列方式并没有说哪种更加主流，也都没有特别的名称。

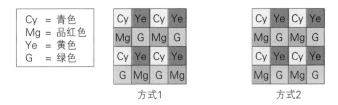

图 4.33　补色滤镜的颜色排列

补色滤镜也根据绿色的排列不同有两种排列方式。

　　补色滤镜与原色滤镜一样，通过插值处理从周围的像素颜色补充三原色中不足的颜色，最终显示出更加精细的颜色。也许大家会觉得补色滤镜没有包含插值计算所需的三原色，但其实青色包含了蓝色和绿色信息，品红包含红色和蓝色信息，黄色是红色和绿色信息，把这些信息分解后就可以得到三原色。

　　因为需要在分解信息后计算，所以补色滤镜在颜色的再现和显色效果上不如原色滤镜。但是，从分光特性来说，补色滤镜因为到达光电二极管的光量较大，所以能够得到较高的感光度。

　　数码相机的感光度固然重要，但颜色的再现性更加重要，所以很多相机采用的是原色滤镜。同时，补色滤镜可以实现高达 60 帧 / 秒的视频拍摄，所以被大量应用于重视感光度的摄像机上。最近，人们又开发出了即使使用原色滤镜也能提高感光度的技术，所以有些摄像机也采用了原色滤镜。至于数码相机，可以说目前发售的绝大部分产品采用的是原色滤镜。

 使用了四色排列方式的Super HAD CCD

　　很多数码相机采用了利用三原色原理的原色滤镜，但该滤镜不擅长显示红色或蓝绿色这样的颜色。因此，索尼在原色滤镜中使用的红、绿、蓝三原色的基础上，又加入翡翠绿色，开发出了四色滤镜的单板式 CCD（图 4.34）。索尼称之为 Super HAD CCD 技术，并推出了名为 4 Color HAD CCD 的产品。它被搭载在该公司的 Cyber-shot DSC-F828 上。Cyber-shot DSC-F828 通过 4 Color HAD CCD 提高了红色和蓝绿色的颜色再现能力，但遗憾的是现在市场上并没有采用这种 CCD 的数码相机在售。

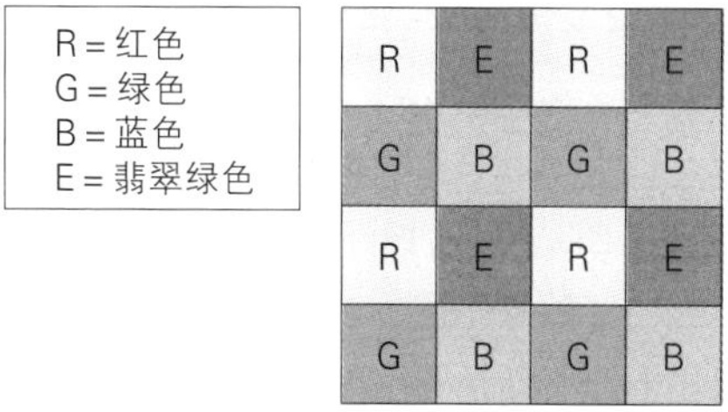

R = 红色
G = 绿色
B = 蓝色
E = 翡翠绿色

R	E	R	E
G	B	G	B
R	E	R	E
G	B	G	B

图 4.34　4 Color HAD CCD 的颜色滤镜
在三原色的基础上追加了翡翠绿色，可以更好地表现出红色、蓝绿色等颜色。

4.6 超级 CCD

外观非常漂亮的蜂窝状排列超级 CCD

读到这里，大家应该都知道了 IT-CCD 和 CMOS 是适合数码相机的图像传感器，但其实这些图像传感器也有缺点。即使数码相机采用的是具有基本功能的 IT-CCD 和 CMOS，在想要拍出高画质的照片时我们也会感觉有点儿吃力。因此，数码相机或图像传感器的制造商在制造、开发时，会尽可能地抑制或完全消除 IT-CCD 和 CMOS 的缺点，使其在拍摄时可以有更精细的画质表现和更好的颜色表现。

富士胶片的蜂窝状排列超级 CCD 就是这类技术，它在排列上花了心思，使得照片看起来更加漂亮。虽然现在 CCD 不是主流的图像传感器，但为了让大家更好地理解关于图像传感器的开发技术和思考方式，接下来我们详细介绍一下超级 CCD。

利用人的视觉特性高效地使用较小的受光面积

在 IT-CCD 中，因为必须要为垂直转移 CCD 留出空间，所以每个像素的受光面积受限，很难拍出具有更高画质的照片。但如果综合考虑成本和画质，采用 IT-CCD 还是有很大好处的，所以采用其他方式的 CCD 并不太现实。于是，人们开始考虑怎么改进才能以现有受光面积实现更高的画质。最终想到的一个办法就是利用人的视觉特性。

与水平和垂直方向上的变化相比，人的眼睛对倾斜方向上的变化更加敏感。比如，在看没有数字指示的手表时，我们虽然可以在秒针位于 0 秒或 15 秒左右的位置时，马上就知道是差了 1 秒还是超了 1 秒，却很难瞬间就看出 7 秒和 8 秒的区别。由此可见，与倾斜方向相比，人的眼睛对水平和垂直方向的识别度更高。换句话说，人的眼睛更擅长分析水平和垂直方向上的信息（图 4.35）。

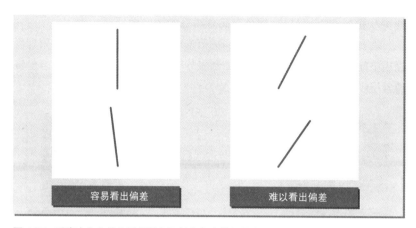

图 4.35 垂直方向上的位置差异和倾斜方向上的位置差异
垂直方向上的差异立刻就能看出来，但倾斜方向上的很难看出来。而且对于倾斜方向上的差异，几乎不可能看出具体差了多少度。

　　下面看一下 CCD 的间距。在通常情况下，倾斜方向的长度大于水平和垂直方向。让我们试着以把像素倾斜 45 度的方式排列 CCD。这样一来，水平和垂直方向上的像素间距变为原来的 $\sqrt{2}/2$，即 0.71 倍左右，可以获取信息的地方会有所增加（图 4.36）。人类擅长分析水平和垂直方向上的信息。所以，将像素倾斜 45 度可以得到更多可用于分析的信息。而获取的信息越多，画质看上去就越好。

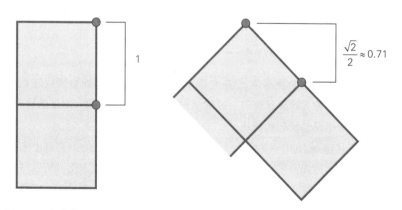

图 4.36 将像素层倾斜 45 度
将像素层倾斜 45 度，就可以让水平和垂直方向上的间距缩小为原来的 0.71 倍。

蜂窝状排列 CCD 可以生成具有高分辨率的图像数据

在自然界中，水平和垂直方向的信息要比倾斜方向的多。这些信息可以用空间频率表示。把空间频率绘制成分布图后，可以看到该图正好呈将像素层倾斜 45 度后的形状（图 4.37）。

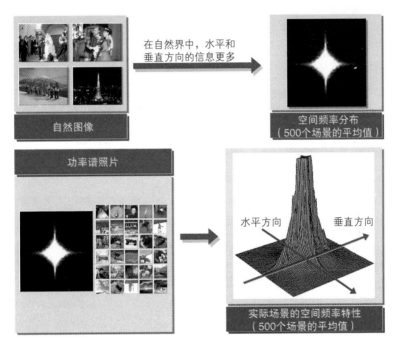

图 4.37　将像素层倾斜 45 度
在大自然中，空间频率的分布和像素层倾斜 45 度后的形状大致相同。

试着把 IT-CCD 的像素倾斜 45 度排列，像素的排列就会变成蜂巢那样。这种形态称为蜂窝状排列。蜂窝状排列 CCD 改正了 IT-CCD 的缺点，拥有不同于格子状排列的特征。

蜂窝状排列 CCD 不仅可以利用人的视觉特性让照片的画质看上去很高，还可以实际提高图像的分辨率。因为像素数不会发生变化，所以可能有人会觉得实际提高分辨率是不可能的。但正如 4.5 节所述，在生成彩色图像数据时，并不是根据一个像素对应一个点生成的，而是参照周围像素的数据并通过计算生成的。在使用 45 度倾斜的蜂窝状排列 CCD 时，能够计算的点（位置）会增加。即使是受光区域之间，也可以通过计算得到图像数据。如果同时使用这些数据，就可以通过多于像素数的数据信息生成图像，从而提高分辨率。

那么，能提高多少呢？蜂窝状排列 CCD 中能够检测数据的位置是像素对角线的一半。也就是说，间距缩小为原来的 $\sqrt{2}/2$，即 0.71 倍左右。而能够检测的地点数是间距的倒数，所以位置数为原来的 $\sqrt{2}$，即约 1.4 倍。换句话说，蜂窝状排列 CCD 生成的图像数据，其分辨率是相同面积的 IT-CCD 的约 1.4 倍（图 4.38）。

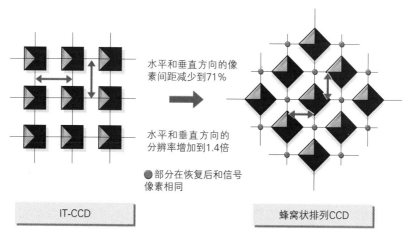

图 4.38 蜂窝状排列 CCD 的分辨率约为 IT-CCD 的 1.4 倍
蜂窝状排列 CCD 中能够检测的地点数是 IT-CCD 的约 1.4 倍。

蜂窝状排列可以使受光面积增大

蜂窝状排列 CCD 还有其他的优点，就是可以减轻 IT-CCD 遭遇的受光区域小的问题。而扩大受光区域的关键就在垂直转移 CCD 上。

在 IT-CCD 中，一个像素分为用于产生电荷的受光区域和用于转移电荷的垂直转移 CCD 区域。此时需要优先为垂直转移 CCD 留出一定的区域，这种设计不能将剩余区域全部用作受光区域，所以无论如何都会出现死角区域。蜂窝状排列 CCD 则可以在确保垂直转移 CCD 的区域大小的同时，把剩余区域全部用作受光区域（图 4.39）。

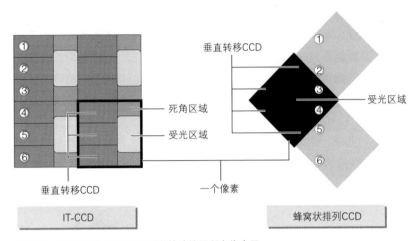

图 4.39 蜂窝状排列 CCD 可以有效地使用所有像素层

在 IT-CCD 中，像素中会出现死角区域，但在蜂窝状排列 CCD 中，像素中的空间全都可以充分且有效地利用。电荷按照①→②→③→④→⑤→⑥的顺序转移。

富士胶片生产的超级 CCD 采用了蜂窝状排列，其受光区域不是四角形而是八角形，受光面积因此扩大（图 4.40）。1/2 英寸的 200 万像素蜂窝状排列超级 CCD，其每个像素的受光面积是 200 万像素级的 IT-CCD 的约 1.6 倍，而 1/2 英寸的 300 万像素蜂窝状排列超级 CCD，其每个像素的受光面积是 300 万像素级的 IT-CCD 的约 2.3 倍。受光面积越大，动态范围越大，对比度越高，色彩表现就越丰富。

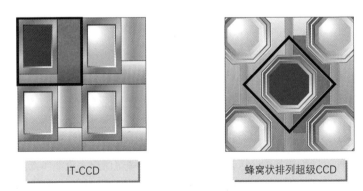

图 4.40 将受光区域变成八角形的蜂窝状排列超级 CCD

富士胶片生产的蜂窝状排列超级 CCD 通过把受光区域设计成八角形扩大了图像的动态范围。

此外，采用八角形还有一个优点，那就是即使使用大光圈拍摄，感光度也不会下降。大光圈也就是缩小光圈值，在保持光圈叶片打开的状态下让更多的光进入镜头，那么为什么这时感光度可能会下降呢？这是因为CCD 的受光面并不是平面，而是立体的。

例如，将光圈值缩小至 F2.8，即让光圈处于开放状态时，远离光轴的光也会大量照射进来，用微透镜聚光后光束会变大，但因为 IT-CCD 的受光面积较小，不能接收全部的光，因而周边会出现暗角。因此受光量就会变小，感光度也随之降低。但在八角形的超级 CCD 中，用微透镜聚光后光束基本不会变大，所以能有效地接收所有的光。也就是说，即使放大了光圈，感光度也不会下降（图 4.41）。

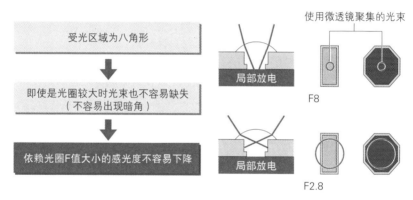

图 4.41 大光圈不会导致感光度下降
蜂窝状排列超级 CCD 的受光区域较大，即使通过微透镜聚集的光束增大，也可以有效地接收全部的光，所以感光度不会下降。

扩大动态范围

IT-CCD 的特征之一是电荷的产生、积蓄和转移可以分离开来，其优点是使各自的特性得到了飞跃性的提高。超级 CCD 的工作原理基本与IT-CCD 一样，因而也保持了同样的优点。后来，富士胶片又开发了改进版的超级 CCD，即超级 CCD SR，它的动态范围更大。

在用胶片相机拍照时，使用的底片并不是通过感受一种粒子来记录的。从剖面图上看，底片的感光层大致分为两部分：一个是对通常的光感光的高感光度层，另一个是光量多的时候感光的低感光度层。有了这两个角色的分工，即使在强光下也不会出现高光溢出现象，而且在明暗变化强烈的场景下，即使在昏暗的地方，图像也不会出现暗部缺失。超级 CCD SR 是在图像传感器中进行这种角色分工的。首先，超级 CCD 的受光区域分为对通常的光感光的高感光度 S 像素和在光量多时感光的 R 像素。在明暗差异较小的场景下，使用 S 像素生成图像。在拍摄明暗差异较大的图像时，则将普通的 S 像素信号与在光量多时感光的 R 像素获得的数据信号相加来生成图像。这样的做法使得超级 CCD SR 的动态范围达到了以往的超级 CCD 的约 4 倍。

但超级 CCD SR 必须在一个像素里装入两个要素，所以成本很高。因此，以往的蜂窝状排列超级 CCD 和新的蜂窝状排列超级 CCD SR 一度同时在市场上销售。

更加接近人眼的超级 CCD EXR

蜂窝状排列超级 CCD 利用人类的视觉特性让图像具有了更高的画质，看起来更加漂亮。人们又在此基础上加入了模仿人眼成像理念的新技术，制造出了超级 CCD EXR。

超级 CCD EXR 的最大特点在于可以根据不同拍摄场景采用不同模式。模式有三种，包括“噪点较少的高感光度”“能够实现丰富色阶的宽动态范围”“高分辨率”。

我们先来看一下噪点较少的高感光度模式。该模式是通过像素级图像融合技术（pixel fusion technology）实现的。

超级 CCD 的像素排列虽然呈蜂窝状，但颜色滤镜还是基本遵循了拜耳阵列。因此，当像格子状排列的图像传感器那样使用多个像素进行插值处理时，混合像素之间的距离将变远，这会导致产生伪色（图 4.42）。

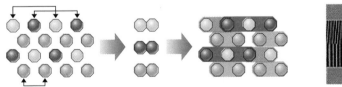

图 4.42　传统的蜂窝状排列超级 CCD 的像素混合方式
按拜耳阵列排列的颜色滤镜容易产生伪色。要想抑制伪色的产生，可以安装低通滤镜，但这会导致分辨率下降。

因此，超级 CCD EXR 采用了新的颜色滤镜排列方式。在以往的排列方式中，绿色是在水平方向上横着排了一列，而在超级 CCD EXR 的颜色滤镜中，绿色是斜着排了一列。此外，红色和蓝色是两个两个地斜着排列的，它们以这样的组合形式连续且重复地排列着（图 4.43）。

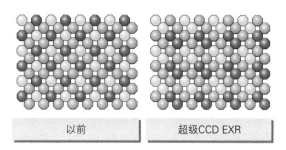

图 4.43　原来的颜色滤镜排列方式和超级 CCD EXR 采用的新的颜色滤镜排列方式
在以往的超级 CCD 的颜色滤镜中，虽然像素是呈蜂窝状排列的，但排列仍基于拜耳阵列；而超级 CCD EXR 采用的是可以使用相邻像素进行插值计算的新的排列方式。

为了实现噪点少的高感光度，超级 CCD EXR 把倾斜方向上相邻的两个同色像素作为一个像素进行插值计算（图 4.44）。富士胶片将此技术命名为 C.I.C（Close Incline Coupling）。C.I.C 可以使受光面积变为两倍，感光度也会相应地变为两倍。通常，我们是通过放大从一个像素得到的电荷信号量来提高感光度的，但在放大时，噪点也会不可避免地随之增加。但如果用 C.I.C 技术，可以从两倍的受光部分中得到电荷，这样就可以拍出低噪点高画质的图像。特别是在拍摄夜景等容易产生噪点的高感光度照片时，像素级图像融合技术就可以有效地发挥作用，让我们拍出噪点较少且画质较高的照片。

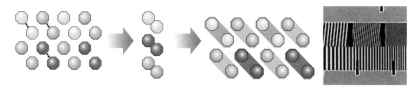

图 4.44　使用像素级图像融合技术时的像素混合方式
可以将倾斜方向上相邻的两个同色像素作为一个像素进行插值计算。其优点是像素距离短，因而不易产生伪色。

　　但是，在像素级图像融合技术方面有一点需要注意。因为图像的一个点是使用两个像素来表现的，所以图像分辨率基本上只有一半。比如 1000 万像素的超级 CCD EXR，如果使用像素级图像融合技术拍摄，得到的图像只有 500 万像素。那么，只有一半像素数的照片，其画质会不会很低呢？这倒不会。其实本书中已经多次提到过，像素数多并不表示画质高。虽然为了减少以拜耳阵列实现像素混合方式时产生的伪色，需要增加分辨率，但如果能够使用 C.I.C 减少伪色，就不需要再特意去提高分辨率来缩小图像传感器中的受光面积。所以，即使从图像数据上来看只有一半分辨率，有时反而可以使用像素级图像融合技术拍出具有更高画质的图像。

　　接下来，让我们看一下能够实现丰富色阶的宽动态范围模式。这种模式需要使用双重捕捉技术（dual capture technology）实现。

　　双重捕捉技术应用了传统的超级 CCD 用来获得较宽的动态范围的手法。那就是蜂窝状排列超级 CCD SR 中用过的从感光度高的 S 像素和感光度低的 R 像素这两种像素获取拍摄的图像的数据信号的"双像素结构"。超级 CCD SR 是在一个像素中制作 S 像素和 R 像素，而超级 CCD EXR 是把总像素数的一半用作 S 像素，把剩余的一半用作 R 像素，然后将从各自的像素中得到的数据组合起来生成一个图像。

　　这里的关键在于如何使各自像素作为 S 像素或 R 像素工作。通常，由于光是照射在所有像素上的，所以无法区分哪个是 S 像素，哪个是 R 像素。虽然我们可以从物理上使之在感光度上产生差异，但考虑到制造成本，这算不上好办法。除此之外，还可以放大想用作 S 像素的数据的光照度和对比度，并使想用作 R 像素的数据衰减，模拟性地使之在感光度上出现差异。不过，在采用这种方法时，虽然动态范围说不定可以扩大，但放大数据时产生的噪点可能会带来不良影响，而且这只是模拟性地让感光度出现差异，所以很难说是最适合的方法。因此，超级 CCD EXR 使用了双重曝光控制（dual exposure control）技术，通过控制曝光时间使之拥有了两个不同的感光度。也就是说，想用作 S 像素的像素的曝光时间要长，而想用作 R 像素的像素要在短时间内停止曝光。在通过运算优化这两个数据之后，即使在低感光度摄影时也能扩大动态范围，而且即使在高光一侧也能在不产生高光溢出的情况下实现丰富的色阶表现（图 4.45）。

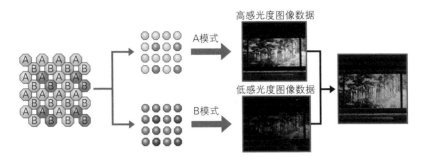

图 4.45 使用双重捕捉技术时的像素混合方式

通过组合 A（像素）的高感光度一侧的图像和 B（像素）的相当于低感光度的图像并优化，可以得到动态范围宽的图像数据。

　　双重捕捉技术也和像素级图像融合技术一样有些地方需要注意。首先，和像素级图像融合技术一样，只能得到物理像素数的一半的影像图像数据。但是，即使影像图像数据的分辨率变为一半，由于在噪点较少的状态下动态范围扩大，影像图像能够在不产生高光溢出的情况下再现从暗部到高光部丰富的色阶表现，这样的影像图像也是很漂亮的，所以应该认为最终效果可以掩盖上述缺点。其次，不能同时使用像素级图像融合技术。实际上，用来合成双重捕捉技术和像素级图像融合技术的两个像素的位置关系是相同的。据说双重捕捉技术只合成照射了同等时间的光的数据，使感光度变为两倍，而像素级图像融合技术是通过合成只把其中一个像素的光照时间缩短了的数据来确保较宽的动态范围。双重捕捉技术和像素级图像融合技术的差异仅在于此。因此，这两个技术不能同时使用。顺便一提，这也是没有从物理上分为 S 像素和 R 像素的理由。如果采用了从物理上只作为 S 像素或 R 像素工作的构造，那么该图像传感器就只能在双重捕捉技术下工作。但是，如果通过双重曝光控制来区分像素的工作，那么即使是同样的图像传感器，也可以使用 C.I.C 使感光度提高为两倍。也就是说，可以根据场景切换能够得到最佳图像数据的方法。

　　前面介绍了以提高分辨率数值以外的解决方法提高画质的模式，但在某些场景下无须使感光度提高为两倍，而且在拍照时有时也可以既不用担心高光溢出，也不需要特别宽的动态范围。此时，即使不使用两个像素取出一个图像数据，而是从一个像素中取出一个图像数据，也可以拍出漂亮的照片。也就是说，可以充分利用图像传感器的全部像素。超级 CCD EXR 称之为精细捕捉技术（fine capture technology）。以 1000 万像素的超级 CCD EXR 为例，通过这个精细捕捉技术拍摄的照片的图像数据可以达到 1000 万像素。在光量充足的状态下，当拍摄树叶和人物的头发等细节较细致的被摄体时需要更加细微的表现手法，此时这种"高分辨率"摄影模式是最适合的。

超级 CCD EXR 无法同时实现"噪点较少的高感光度""能够实现丰富色阶的宽动态范围""高分辨率"这三种模式，但我们能够根据拍摄场景和状况从这三种模式中选择最适合的摄影模式。超级 CCD EXR 正是由于并不仅仅通过提高分辨率的数值来实现高画质，而是采用了不同的方法，才受到了人们的广泛关注。

4.7 LiveMOS（ ν Maicovicon ）

兼具 CCD 和 CMOS 优点的图像传感器

CMOS 虽然成功地改正了一些缺点，成了大多可换镜头式数码相机的主流图像传感器，但如果图像传感器的尺寸不够大，它就无法发挥出自身的优势。CMOS 最大的缺点就是每个像素的受光面积窄小，在这一点上，因为 IT-CCD 可以扩大受光面积，所以可以说 CCD 擅长在尺寸较小的图像传感器中实现高分辨率甚至是高画质。不过，在功耗和消除噪点的容易程度等方面，CMOS 还是拥有压倒性优势的。因此，人们产生了一种想法——能否制作一种兼具 CCD 的高分辨率、高画质与 CMOS 的低功耗、低噪点这些优点的图像传感器呢？由此，LiveMOS 诞生了。

LiveMOS 的核心是松下的 ν Maicovicon 技术。ν Maicovicon 是 New Matsushita Advanced Image Converter for Vision Construction 的缩写，表达的含义是"通过高画质、低功耗的技术，为社会生活提供感人、放心和安

全的产品，致力于创造全新的生活方式"。

ν Maicovicon 投入并实现了如下新技术。

- 实现高感光度的新像素结构
- 抑制画面粗糙问题的低噪点处理
- 低电压、低功耗的驱动

接下来，我们讲解一下 LiveMOS 的核心技术 ν Maicovicon。

实现高感光度的新像素结构

4.4 节提到，CMOS 各个像素的受光面积较小。这是因为需要配置用于读取像素信号的控制电路和电路所需的布线。常见的 CMOS 有 3 条线路，所以受光面积变得比 IT-CCD 的还小。因此，在 ν Maicovicon 中，升级了信号读取电路的驱动方式，用于控制读取信号的控制电路布线只要 2 条就足够了。由于线路层是遮光的，可以将无效的光吸收区域缩小到极限，因而 ν Maicovicon 确保了 LiveMOS 的受光面积与 IT-CCD 相当（图 4.46）。

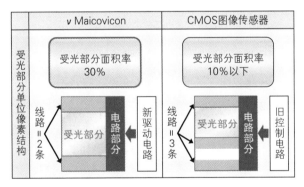

图 4.46　ν Maicovicon 和 CMOS 的像素结构对比
像素内信号读取电路采用了新的驱动方式，因此 CMOS 中原本所需的 3 条线路削减到了 2 条，受光面积变大。

抑制画面粗糙问题的低噪点处理

虽然在 CMOS 中去除噪点比较容易，但实际上噪点并不能完全被去除。于是，ν Maicovicon 采用了尽量抑制噪点产生的技术，以便更好地抑制画面粗糙的问题。该技术是通过改进实际读取光的光电二极管的结构而实现的。在常见的 CMOS 中,光电二极管是由 n 型半导体材料做成的。半导体基板的表面存在一种称为界面态的噪点源,它可以引发暗电流,从而导致噪点产生。而在 ν Maicovicon 中,p 型半导体材料覆盖了光电二极管的 n 型半导体的表面,这就遮挡了界面态这个噪点源。这样一来,在较暗的地方拍摄时容易出现的白点或噪点现象就得到了抑制,拍出的照片也会更好看 (图 4.47)。

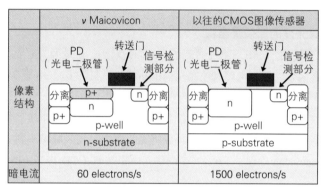

图 4.47 ν Maicovicon 和 CMOS 的光电二极管结构对比
p 型半导体覆盖了光电二极管的表面,与以前的 CMOS 相比,噪点大幅减少。

低电压、低功耗的驱动

一般来说,CCD 的功耗容易变大。这是因为 CCD 能够"同步积蓄电荷",这一点我们在 4.4 节已经讲过。所谓同步积蓄电荷,是指在读取了 CCD 的电荷信息后开始下一轮积蓄时,可以几乎同时开始读取所有像素。这就意味着所有像素都需要加电压并反复充放电,所以 CCD 的功耗会很大。

ν Maicovicon 与常见的 CMOS 一样,采用了按顺序逐个对像素进行信号读取的方法,所以实现了与 CMOS 一样的低功耗。

除了 4/3 系统中所用的尺寸较大的 LiveMOS 采用了 ν Maicovicon 技术以外,手机相机等所用的小尺寸图像传感器也有采用 ν Maicovicon 技术的。

4.8 FOVEON

　　正如 4.5 节所述，如今的主流图像传感器最大的缺点就是只能从一个像素中取出一种颜色。所以，数码相机普遍采用的图像传感器只能判别出光的强弱，需要通过颜色滤镜取出颜色信息才能最终形成彩色图像。不管是 CCD 还是 CMOS，都是使用同样的方法来拍摄彩色图像的。但是，颜色滤镜只能对一个像素适配一种颜色。构成彩色图像需要三原色，常见的图像传感器需要先把红、蓝、绿三原色的颜色滤镜像马赛克一样排列，然后才能读取三原色的颜色信息。即使排列成马赛克状，一个像素也只能使用一个颜色滤镜，因而只能取出一种颜色信息，剩余的两种颜色需要根据使用了其他颜色滤镜的邻近像素推测并计算出来。主流的马赛克状排列方式是拜耳阵列，但它存在一个缺点：在通过计算读取颜色信息时容易产生伪色。图像传感器的像素越来越高的原因之一，就是需要抑制伪色。高像素虽然可以使伪色变少，但也存在缺点，那就是物理受光面积变小，难以确保充分的受光量。这无疑是一个连锁性的问题。为了消除这些连锁反应式的缺点，人们开发了 FOVEON。

从一个像素中提取三种颜色数据

　　FOVEON 是一种颜色传感器。它的开发思路是"如果能够从一个像素中把三原色中的每种颜色都读取出来，连锁反应式的缺点就可以避免"。

　　前面提到单色传感器只能判断光的强弱，但当光照射到传感器上时，实际上颜色是会产生变化的。硅材料在被光照射时，会从波长短的光开始依次吸收。当光照射到棱镜上时，颜色会分解，形成不同的层。与此类似，当光照射到硅的表面上时，硅将从近的地方开始依次吸收紫色、蓝色、绿色，然后在最远的地方吸收红色。FOVEON 采用的方法就利用了硅的垂直颜色分解特性。如果在经过垂直颜色分解后得到的蓝色、绿色、红色的各层中分别检测光的强度，就可以在不进行插值处理的情况下，直接从一个像素中提取出三原色的颜色信息（图 4.48）。由于一个像素中包含了三原色的信息，颜色分解比较彻底，所以不会产生伪色或摩尔纹。所以，为了抑制伪色而使用的低通滤镜当然也就不需要了，图像模糊等问题也全都没有了。可以说 FOVEON 是能够读取所有空间频率成分和全部三原色的图像传感器。因此，采用了 FOVEON 的适马甚至将其称为直接图像传感器（direct image sensor）。另外，在垂直方向上记录颜色的方法与彩色胶片的原理大致相同，因而 FOVEON 还有一个优点，那就是看上去色彩更加自然。

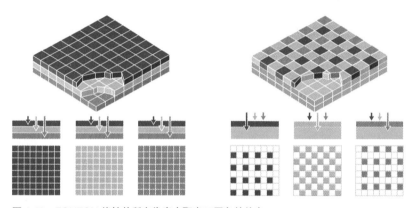

图 4.48　FOVEON 能够从所有像素中取出三原色的信息

图为 FOVEON（左）和拜耳阵列（右）的图像传感器的颜色信息差异示意图。FOVEON 可以从所有像素中分别取出红色、绿色、蓝色的颜色信息，而在拜耳阵列中，绿色信息只能从全部像素的 1/2 中取出，而红色和蓝色的颜色信息只能从全部像素的 1/4 中取出。

　　利用垂直颜色分解来检测颜色信息的原理看起来很简单，但实施起来并不容易。首先，读取颜色信息就是一个难点。垂直颜色分解虽说可以将颜色信息分为各个层，但这些层非常薄，而且这种现象发生的地方距离硅的表面相当近。虽然 FOVEON 公司或采用 FOVEON 的适马公司没有公布相关的具体信息，但从公开的美国专利信息来看，其中蓝色层厚度为 0.2 μm ~ 0.6 μm，绿色层为 0.6 μm ~ 2 μm，而红色层在 2 μm 以上。可以看到，蓝色信息需要从非常薄的层中获取（图 4.49）。

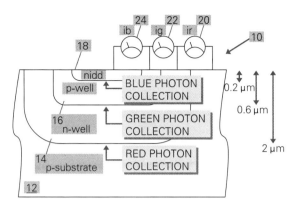

图 4.49 FOVEON 中各颜色层的厚度
这是 United States Patent 6632701 中公开的专利信息。可以看到，蓝色信息需要从非常薄的层中读取出来。

另外，在拍摄时光量对图像数据有很大的影响。要想正确地取出颜色信息，必须把光的能量传递到硅的深处才可以，但是通过颜色的各个层时，光的能量必然逐渐衰减。因此，在较亮的场景下拍摄时，由于能够保证环境中有足够的光，所以可以拍出非常漂亮的照片，但如果在较暗的场景下拍摄，照片就不太理想。如果在能够自由调整光量的摄影棚内拍摄或在晴天拍摄，就能够拍出漂亮的照片，但在相当暗的阴天拍摄或拍摄夜景时，如果不考虑光圈大小等的设置，拍出的照片就很容易出现曝光不足。

FOVEON 公司已经被日本镜头制造商适马公司收购，并成为其 100% 控股的子公司。适马公司开发并销售的相机产品上搭载了 FOVEON 的图像传感器。

搭载该图像传感器的 Merrill 系列相机，传感器的尺寸相当于 APS-C（23.5 mm × 15.7 mm）画幅，有效像素数为 4600 万像素（4800 × 3200 × 3 层），记录像素数为 4400 万像素（4704 × 3136 × 3 层），其特点是理论上不会出现伪色，因而具有可以在没有低通滤镜的情况下实现较高的分辨率等特点。

4.9 背照式感光元件（背照式 CMOS 图像传感器）

什么是背照式

前面讲解图像传感器的像素数时曾提到，图像传感器的前面并非全都用作了受光区域。CMOS 的最大缺点就在于每个像素的受光面积较小。镜头或图像传感器可以通过接收更多的光生成噪点较少、色阶更丰富的图像，因此人们一直在思考如何扩大每个像素的受光区域。

前面讲到的 LiveMOS（ν Maicovicon）就是其中一种解决方式，通过让像素内的信号读取电路以新的驱动方式工作，将原本在 CMOS 中需要的 3 条线路削减为 2 条，受光面积得以扩大。

索尼则采用了另一种解决方式来改正 CMOS 的缺点，即开发了背照式 CMOS 图像传感器。背照式 CMOS 图像传感器通过让光从硅基板的背面一侧照射进来，大幅提升了拍摄特性，比如感光度变为约 2 倍，实现了低噪点。背照式 CMOS 图像传感器在像素大小低于 2 μm 时受光效率更好，所以通常应用在卡片数码相机或智能手机等小型图像传感器上。接下来，我们看一下如何让光从硅的背面照射进来，以及这种结构有什么优点。

让光从图像传感器的背面照射进来

前面我们都是从平面的视角对比 CMOS 与 CCD，只知道相对 CCD，CMOS 的受光面积更小。其实，从立体结构来看，CMOS 的结构也有很大的缺点。半导体的金属层数越多越复杂，而 CCD 和 COMS 的金属层数是不同的。在 CCD 中，因为只需要设计给硅施加电压的供电电路就可以，所以只需 1 层。与 CCD 相比，CMOS 需要更加复杂的电路设计与布线，至少需要 2 层或 3 层，有时甚至还必须设置绝缘层。之所以经常有人说"CCD 的结构比 CMOS 的复杂"，就是因为二者的金属层数不同。

通常，颜色滤镜都配有片上透镜，可以让更多的光到达光电二极管。在 CMOS 中，多个金属层中的布线或晶体管会对通过片上透镜聚集的入射光造成干扰，或者导致光的入射角发生变化。而且，随着分辨率逐渐提高，每个像素的尺寸越来越小，问题则越来越大。例如，在 700 万 ~ 800 万像素的图像传感器中，每个像素的尺寸是 1.6 μm ~ 1.7 μm。此时，如果是 CMOS，则从颜色滤镜到光电二极管的距离需要为 4.5 μm ~ 5.0 μm。也就是说，光必须照射到长度为像素尺寸的 3 倍左右的细管的深处；如果是 CCD，则只照射到 1.6 μm ~ 2.0 μm 的深度就可以，条件要求没有 CMOS 苛刻。即使缩小布线部分的面积并使 CMOS 和 CCD 的光电二极管的受光面积相同，从结构上来说，与 CCD 相比，CMOS 也会存在接收的光会衰减，或者感光度会因光的入射角变化而降低的问题（图 4.50）。

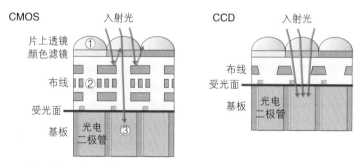

图 4.50　从立体结构来看，CMOS 的结构也会对受光面积不利
因为 CMOS 需要多个金属层，所以如果 CCD 和 CMOS 像素大小相同，那么 CMOS 的受光面积更小。另外，CCD 还可以将布线层堆成山形，所以能够将光大量地传递到光电二极管，在这一点上 CMOS 也不如 CCD。

于是，索尼让光从硅基板的背面一侧照射进来，避免了布线和晶体管等金属层的影响，让光直接照射到了光电二极管上。这不仅可以大幅扩大受光面积，也可以抑制感光度因光的入射角变化而下降的问题（图 4.51）。

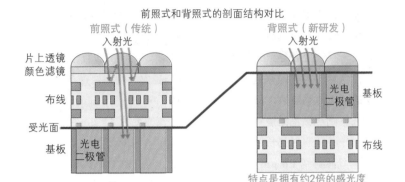

图 4.51　剖面结构对比
让光从背面照射进来的方式使受光面的位置更靠近颜色滤镜，可以大幅扩大受光面积，抑制由于光的入射角变化导致的感光度下降。

　　背照式 CMOS 图像传感器变换了思路，看起来具有很大的优势，但从技术方面来说，实现仍有诸多困难。我们在 4.8 节提到，光照射到半导体硅材料并产生电荷这一变化，发生在距离硅表面几微米的层上——这里已经非常接近硅的表面了。因为需要把这个变化传输到背面的电路部分，所以结构和工序将变得更加复杂。不仅如此，由此产生的暗电流，以及随之而来的噪点、像素数据缺陷、混色等各种会导致画质下降的问题也会出现。为此，索尼重新开发了最适合背照式图像传感器的独有的光电二极管结构和片上透镜，以此减少了暗电流、噪点和缺陷像素。同时，背照式图像传感器上还搭载了高精度定位技术，解决了混色的问题。其试制品证明，在 30 lx[①] 的低照度条件下也能够拍出明亮锐利的照片（图 4.52）。

---

① lx 是照度的单位，读作勒克斯。

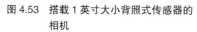

图 4.52　在低照度条件下也能够拍出明亮锐利的照片
图为试制品的拍摄样片，在 30 lx 的稍暗的拍摄环境下也可以拍出明亮锐利的照片。

　　具体来说，索尼在 CMOS 图像传感器 Exmor 或 Exmor R（索尼宣称其感光度提高到了约 2 倍，噪点量减少到了约一半）上将背照式 CMOS 实用化并搭载在了自家的一些卡片数码相机上（图 4.53 和图 4.54）。其特点是可以实现更高感光度的拍摄，即使是拍摄夜景或在较暗的室内拍摄，噪点也相对较少，能够拍出平滑且高画质的照片，因此 iPhone 等智能手机上也采用了这个技术。

图 4.53　搭载 1 英寸大小背照式传感器的相机

图为索尼的卡片数码相机 Cyber-shot RX100 III，它搭载了 1 英寸的大尺寸背照式 CMOS 图像传感器。

图 4.54　搭载 35 mm 全画幅的背照式传感器的数码相机

图为搭载了约 4240 万有效像素的 35 mm 全画幅背照式 CMOS 图像传感器的无反相机 α7R II。

背照式 EXR CMOS

背照式 CMOS 图像传感器虽然能够在高感光度拍摄中发挥非常好的效果，但容易产生混色现象。

富士胶片对此进行了改进，为了在包括高感光度拍摄在内的各种拍摄场景下都可以拍出高画质的照片，在背照式 CMOS 上实现了 EXR CMOS 的技术。EXR CMOS 是将在 4.6 节讲解超级 CCD EXR 时提到的先进技术应用于 CMOS 图像传感器后得到的产品，其特点在于 HR、DR 和 SN。

HR（高分辨率）是通过采用将像素旋转 45 度得到的颜色阵列来提高分辨率的。DR（宽动态范围）则通过在按下快门按钮时分别自动拍摄高感光度和低感光度的图像并合成，抑制了高光溢出和暗部缺失，使得拍出的照片色阶更加自然，动态范围较大。SN（高感光度、低噪点）通过改变颜色滤镜排列并对相邻像素进行插值的双像素混合方式使受光面积提高了 2 倍，从而实现了高感光度、低噪点，抑制了伪色。

我们可以根据拍摄场景自由切换。在想充分利用所有像素，拍出分辨率较高的照片时，可以选择"高分辨率优先模式"；如果希望在窗边或树荫等明暗对比强烈的场景下拍摄时也可以拍出色阶丰富的照片，可以选择"动态范围优先模式"；如果希望在暗处也可以拍出高感光度、低噪点的照片，可以选择"高感光度低噪点优先模式"。除了上述特点之外，背照式 CMOS 图像传感器还可以在实现暗处的高感光度拍摄时发挥自身的优势（图 4.55）。

图 4.55　搭载背照式 EXR 的卡片数码相机
图为搭载背照式 EXR CMOS II 图像传感器的富士胶片的卡片数码相机 FinePix F900EXR。

4.10 集成内存的堆栈式 CMOS 图像传感器

索尼于 2017 年 2 月发布了新开发的具有"堆栈式结构"的 CMOS 图像传感器。所谓堆栈式结构，指的是多层叠加的结构。

专业级卡片相机 Cyber-shot RX 系列的部分机型搭载了 1.0 英寸的 CMOS 图像传感器 Exmor RS。在 Exmor RS 中，图像传感器中最重要的、用于拍摄照片的受光部分，也就是像素层，与高速信号处理电路层堆叠，传感器的背面还搭载了内存（DRAM）。

以前，高速信号处理电路是设置在像素层外侧的，现在由于高速信号处理电路层与像素层堆叠，形成了堆栈式结构，所以二者的物理距离更近，在此基础上集成内存并临时保存信号，就可以实现在把传感器的大量数据交给影像处理器处理时不会出现处理阻塞。因此，与以前的 1.0 英寸背照式 CMOS 图像传感器相比，Exmor RS 的数据读取速度提高了 5 倍以上（图 4.56）。

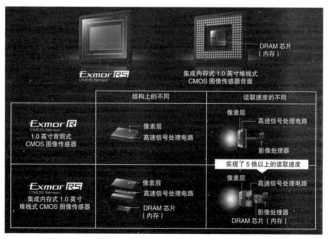

图 4.56　集成内存的 1.0 英寸堆栈式图像传感器 Exmor RS（表中第 2 行）的结构、机制和特征

与以往的 1.0 英寸背照式 CMOS 图像传感器相比，堆栈式高速信号处理电路和集成内存实现了 5 倍以上（这是假设 RX100 II 中采用的 Exmor R CMOS 图像传感器上搭载的是 1/32 000 秒的电子快门时的模拟值）的数据读取速度（引自日本索尼官方网站）。

后来，索尼又开发了 35 mm 全画幅的堆栈式 CMOS 图像传感器 Exmor RS，并将其搭载在了微单相机 α9 上。全画幅 Exmor RS 的像素层和高速信号处理层为堆栈结构，此外，高速信号处理层集成了内存（图 4.57 和图 4.58）。索尼宣称，与以前的 α7 II 机型相比，α9 的像素层读取速度提高了约 20 倍以上。

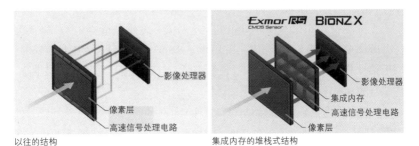

以往的结构　　　　　　　　　　集成内存的堆栈式结构

图 4.57　35 mm 全画幅 Exmor RS 的结构
图为集成内存式 35 mm 全画幅堆栈式 CMOS 图像传感器的结构与传统的背照式 CMOS 图像传感器的对比。堆栈式 CMOS 图像传感器的像素层和"高速信号处理电路＋集成内存"层呈堆栈式结构，可以向影像处理器以 20 倍以上的高速传输图像信号（引自日本索尼官方网站）。

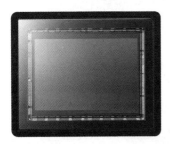

图 4.58　索尼的 Exmor RS
图为采用堆栈式结构的有效像素约 2420 万的 Exmor RS CMOS 图像传感器（背照式结构），它采用无间隙片上透镜结构和密封玻璃状 AR 镀膜（防反射膜）技术大大提高了聚光率。在常用感光度 ISO 100 ～ 51 200，扩展感光度 ISO 50 ～ 204 800 的较宽的感光范围内实现了低噪点、高分辨率和高画质。

另外，在拍摄行驶的汽车或运动的高尔夫球等场景时，使用电子快门拍摄会导致图像产生动态畸变，而 CMOS 图像传感器的处理速度提升可以对防畸变快门的功能实现起到积极作用（详见第 5 章）。

4.11 取消光学低通滤镜

低通滤镜的功与过

相机市场上陆续出现了取消光学低通滤镜的数码相机，这引发了人们的讨论。关于低通滤镜，我们前面已经介绍过了，它有抑制伪色和摩尔纹的效果。伪色或摩尔纹经常会在有规则地连续显示精细花纹时出现。比如在拍摄麻等布料、西服的纹样、百叶窗、话筒的前端等的时候，大量排列的单调线条看上去像是彩虹色（伪色），或者笔直的墙壁看上去出现了波浪一样的纹理或像漩涡一样的圆形纹理（摩尔纹）等。这些照片与实际事物不同，有时会让人感到很不舒服。一般认为，当图像传感器的分辨率比镜头的分辨率高时，就不容易产生这种现象（高像素的卡片数码相机就不容易产生这种现象）。

一直以来，人们认为要抑制伪色和摩尔纹，低通滤镜不可或缺，但其实低通滤镜也存在缺点，它阻断了高于特定频率的空间频率信息，只允许低频率信息通过，这也是它之所以被称为低通滤镜的原因。

低通滤镜与红外线吸收滤镜、用于去除灰尘的压电元件一起安装在图像传感器的前面。除此之外，还有使用两个低通滤镜把红外线吸收滤镜夹在中间的结构。有的红外线吸收滤镜具有可以把偏振光调整为圆偏振光的波片，此时低通滤镜 1 会将成像在水平方向上分离，并在通过红外线吸收滤镜阻断红外线之后将偏振光调整为圆偏振光，然后低通滤镜 2 会将被摄体的成像在垂直方向分离并传送到图像传感器。

从效果方面简单来说，低通滤镜通过略微虚化图像，并借助图像处理使之锐化，还原出了接近原本状态的图像。虚化后的图像通常不能完全恢复到原来的细腻程度，再加上亮度多少也会衰减，所以严格来看，图像分辨率有所下降。其实这个问题以前就存在，只是如今随着图像传感器的像素越来越高，重视分辨率的用户逐渐增加，关于重视低通滤镜导致的分辨率降低问题的呼声随之增多，所以最近几年这个问题才重新浮出了水面。

取消低通滤镜——方式的不同

随着人们对高分辨率的需求日益高涨，不搭载低通滤镜的数码相机开始出现。人们将其称为无低通滤镜机型。人们认为这样可以将镜头的分辨率直接传递给图像传感器，生成精细程度更高的图像。

随着图像传感器的像素越来越高，伪色或摩尔纹的产生概率越来越低，这是能够实现无低通滤镜的一个原因。尽管如此，伪色或摩尔纹还是偶尔会产生。如果在拍摄时发现产生了伪色或摩尔纹，那么只要改变拍摄的角度、焦距和焦点位置等，就可以抑制伪色或摩尔纹的产生。因此，在2013 年秋季，在以掌握了一定摄影知识的中级以上摄影师为对象的产品中，取消低通滤镜的机型逐渐多了起来。

不同制造商和相机机型，其实现无低通滤镜的方式也各不相同，这一点值得注意。比如，尼康就同时推出了搭载低通滤镜的 D800 和取消了低通滤镜的 D800E 两款数码单反相机。话虽如此，D800E 实际上也搭载了低通滤镜，其机制是通过搭载两个低通滤镜实现与 D800 不同的处理，从而从实质上实现无低通滤镜的效果（图 4.59）。不过，这种机制只是该机型特有的，后来发售的 D7100 和 D5300 就完全没有搭载低通滤镜。

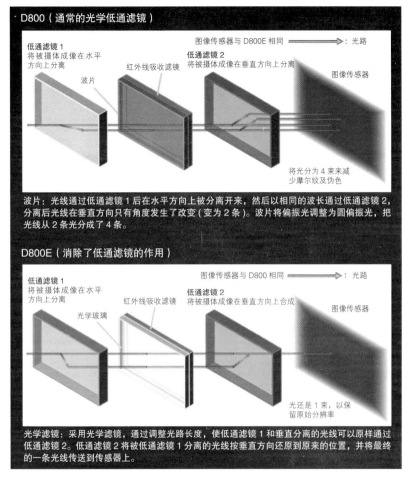

图 4.59 尼康 D800E 消除了低通滤镜的作用

引自日本尼康官方网站。

富士胶片在去除光学低通滤镜时，重新评估了被认为是导致伪色或摩尔纹产生的原因的颜色滤镜排列。为了抑制伪色或摩尔纹的产生，在 X-Pro1 等上搭载的图像传感器 X-Trans CMOS 改变了其颜色滤镜的排列。以往的拜耳阵列式颜色排列由于是以 2 × 2 像素为一个单元的小矩阵规则排列，所以容易受到条纹等的干扰，而新开发的颜色滤镜则变为以 6 × 6

像素为一个单元的大矩阵排列（改进为不规则性排列），并在垂直方向和水平方向改为以 R、G、B 颜色配置，以此提升了颜色再现的准确性（图 4.60）。

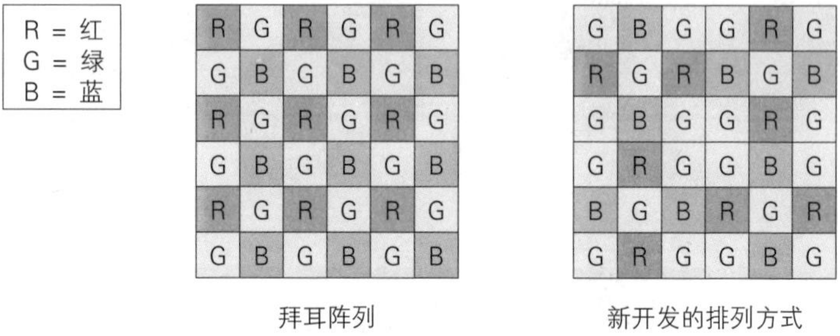

拜耳阵列　　　　　　　　　　新开发的排列方式

图 4.60　富士胶片新开发的颜色滤镜排列方式
X-Trans CMOS 重新评估了以 2 × 2 像素为一个单元的周期性拜耳阵列式排列，采用了以 6 × 6 像素为一个单元的非周期性滤镜排列。这种排列方式不仅减少了摩尔纹的产生，而且由于垂直方向和水平方向都排列了 R、G、B 像素，所以可以达到抑制伪色的效果，因而不再需要低通滤镜。

专栏　是否应该选择无低通滤镜的产品

　　关于取消低通滤镜，有些人赞成，有些人则表示反对。这是因为，每个人或每家制造商对"到底什么是高画质"有着不同的认识。

　　简单来说，一方面，取消低通滤镜可以提高分辨率；另一方面，伪色或摩尔纹等问题将随之出现。有人甚至认为"有伪色或摩尔纹的照片根本不能称为作品"。

　　这个问题也可以说是对高画质的判断标准的不同，有人追求分辨率，有人则即使牺牲分辨率，也要重视稳定自然的颜色表现。

　　另外，一些摄影爱好者或专业人士之所以选择购买无低通滤镜的产品，是因为可以自己通过后期来修正或改善伪色以及摩尔纹等问题。在选购时，这一点也值得考虑（图 4.61 和图 4.62）。

图 4.61　EOS 5Ds R

佳能的 EOS 5Ds R 搭载了 35 mm 全画幅、像素约 5060 万的 CMOS 图像传感器，取消了 EOS 5Ds 机型中的低通滤镜，适合重视图像分辨率的拍摄者或追求被摄体高分辨率的用户。其机身或影像处理器等除了图像传感器以外的很多部件与 EOS 5D 系列的相同。

低通滤镜剖面图

红外线光吸收滤镜
分光镜（反射红外线光，紫外线光）
CMOS 图像传感器
低通滤镜 1
低通滤镜 2

取消低通滤镜后的概念图

低通滤镜 1　　低通滤镜 2
光线
光线
将被摄体的像沿垂直方向分离
将被摄体分离的像还原
红外线光吸收滤镜
CMOS 图像传感器

反过来利用低通滤镜 2 分离被摄体像的特性，把像还原到分离前的状态（相当于取消了低通滤镜 1 的效果），让更清晰的像呈现在 CMOS 上

图 4.62　取消低通滤镜

这是真正实现了取消低通滤镜的结构。

焦距和视角的关系会因图像传感器的尺寸发生变化

在使用数码相机，尤其是使用可换镜头式数码相机时，要特别注意可

换式镜头的焦距和视角。因为当相机机身的图像传感器的尺寸不同时，即使是焦距相同的镜头，最终的实际焦距和视角也会发生变化（视角分为对角线视角、水平线视角、垂直线视角，通常指的是对角线视角）。

相机镜头原本就是根据视角而不是焦距划分为广角、长焦和标准等类型才自然。但就算根据视角分类，也无法直观判断某个镜头适合哪种拍摄场景，而且长焦端数值会出现小数，也还是不容易理解。比如，像"对角线视角为46度的标准镜头""对角线视角为6度10分的长焦镜头""对角线视角为5度的长焦镜头"这样称呼，人们就会觉得后两个镜头只有很小的差异。因此，相机镜头通常与焦距相关，根据焦距来进行视角分类。正如3.6节的表3.2所示，前面提到的3个镜头其实分别为"50 mm标准镜头""400 mm长焦镜头""500 mm长焦镜头"。

但在数码相机时代，这种做法有时会造成误解或不便。

在可换镜头式胶片相机中，各制造商都以35 mm胶片为标准，以此为基准的焦距不会由于制造商或机型不同而产生差异。但是，数码相机使用图像传感器代替了胶片，而图像传感器的大小不尽相同。一旦图像传感器的尺寸发生改变，那么即使视角相同，焦距的数值也会不同。比如对角线视角为46度的标准镜头，在使用35 mm全画幅图像传感器拍摄时焦距仍然为50 mm，但在使用1/2英寸的图像传感器拍摄时，焦距就会变为约9.3 mm（图4.63）。

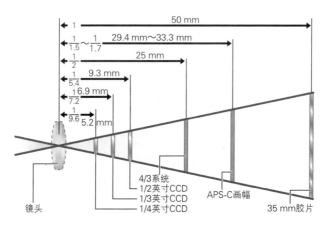

图4.63 即使视角相同，当图像传感器的尺寸不同时，焦距也会不同
如图所示，如果图像传感器的尺寸变小，焦距也会变小。

数码单反相机的主流画幅大小是全画幅或 APS-C 画幅（也有极少部分为 APS-H 画幅等），如果是 APS-C 画幅的相机，在使用 35 mm 规格镜头时，实际的焦距会与标注的焦距不同。如果想用全画幅相机和 APS-C 画幅相机拍出相同视角的照片，就必须在全画幅和 APS-C 画幅相机上安装不同焦距的镜头。

什么是 35 mm 规格换算

以视角为基准来讲解比较难以理解，所以这里我们以实际焦距为基准，讲解一下什么是 35 mm 规格换算。

假设有一个从胶片相机时代开始使用的焦距为 50 mm 的可换式镜头。这里的焦距 50 mm 是基于 35 mm 胶片规格设计的。在把这个镜头安装到搭载 35 mm 全画幅图像传感器的数码相机上时，镜头的焦距为 50 mm。因为 35 mm 全画幅的图像传感器与 35 mm 胶片的尺寸是相同的。但如果将这个镜头安装在搭载 APS-C 画幅图像传感器的相机上，镜头的焦距就会变成 75 mm ～ 80 mm，也就是变成了长焦镜头，此时视角会变窄。

现在"35 mm 规格换算"（35 mm 换算）这个词的使用非常广泛，以上例来说，人们经常像"进行 35 mm 规格换算后焦距为 50 mm 的可换式镜头"或"在 APS-C 画幅的相机上使用这个镜头时，进行 35 mm 规格换算后焦距相当于 75 mm"这样使用这个词（图 4.64）。那么，为什么会出现这种差异呢？

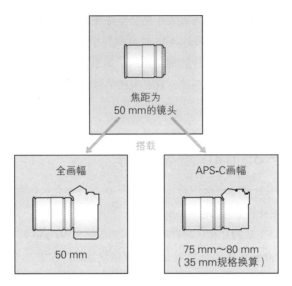

图 4.64　进行 35 mm 规格换算后的焦距
即使是同一个镜头，当图像传感器的尺寸不同时，焦距也不同。如果安装在 APS-C 画幅的相机上，进行 35 mm 规格换算后的焦距为 75 mm～80 mm。

　　数码单反相机的可换式镜头也可以使用在现有的 35 mm 胶片产品上。这些镜头本来就是在 35 mm 胶片和 35 mm 全画幅图像传感器的最佳受光范围内传递光的成像的。

　　为了让镜头在搭载 APS-C 画幅图像传感器的数码相机上也可以使用，人们设计了同样的法兰距。APS-C 画幅的图像传感器尺寸比 35 mm 全画幅的小，所以只有成像的一部分面积会受光，就像是只将中央的长方形区域裁剪下来了一样。因此，就会出现与使用焦距更长的长焦镜头时同样的状况。

　　下面就结合示意图来举例说明（图 4.65）。

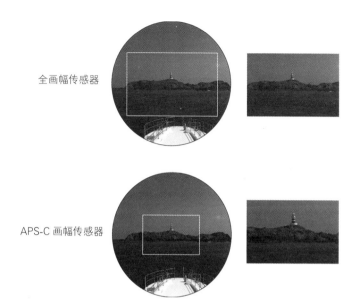

图 4.65　相同镜头下的全画幅和 APS-C 画幅相机的不同

虽然在使用相同的镜头时相机上的成像是相同的，但由于图像传感器尺寸小，所以 APS-C 画幅相机上的被摄体显得更大。

　　上面的图来自 35 mm 全画幅相机，下面的图来自 APS-C 画幅相机，假设它们安装的是同样的镜头。圆形部分是镜头的成像圈，该图像在通过镜头后呈现在相机内部。假设白色方框内是图像传感器可以拍摄并记录的图像范围。可以看到，APS-C 画幅的图像传感器的尺寸比全画幅的小，所以即使成像圈相同，图像范围也会变窄。右图是这两台不同画幅的相机拍出来的照片，可以看到 APS-C 画幅的相机拍摄的被摄体显得更大。

　　综上所述，在使用同样的镜头时，APS-C 画幅的视角比全画幅的小，拍出的照片就像使用了焦距长 1.5 ~ 1.7 倍的镜头一样。

　　焦距越长，镜头的价格越高，如果把镜头装在 APS-C 画幅的相机上，镜头的焦距就会变长，对于平时使用长焦镜头的机会较多的用户来说，这种换算反倒是有好处的。

　　此外，越接近成像圈，亮度越低，因而容易出现暗角或色差等，导致画质变差，所以比起图像范围达到极限的全画幅，APS-C 画幅的图像范围都是画质最好的部分。

　　但这种换算也有缺点。17 mm 镜头的焦距相当于 26 mm，而 24 mm 镜头的焦距相当于 36 mm，因此如果想拍摄广角图像，就会出现不便。如果就是想以 17 mm 的焦距拍摄，那就需要买新的镜头。

35 mm 规格换算的倍率

　　本书之所以把 APS-C 画幅相机的 35 mm 规格换算倍率模糊地描述为 1.5～1.7 倍，是因为不同的制造商或机型，其倍率也会不同。APS-C 画幅相机的图像传感器的尺寸虽然大体上是相同的，但不同制造商或机型采用的图像传感器的尺寸不尽相同。例如，佳能的为 22.7 mm × 15.1 mm，尼康的为 23.7 mm × 15.6 mm，适马的为 20.7 mm × 13.8 mm（即使同样是佳能、尼康的 APS-C 画幅图像传感器，不同机型上的图像传感器的尺寸也不尽相同）。

　　即使尺寸差异只有 0.5 mm～1 mm，也会导致换算倍率不同（表 4.4 和表 4.5）。比如上述图像传感器，其产品说明书中通常会标明换算倍率，如佳能的换算倍率是 1.6 倍，尼康的是 1.5 倍，适马的则是 1.7 倍，在使用超长焦镜头或鱼眼镜头等时会有影响。有些既有 35 mm 规格全画幅图像传感器又有 APS-C 画幅图像传感器的制造商会给图像传感器起不同名称，以使人们简单明了地弄懂图像传感器的大小。比如，尼康的 35 mm 全画幅图像传感器称为"尼康 FX 格式"，而 APS-C 画幅图像传感器称为"尼康 DX 格式"。

表 4.4　具有代表性的可换镜头式数码单反相机的换算倍率

不仅是在制造商不同时换算倍率不同，即使制造商相同，换算倍率也会因机型而不同。当然，如果是采用 35 mm 全画幅图像传感器的相机，则不用换算。

制　造　商	图像传感器的尺寸	换算倍率
佳能（APS-C 画幅）	22.3 mm × 14.9 mm	约 1.6 倍
适马	20.7 mm × 23.8 mm	约 1.7 倍
索尼（APS-C 画幅）	23.6 mm × 15.8 mm	约 1.5 倍
尼康 DX 格式	23.6 mm × 15.6 mm	约 1.5 倍
富士胶片	23.0 mm × 15.5 mm	约 1.5 倍
宾得	23.4 mm × 15.6 mm	约 1.5 倍

※ 不同机型采用的图像传感器的尺寸有时也不同。

表 4.5 各镜头产品焦距和 35 mm 规格换算的示例

本表为佳能和尼康的 APS-C 画幅相机在搭载镜头后以 35 mm 规格换算后的实际焦距的示例。佳能一般为 1.6 倍，尼康则为 1.5 倍。

制造商	机 型	焦 距	35 mm 规格换算
佳能	EF-S 10-22 mm F3.5-4.5 USM	10 mm ~ 22 mm	约 16 mm ~ 35 mm
	EF-S 18-135 mm F3.5-5.6 IS USM	18 mm ~ 135 mm	约 29 mm ~ 216 mm
尼康	AF-S 尼克尔 14-24 mm f/2.8G ED	14 mm ~ 24 mm	21 mm ~ 36 mm
索尼	E PZ 18-105 mm F4 G OSS	18 mm ~ 105 mm	27 mm ~ 157.5 mm

卡片数码相机的 35 mm 规格换算也很重要。如果使用的是 1/2 英寸的图像传感器，焦距就是 35 mm 胶片焦距的 1/5.4。因此，如果将 35 mm 胶片规格下 50 mm 焦距镜头设计成用在 1/2 英寸大小图像传感器的相机上，镜头的焦距就必须设计成约 9.3 mm 才可以。

如果是数码单反相机，一般只有全画幅或 APS-C 画幅两种，所以 35 mm 规格换算很轻松，但如果是卡片数码相机，不同机型的图像传感器的尺寸也可能不同，所以即使标示了实际焦距，用户也很难直观地判断出来。卡片数码相机的产品说明书上通常会标明在 35 mm 规格的胶片相机上使用时的焦距（35 mm 规格换算焦距），例如"焦距为 6.1 mm ~ 30.5 mm 的 5 倍变焦镜头（35 mm 规格换算焦距相当于 28 mm ~ 140 mm）的卡片数码相机"等，建议大家直接根据其数值判断（图 4.66、表 4.6）。

图 4.66 卡片数码相机的焦距

在一般情况下，卡片数码相机的镜头上都像图中这样以物理方式标明了焦距。如图所示的数码相机标示的焦距为 6.0 mm ~ 72.0 mm，但这种数据对买家来说不易理解，所以在宣传时需要进行 35 mm 规格换算，比如宣称该相机是内置"焦距为 36 mm ~ 432 mm 的 12 倍变焦镜头"的数码相机。

表 4.6　卡片数码相机和焦距

即使比较卡片数码相机的实际焦距，我们也不能判断出哪台相机广角最大，拍摄时视角为多少。所以，在购买时记得查看产品说明书或规格表中记载的 35 mm 规格换算后的焦距。

机　　型	图像传感器	焦　　距	35 mm 规格换算
PowerShot G1X Mark III	APS-C	15.0 mm ~ 45.0 mm	24 mm ~ 72 mm
PowerShot G7X Mark II	1.0 英寸	8.8 mm ~ 36.8 mm	24 mm ~ 100 mm
Cyber-shot RX 10V	1.0 英寸	8.8 mm ~ 220 mm	24 mm ~ 600 mm
Cyber-shot RX 100V	1.0 英寸	8.8 mm ~ 25.7 mm	24 mm ~ 70 mm
COOLPIX A900	1/2.3 英寸	4.3 mm ~ 151 mm	24 mm ~ 840 mm
PowerShot SX 730 HS	1/2.3 英寸	4.3 mm ~ 172.0 mm	24 mm ~ 960 mm
COOLPIX W300	1/2.3 英寸	4.3 mm ~ 21.5 mm	24 mm ~ 120 mm

4.13　4/3 系统规格

4/3 系统规格——从整体平衡的角度提升画质

前面章节讲到的提升画质的方法都是围绕图像传感器的，本节我们来看一下通过对相机系统整体进行改进来提升画质的方法，即 4/3 系统规格。

在讲解镜头及图像传感器时，我们曾多次提到，虽然支持使用胶片相机时代的相机镜头具有可以让用户继续使用过去购买的相机镜头的好处，但这样做其实也有坏处。原因之一是广角端的镜头并没有很大的优势。

如今，很多数码相机采用了与 35 mm 胶片尺寸相同的全画幅图像传感器，但在数码相机出现的初期，面向普通用户的产品却主要是 APS-C 画幅的，所以在拍摄时焦距容易变大。而且，APS-C 画幅之所以成为主流，原因在于为胶片相机设计的相机镜头有时得不到最好的画质。如果感光元件是胶片，即使光斜射到胶片上，胶片感光也不会受到影响，所以几乎不会对画质造成很大的影响，但如果感光元件是图像传感器，若相机镜头的设计不能使光垂直入射到受光面，图像传感器的边缘处有时就会出现曝光不足的情况。因此，在想进行广角拍摄或拍出的照片因曝光不足而出现暗角时，就无法使用已有的镜头，而必须重新购买专门用于数码相机的镜头。既然需要重新购买相机镜头，那就不要再局限于过去的相机镜头，干脆创建一个适合数码相机的新系统好了——于是，4/3 系统规格诞生了。

4/3 系统规格首先定下来的是图像传感器的尺寸。

其实，"4/3"这个名称源于图像传感器尺寸为 4/3 英寸，英文为 Four Thirds。微单相机采用的微型 4/3 系统的图像传感器尺寸也是 4/3。那么，为什么是 4/3 英寸呢？因为这个尺寸大小正好是 35 mm 胶片规格尺寸大小（36 mm × 24 mm）的约 1/2（18 mm × 13.5 mm）。而且，为了使焦距在换算成 35 mm 胶片规格后正好是全画幅相机镜头焦距的 1/2，相机卡口口径和法兰距大小也是规定好的。"1/2"这个数是在图像的成像质量和相机卡口口径、法兰距等与相机镜头机构相关的尺寸之间的平衡处于最佳状态时计算得出的。

如果焦距变为 1/2，镜头口径（直径）只需达到原来的 1/2 就可以制作出与现有镜头视角相同的相机镜头。而且，如果以原有的镜头口径（直径）制作相机镜头，还可以聚集更多的光，制作出更大光圈的高性能相机镜头（图 4.67）。

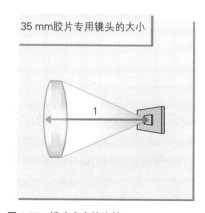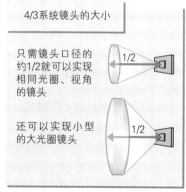

图 4.67　镜头大小的比较

4/3 系统的相机镜头只需 1/2 的大小就可以实现与 35 mm 胶片专用镜头相同的视角，如果采用相同口径，就可以制造出光圈更大的镜头。

4/3 英寸的图像传感器比卡片数码相机中使用的图像传感器大得多，而且虽然没有 APS-C 画幅的图像传感器大，但因为画幅大小与之相近，所以能够拍摄出画质很好的照片。同时，相机镜头和机身的体积都可以变小，兼具了高画质和便携性。

4/3 系统同时得到了多家制造商的支持，这是它的一大特点。4/3 系统是由奥林巴斯和柯达制定的，后来适马、富士胶片、松下、确善能（COSINA）、肯高图丽等也明确表示支持该系统规格。

如果是遵循 4/3 系统规格或微型 4/3 系统规格的产品，就可以不用考虑不同制造商的镜头卡口的差异等。如今奥林巴斯、松下、适马和肯高图丽等品牌的相机机身和镜头都处于在售状态，任意组合都可以充分发挥它们各自的性能。比如，如果使用奥林巴斯的相机机身搭配松下发售的徕卡镜头，在拍摄时就可以充分发挥两家制造商各自拥有的功能。

 实际的图像传感器尺寸大小

如果能够把图像传感器的尺寸缩小一半，就可以轻易获得各种优势，因此 4/3 系统的图像传感器尺寸是最先被确定下来的，但实际上，4/3 系统中的图像传感器尺寸严格来说并不是 35 mm 胶片（一般指 135 胶片）尺寸的一半，而是比一半稍小的 17.3 mm × 13 mm。

微型 4/3 系统规格

4/3 系统把重点放在了提高数码相机的画质上，所以规格设计稍微有些过度。特别是法兰距和成像圈，都规定得比较宽松。这里所指的成像圈并不是图像传感器的尺寸，而是在拍摄时镜头所能拍到的影像的范围。在 4/3 系统镜头中，成像圈往往设计得比图像传感器大很多。当然，当成像圈大于图像传感器时，拍摄的图像不容易出现边缘部分比中央部分光量少的暗角现象，画质更高。但随着画质的提高，4/3 系统的另一个原有目标"小型化"逐渐变得难以实现。

　　各相机制造商把研发重点放在了如何让用户使用既有的相机镜头上，所以连续推出了采用全画幅或 APS-C 画幅图像传感器的产品，而相比图像传感器的大小，这些在用户角度看来是处于劣势的。而且随着 APS-C 画幅的入门机型的机身体积越来越小，采用 4/3 系统的相机体积让人感觉也没有什么优势了。

　　因此，为了提高画质并进一步缩小体积，人们又制定了我们在第 3 章中介绍过的微型 4/3 系统。图像传感器的尺寸还保持了原本的 4/3 英寸，但基本设计得以改进，法兰距也缩短了。

　　微型 4/3 系统利用 5.5 节介绍的实时取景进行了机构精简。因此，基本上微型 4/3 系统中没有反光镜，从严格意义上来说它不是数码"单反"相机，而是微单相机。另外，在微型 4/3 系统中，虽然使用的是较大的图像传感器，但在制定规格时也考虑了进行视频摄影的情况。为了实现实时取景和视频摄影，微型 4/3 系统的卡口触点比 4/3 系统多了 2 个，变为了 11 个。因此，原有的 4/3 系统镜头不能直接安装在微型 4/3 系统相机的机身上。但是，如果在微型 4/3 系统的机身上搭载卡口转接环，就可以使用原来的 4/3 系统镜头了。通过安装卡口转接环，图像传感器与镜头之间的法兰距与原来的 4/3 系统保持了一致，因此不再需要进行焦距换算。但如果 4/3 系统镜头不支持反差检测 AF，自动对焦功能就不能使用，只能手动对焦，或者与原本的 4/3 系统相机和镜头的组合相比，自动对焦的速度会有所下降。

　　微型 4/3 系统的目标在于满足用户追求更好的画质及更好的便携性的需求。不久之后，以奥林巴斯 PEN 为代表的众多热门产品陆续问世。

第 5 章

数码相机的结构和技术

数码相机中集成了很多先进的技术：用于把图像传感器受光后形成的影像转换成图像数据的影像处理器；让每个人都可以轻松拍出高画质照片的防抖功能；用于清理图像传感器的大敌"灰尘"的自动除尘系统等。除此之外，还有实时取景和视频拍摄等对于卡片数码相机来说早已司空见惯但对于数码单反相机来说还需要改进的技术。

下面就让我们看一下那些在选购相机或理解产品说明书时必须了解的功能的工作原理，并讨论一下它们的优点和缺点。

5.1　影像处理器

影像处理器的作用

在数码相机中，左右画质的三大要素是镜头、图像传感器和影像处理器。虽然穿过镜头的光是由图像传感器接收的，但最终生成图像数据的并不是图像传感器。图像传感器在受光之后产生电荷，对于由电荷转换成电信号之后的信息，影像处理器将进行明亮度、色调、白平衡、补色以及消除噪点等各种各样的处理，并在此基础上生成 JPEG 等格式的图像数据，然后将其保存在存储卡中。如果是能够实现艺术滤镜等特殊加工的数码相机，那么这个处理也是由影像处理器实现的。

另外，影像处理器的处理性能有时还会对拍摄延迟、连拍性能、修改设置时的操作性等产生影响。换句话说，它会直接影响相机的高速性能和工作效率（图 5.1）。

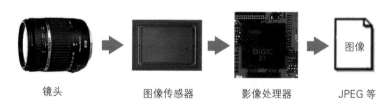

镜头　　　　　　图像传感器　　　影像处理器　　　JPEG 等

图 5.1　图像文件的生成过程
图像传感器将接收穿过镜头的光，由此产生的电荷将由 A/D 转换器转换成电信号，接下来由影像处理器生成图像数据，并以 JPEG 等格式保存图像文件。

影像处理器的核心部分是半导体（IC 芯片），其作为数码相机的部件集成在基板单元中，这个基板单元有时也被称为影像处理器（图 5.2）。关于其安装在相机机身上的哪个位置，请参考本书第 1 章中的图 1.5。

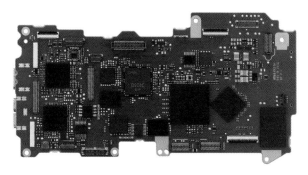

图 5.2　影像处理器单元
图为佳能 EOS 5D Mark IV 搭载的影像处理器单元。其中印有 DIGIC 6+ 的部分就是半导体。

　　各制造商对影像处理器的称呼各不相同，例如奥林巴斯称之为"图像
处理器"，索尼称之为"影像处理器"，而佳能称之为"数字影像处理器"
（表 5.1）。通常，实现信号转换的部件或功能称为影像处理器，但也有制
造商将这一功能和除此以外的算法及处理方法统称为"影像处理系统"。
本章将介绍的是把电荷转换为电信号并生成图像数据的部分，以及影像处
理器的各种作用。

表 5.1　各制造商对影像处理器的称呼

制造商	影像处理器的主要名称
奥林巴斯	TruePic 系列（TruePic TURBO / TruePic III / TruePic III+ / TruePic V）
佳能	DIGIC（Digital Imaging IC）系列（DIGIC / DIGIC2 ～ DIGIC7）
适马	TURE（Three-layer Responsive Ultimate Engine）
索尼	BIONZ / Real Imaging Processor
尼康	EXPEED 等 ※
富士胶片	EXR Processor II、Real Photo Engine
宾得理光	PRIME（PENTAX Real Image Engine）、PRIME II、PRIME II 等
松下	Venus Engine 系列（Venus Engine I / II / III / V / HD）、New Venus Engine 等

※ 尼康的 EXPEED 指的并不是影像处理器等特定的部件或功能，而是图像生成和图像处理的
　思想、知识和技术，它是尼康独有的数字图像处理技术的概括性概念。

负责图像生成

图像传感器接收光之后，电荷产生，然后电荷被转换为电信号，由此生成的图像数据称为 RAW 数据。在数码相机中，照片将以 JPEG 格式标准保存在存储卡中。JPEG 格式是一种图像格式标准，以这种格式保存的照片可以很方便地在计算机或网页上显示，或者使用打印机打印，因此这种格式便于人们使用图像（关于 RAW 数据和 JPEG 格式，详见第 6 章）。想要在数码相机的液晶监视器上立即显示所拍摄的照片时也需要由影像处理器转换。除此之外，影像处理器还负责在数码相机内部显影，以使 RAW 数据变成更方便人们处理的 JPEG 图像。

在第 4 章中，我们提到很多数码相机的图像传感器的一个像素只能识别一种颜色，需要进行插值运算等，但其实真正执行插值运算的并不是图像传感器，而是影像处理器。此外，在使用数码相机拍摄时需要进行各种各样的设置，比如亮度等的曝光参数的调整、白平衡的设置、锐化效果和柔和效果、对比度的强弱、鲜艳度的调整等，这些设置都是通过影像处理器反映到最终图像上的。而且不同制造商或机型的图像在进行影像处理时会有各自的处理特征和倾向，比如"颜色更加自然""比实际颜色更鲜艳""有些许灰度变化"等。

例如，富士胶片的相机上搭载了"胶片模拟模式"。在使用胶片相机拍摄时，只要更换胶片类型，拍出的图像就可以展现出各种胶片特有的色彩风格。胶片模拟模式就是在数码相机上再现这种特征的功能。比如，使用彩色反转片色调的图像将得到高清晰度、高彩度和层次分明的色阶表现，适合拍摄色彩丰富的风景等题材，可以拍出色彩鲜艳的图像；如果使用 Pro Neg 色调，即使在柔光下也能拍出高对比度的图像，并能准确呈现阴影部分的细节，在影棚的灯光环境下或阴天下的肖像拍摄中可以拍出更加自然的肤色。此时对色彩和灰度的调整是由影像处理器负责的。成像风格在以前只有胶片制造商才会关注，但如今各相机制造商都引入了类似的功能，比如佳能的图像风格（picture style）、尼康的优化校准（picture control）、奥林巴斯的图像模式（picture mode）、索尼的创意风格（creative style）和宾得理光的自定义图像（custom image）等。但各制造商的色调风格各有特色，可以说各家制造商在影像处理器上充分发挥了各自的技术优势。

也就是说，数码相机的图像生成是取决于影像处理器的。因为能够量产图像传感器的制造商有限，所以不同的数码相机制造商可能会采用相同的图像传感器，但影像处理器却是各制造商互不相同，所以即使在同一条件下拍摄，最终得到的图像数据也可能是完全不同的风格。

因此，虽然在选购数码相机时影像处理器与图像传感器和相机镜头一样重要，但因为图像生成的性能没有具体参数可供参考，所以各制造商都在以各自特有的方式展示自己影像处理器的优势。

影像处理器与高速处理性能

影像处理器的处理能力与数码相机的高速性和操作性密切相关。

其一，在实际拍摄中影像处理器的性能直接关系到图像显示或自动对焦等操作性能。比如，使用微单相机拍摄时的液晶监视器上的取景器画面显示，以及使用数码单反相机拍摄时的实时取景显示都是由影像处理器在实时对图像进行处理后才显示在监视器上的。根据图像传感器上的显影进行的对焦、人脸识别、伺服对焦等处理也大多由影像处理器负责。如果影像处理器的处理速度较慢，就会出现监视器的显示速度变慢、自动对焦速度变慢，或者跑焦的现象。

其二，影像处理器负责的是最重要的生成和保存图像的工作。前面提到，影像处理器需要将 RAW 数据转换为 JPEG 格式并生成图像，在此过程中需要反映拍摄时的各种设置，而这会对影像处理器的处理造成负荷。

对于使用数码单反相机或微单相机拍摄的图像，我们可以将其以 RAW 数据的形式保存在存储卡中，然后使用计算机和特殊的 RAW 显影软件对其进行显示和后期调整，并将其转换为方便人们使用的 JPEG 等格式的图像文件（RAW 显影）。相机产品中通常安装了符合制造商标准的显影软件。影像处理器必须在数码相机的内部快速完成上述使用计算机和显影软件完成的 RAW 显影过程。如果处理速度慢，那么将导致每拍摄 1 次就必须等待一段时间，或者连拍图像张数变少。

把图像转换成 JPEG 格式，就可以大幅缩小每张图像的数据大小，这也关系到相机的高速性能。在将 RAW 数据转换成 JPEG 格式数据时，需要压缩图像，将图像数据缩小到几分之一甚至几百分之一的大小。在对图像进行颜色调整或施加某种特殊效果时，相比较大的图像，较小的图像造成的负荷更小。

另外，把图像数据保存到存储卡的时间也会影响相机的操作性。数码相机的众多处理中最花费时间的就是将数据写入硅存储装置（存储卡）的过程。如今的数码相机，因为硅存储器大多不是内置的，而是可以插拔的类型，所以由于有传输速度规格限制，写入数据比较花费时间。如果往存储卡中写入的操作比较密集，就会出现无法继续拍摄或不得不等待的情况。影像处理器负责的是将电荷转换成电信号并生成图像，然后将其转换成 JPEG 或 TIFF 格式的数据并写入存储卡，因此在数据写入结束之前不能再次开始将电荷转换成电信号的处理。如果数据写入比较花费时间，那么电荷转换为电信号的时间当然也会推迟，结果就会导致连拍无法继续。为了防止这种状况出现，可以采取在影像处理器和存储卡之间搭载高速缓冲存储器，并且在影像处理器和存储卡上都搭载写入芯片的方法等，但尽管如此，当缓冲存储器中装满了足够多的连拍照片时，一样会出现拍摄中断。

此时也是图像越小，往硅存储器中写入的时间越短。同时，开始把电荷转换为电信号的时间也会提前，所以可以继续进行连续拍摄。通常，在使用数码单反相机和微单相机拍摄时，有些机型不仅支持使用 JPEG 格式保存，也支持使用 RAW 数据保存图像，或者同时使用 RAW 数据和 JPEG 格式保存（以不同文件格式保存同样的图像），但 RAW 数据较大，所以与只保存为 JPEG 格式的情况相比，写入操作的等待时间更长，最大连拍张数也会变少。

影像处理器的性能还会影响电池的续航时间。处理数据或写入数据的时间短就意味着耗电量变少。

顺便说一下，前面提到使用专用应用程序可以在计算机上对 RAW 数据显影，其实很多数码相机生成的 RAW 数据已经为便于在计算机上使用而进行了压缩。此时的压缩通常不是像 JPEG 那样的不可逆压缩（以缩小文件大小为主要目的，使用不能恢复为原始状态的计算方法压缩），而是可以恢复为原始状态的可逆压缩（无损压缩）。对 RAW 数据也进行压缩的目的是让数码相机上的数据容量负担最小化。

综上所述，影像处理器的性能不仅会左右图像画质的好坏，还会对相机整体的运行速度、舒适性、电池的续航时间、价格和机身体积产生影响。

下面列举了影像处理器的主要处理内容示例。可以看出其中大部分处理是在相机的机身内部完成的，有些处理可能会因为相机性能或机制（比如相机未搭载相应功能）而不同，因此这里列出的处理仅供参考。同时，各制造商的不同理念也会在这些处理中有所反映，有些处理甚至会由影像处理器以外的部件负责。

【影像处理器的处理示例】

- 调整曝光（亮度）、色彩、色调等
- 调整白平衡
- 校正锐度
- 调整对比度
- 校正伪色和摩尔纹
- 调整色像差、暗角
- 调整桶形畸变
- 分离和去除噪点
- 拍摄模式 / 拍摄场景处理
- 动态范围校正、HDR
- 艺术滤镜等特殊图像处理
- 自动对焦（包括人脸识别和伺服追焦）
- 实时取景显示
- 裁剪
- 根据设置的压缩率进行 JPEG 转换
- 保存图像文件
- 控制存储卡读写
- 显示图像（再生显示）
- HDMI 输出

借助专用设计实现影像处理器高速化

影像处理器需要进行各种各样的处理，所以必须尽可能快速运转，完成这些处理的运算。如果运算速度慢，就可能出现前面提到的连拍时间间隔数秒以上的情况等，这将直接反映在数码相机性能规格的下降上。可以说，高速的处理速度是影像处理器的必备条件。

但是，在数码相机刚问世不久时，影像处理器的运算速度并不快。最大的原因在于需要使用通用的处理器以软件的方式来运算。在大多数情况下，使用的是 DSP（Digital Signal Processor，数字信号处理器）这一专门用于高速执行特定运算处理的数字信号处理器。虽然 DSP 本身在进行简单运算时速度很快，但由于影像处理器所需的运算过程复杂，涉及多方面内容，所以无论如何都无法缩减所需花费的时间。

现在，许多影像处理器设计了专用的处理器，采用的是通过硬件实现更快的计算速度的方法。使用这种专用处理器后，运算时间大幅缩短，数码相机上开始搭载连拍功能，即使是像素数较多的数码相机，连拍时的时间间隔也变短了。

但是，专用处理器的开发和制造带来的不全是优点，也有缺点，那就是成本增加。这种专用处理器的开发费用和制造成本较高，所以无法小批量生产。如果不以数十万或数百万为单位生产，单个处理器的成本就会变得非常昂贵，这会导致数码相机无法以低廉的价格销售。因此，当数码相机的销售状况不佳时，可能就会出现已经更迭几代的相机仍然不得不使用同样设计的专用处理器，处理速度慢于其他制造商，或者拍出的照片不够漂亮等情况。而有些使用通用处理器软件驱动的影像处理器可以在购买后进行软件更新，具有可以不断进行版本更新的优点。那么，面对处理速度和新功能这两个特点，应该作何选择呢？最近，有些数码相机是这样做的：采用相对容易定制的处理器，其中的一部分运算功能由硬件完成，同时使用软件程序辅助硬件进行运算。这样一来，虽然效果不如专用处理器完美，但运算速度可以得到提高，而且开发和制造成本也可以相对降低。

虽然影像处理器有没有采用专用设计的硬件这一点令人非常在意，但其实这很难判断。因为在产品发布时或在产品说明书中，通常不会标明这一点。即使产品说明书上有影像处理器的名称或芯片的照片，那也可能只是在通用处理器上印刷了影像处理器的名称而已。关于影像处理器是否采用了专用设计的硬件，只能通过数码相机专业杂志或在网上搜索并查看一些相关信息来确认（图 5.3）。

图 5.3 使用专用硬件加速
现在，随着数码相机的出货量增加，很多数码相机已经通过设计和制造影像处理器专用处理器加快了处理速度（图为索尼 BIONZ 影像处理器的半导体芯片）。

5.2 ISO 感光度和噪点

在使用数码相机拍摄时，被摄体的受光强度是不固定的。室外和室内有很大区别，即使同样在室外，晴天、阴天和夜间也有很大的不同。此时，即使在室内或夜间在室外拍摄，也可以通过调整参数让被摄体像在室外的晴天下一样明亮。这里需要调整的参数就是 ISO 感光度。

什么是 ISO 感光度

ISO 感光度原本指的是胶片对光的感光度。

其中的 ISO 是 International Organization for Standardization（国际标准化机构）的简称，它是制定工业领域的各种国际标准（IS, International

Standard）的团体。根据国际标准生产产品或提供服务，就可以在全世界让人们采用统一的使用方法或为人们提供标准的服务。全世界不管哪家胶片制造商制造的胶片，只要看一下胶片的 ISO 感光度，就可以由此判断它是适合在晴天下使用，还是适合在夜间使用。ISO 国际标准在命名时会在 ISO 后面附加 5 位以内的数字。例如，质量管理体系的国际标准是 ISO 9000，环境管理体系的国际标准是 ISO 14000。这些数字本身并无特殊的意义，9000 的等级也不比 14000 高。

ISO 感光度的国际标准是由 ISO 5800 规定的。感光度以 100 为基准，如果拥有接收 2 倍光的能力，那就是 100 的 2 倍，即 200。在此基础上的 2 倍受光能力则为 200 的 2 倍，即 400。它们分别表示为 ISO 100、ISO 200 和 ISO 400。

为了表示感光度而附加在 ISO 后的数与国际标准没什么关系，国际标准还是 ISO 5800，并没有 ISO 100 这个国际标准。只是为了方便，人们才称之为 ISO 100。递增基准为"2 倍"，像 ISO 100、ISO 200、ISO 400、ISO 800 这样按照等比数列的形式逐渐增加。但这只是一种惯用形式，它并非必须严格按照 100 的等比数列以倍数增加，比如以更小的数值为例来说，ISO 60 就比 ISO 50 使用的多，而且有时也会使用 ISO 120 这种不以 100 为基准的数值。

顺便说一下，拥有接收 2 倍光的能力指的是仅用一半的光量就可以得到相同的曝光，因此数值越大感光度越高，在夜晚也可以拍摄被摄体的胶片称为高感光度胶片，使用这种胶片可以拍出快门速度很快且手抖动较少的照片。在使用高感光度胶片拍摄的照片中，最令我们感到熟悉的就是不良跟拍者的偷拍照或新闻照片。在夜晚的街道或高级公寓的大厅等地方，要是没有闪光灯就会由于环境太昏暗而无法拍摄，即使能够把照片拍出来，也会出现由于手抖导致的照片模糊，让人们分辨不出来照片上的是哪个人。这种照片就是使用超高感光度胶片拍出来的，但感光度越高照片的画质就越粗糙。这就是噪点。反之，ISO 的数值越小感光度就越低，此时就不会出现噪点，画质更加清晰。

在实际使用时，人们通常使用诸如"ISO 感光度的数值较大""ISO 感光度的数值太小"等描述 ISO 感光度，但如果明确知道话题是关于感光度的，有时也会直接说 "ISO 高""ISO 低"。因为 ISO 100 的胶片比 ISO 400 的胶片感光度低，所以在拍摄时需要更多的光。一般来说，在白天的室外要以 ISO 100 拍摄，在室内等场景要以 ISO 400 左右拍摄，但在胶片相机时代，需要根据拍摄场景的亮度更换最适合的胶片（图 5.4）。如果以 2 倍亮度为基准，比如想要在同一条件下，以 ISO 100 实现与 ISO 200 胶片拍摄的照片相同的亮度，就可以通过缩小 1 档光圈来调整。而如果反过来，则需要将快门速度调快 1 档，从而实现以同样的亮度拍摄，拍摄时的曝光设定比较简单。

图 5.4 胶片的 ISO 感光度
图为 35 mm 彩色胶卷的商品示例。通常，商品名中会标注 ISO 感光度。引自富士胶片官方网站，网页上还注明了不同感光度的胶片适合的拍摄场景。

数码相机的 ISO 设定

数码相机的 ISO 感光度基本上与胶片的 ISO 感光度一样。胶片相机和数码相机的设定数值使用的也是同样的基准，因此以前使用胶片相机的用户在使用数码相机时可以直接调整感光度。也就是说，在白天的室外拍摄时要把数码相机的 ISO 感光度设为 ISO 100，在室内等拍摄时要设为 ISO 400 左右。调整了 ISO 感光度之后，即使是在稍暗的环境下也可以把被摄体拍得很明亮，不会出现模糊现象，而且即使在明亮的环境下拍摄也可以让照片不发生高光溢出或炫脉等，实现以最适合的光量拍摄。除此之外，在使用数码相机拍摄时，还可以通过按钮调整 ISO 感光度的设定，非常方便，我们可以轻松地进行高感光度拍摄。

在正午拍摄时一般使用 ISO 100，室内则通常使用 ISO 200 或者 ISO 400。提高 ISO 感光度可以加快快门速度，从而抑制因为手抖动或被摄体抖动产生的模糊。因此，在拍摄动作较快的被摄体时，提高感光度也是非常有效的做法。例如，在 ISO 感光度为 400，快门速度为 1/125 秒时，如果担心发生抖动，可以将 ISO 感光度设定为 2 倍，即 ISO 800，这样就可以以 1/500 秒的快门速度拍摄了。我们可以以某种场景为标准区别使用感光度，比如在拍摄体育题材时使用 800，在剧场内拍摄时使用 1600 以上。不过，这些数值都只是示例，环境亮度会因运动类型而不同，也会受是在室外还是在室内的影响，而且被摄体的运动速度也不同，所以建议根据拍摄状况自行设定 ISO 感光度。

言归正传，接下来让我们看一下 ISO 感光度的原理。

其实，CCD 和 CMOS 并不能调整电荷的量。如果使用的是胶片，在接收的光较少时，可以通过更换感光性能更好的胶片素材来提高 ISO 感光度；但如果使用的是图像传感器，即使提高 ISO 数值，也不会产生更多电荷。

那么，数码相机是怎样调整 ISO 感光度的呢？

数码相机是通过放大电荷时的放大幅度来调整 ISO 感光度的。ISO 感光度越高，放大的幅度就越大。因此，数码相机实现了胶片时代闻所未闻 ISO 1600、ISO 3200 甚至是 ISO 6400 这种超高的感光度 [最近的单反常用的 ISO 感光度范围达到了 100 ~ 102 400（尼康 D5）和 100 ~ 51 200（佳能 EOS-1D X Mark II），微单则达到了 100 ~ 102 400（索尼 α7S II）和 100 ~ 51 200（索尼 α9）等，ISO 感光度高得惊人，甚至要是不在产品说明书或官方主页上将 ISO 感光度的数值每隔 3 位数加一个逗号，就很难一眼看出它有多高]。

但是，提高 ISO 感光度带来的并非全都是好处。在技术上带来的最大缺点就是会产生噪点和伪色。在数码相机中，提高 ISO 感光度就意味着对电荷进行相应程度的放大，但在放大电荷时很难做到仅放大电荷信号，通常噪点也会同时被放大。所以，如果 ISO 感光度太高，即使是微小的光或暗电流也会被大幅放大，作为噪点呈现在画面上，导致图像与使用胶片拍摄时一样呈现粗糙的颗粒状。所以，虽说数码相机的 ISO 感光度可以设得很高，但如果随意设定为最大值，拍出的照片上就会全都是噪点。因此在拍摄时要注意选择适合拍摄场景的最佳感光度数值。

在提高 ISO 感光度时，相机不同，产生噪点的程度也不同（也因影像处理器的性能而不同）。另外，数码相机的产品说明书或规格表中标明的 ISO 感光度范围一般在 100 ~ 12 800。最小值 ISO 100 是画质优先时的基准值，因而被称为基本感光度。各制造商会自行判断在某个 ISO 感光度范围内噪点可以被用户接受，此时的感光度就称为常用感光度。一旦超过这个范围，则虽然画质可能不佳但仍然可以以这个感光度拍摄，这个感光度称为扩展感光度。不过，关于噪点量是否在常用感光度的容许范围内，最终还是要由拍摄者根据个人感受来决定。在选购数码相机时不要盲目相信常用感光度数值，最好结合相机的样片等判断。另外，对于平时使用的数码相机，也建议通过实际尝试，看一看变更 ISO 感光度后会产生多少噪点，事先确认噪点数量是否在自己可以接受的范围内。请在稍微暗一点的地方逐渐提高 ISO 进行拍摄并对比。随着 ISO 感光度的提高，快门速度会变快，照片中的噪点也会逐渐增多。此时，在计算机等大画面上对比更加容易理解。

一般来说，图像传感器的尺寸越大，噪点数量越少，ISO 感光度也就可以设定得更高。

另外，在 ISO 制定胶片的感光度标准之前，ASA（American Standards Association，美国标准协会）也曾针对感光度制定过标准，当时的感光度称为 ASA 感光度。ISO 感光度和 ASA 感光度的数值一样，功能也完全相同。另外，ASA 现在已更名为 ANSI（American National Standards Institute，美国国家标准学会）。

5.3 防抖

▌什么是防抖

在胶片相机全盛的时代，普通人是很难拍出好看的照片的。因为在拍摄时需要根据自己的经验设置适当的快门速度、光圈值、曝光参数等，或者为了能够准确对焦，还需要通过观察进行手动对焦调整。如果使用单反相机拍摄，则更加复杂，除了那些喜欢拍照的人以外，普通用户都会敬而远之。但如今，由于相机上搭载了很多程序自动拍摄模式，所以出现过曝或欠曝的照片减少了。在数码单反相机中，自动设置和调整的功能越来越多，出现拍摄失败的情况越来越少。

在这种背景下，拍摄失败的最大原因是"抖动"。抖动并不意味着没有合焦。如今，自动对焦的相关功能已经比较成熟了，所以只要在确认焦点已经对准之后按下快门，图像一般不会模糊，但在环境较暗的场景下拍摄或拍摄移动对象时会发生抖动。

抖动分为被摄体抖动和手抖动两种。被摄体抖动指的是当拍摄对象为运动员、宠物、行驶中的电车或汽车等正在移动的被摄体时产生的抖动。而手抖动是由按下快门按钮时的手抖动导致的相机振动。即使在拍摄静止的风景照片时，手抖动也会发生。

与胶片相机时代相比，使用数码相机拍摄的照片的抖动现象更加严重。这是因为，使用数码相机拍摄的照片的应用环境往往更容易让人注意到抖动。在胶片相机时代，人们很少会把照片放大显示。但对于使用数码相机拍摄的照片，人们则经常使用计算机的大屏幕进行全屏显示。随着显示分辨率的增大，哪怕是细微的抖动，也容易让人注意到。

防止抖动的最有效方法就是在拍摄时提高快门速度。当快门速度足够快时，就可以抑制被摄体抖动和手抖动。不产生抖动的安全快门速度一般是焦距的倒数。当使用 500 mm 的超长焦镜头时，快门速度要保持在 1/500 秒以上；当使用 100 mm 的长焦镜头时，快门速度要保持在 1/100 秒以上；当焦距为 50 mm 时，快门速度就要保持在 1/50 秒以上，这样就不容易发生抖动了。如果使用 24 mm 的广角镜头，快门速度要设定为 1/24 秒，其实广角镜头通常是大光圈镜头，所以原本就很少出现抖动的情况。但是，我们不可能总是在能够以较高的快门速度拍摄的明亮环境下拍摄，而且使用适当的光圈和快门速度组合进行拍摄才是对普通用户来说的理想状态（详见下文）。

解决由手抖动导致的拍摄失败的最有效方法是使用三脚架保持相机机身固定不动。但在很多情况下我们无法随身携带三脚架，而且也不能奢望在所有的拍摄中都使用三脚架。所以，人们研发出了仅凭相机本身就可以直接消除因手抖动导致拍摄失败的功能。这就是防抖功能。

防抖作为能够提高拍摄出片率的技术，在数码相机的众多功能中受到了特别关注。而且，这个功能如今也在日新月异地持续发展。以下是数码相机中搭载的具有代表性的 4 种防抖功能。

· 高感光度防抖
· 电子防抖
· 镜片位移式光学防抖★
· 传感器位移式光学防抖（图像传感器位移式光学防抖）★

※ 数码相机的产品说明书或广告中经常提到的防抖结构通常是带有★的两种方式。

高感光度防抖

首先，来思考一下什么样的方法可以让我们最轻松地拍出被摄体不产生抖动的照片。被摄体之所以产生抖动，是因为在图像传感器产生电荷的期间被摄体发生了移动。如果能够缩短电荷产生时间，被摄体移动的幅度就会变小，被摄体产生的抖动也会随之变少。设定较高的快门速度就可以缩短电荷的产生时间。换句话说，只需提高快门速度即可。但是，我们不能因此就胡乱设定快门速度。如果快门速度过快，在拍摄时正常曝光所需的光量就会不足，照片看上去会变得昏暗，严重时照片会一片漆黑。

尤其是在夜景拍摄等必须在光较暗的场景下拍摄的场景中，需要特别注意。

要想在保证足够快的快门速度的同时保持足够的亮度，只要设置足够大的 ISO 感光度就可以了。这种方法称为高感光度防抖。高感光度防抖是最基本最有效的防抖方式。

高感光度防抖的优点在于无须添加任何特殊的结构就可以实现防抖，而且可以同时减轻被摄体抖动带来的影响。被摄体抖动和手抖动的差异在于在人像拍摄中，手抖动不光会导致人物模糊，也会导致背景模糊，而被摄体抖动则是只有人物模糊，背景是清晰的。换句话说，高感光度防抖也可以有效抑制这种被摄体抖动。所以，高感光度防抖经常与其他的防抖方式结合起来使用。

高感光度防抖的缺点是噪点将变多。各制造商也都在研究如何在提高 ISO 感光度的同时获得没有噪点的清晰图像。把研发重点放在高感光度拍摄上的制造商认为，在手抖动或光线条件差的拍摄环境下，是可以拍出具有高感光度的清晰图像的。

电子防抖

电子防抖是利用图像传感器和影像处理器的运算处理来避免被摄体抖动的方法（图 5.5）。在按下快门时相机会自动拍摄多张照片，然后对这些图像数据进行比较运算，判断其中是否存在手抖动，并自动校正手抖动。此时，由于手抖动会导致原本的构图出现偏差，所以实际用于生成照片数据的有效像素区域小于可拍摄的最大像素区域。这是因为，如果不采取这种做法，当试图比较多个图像时，就会出现一些无法进行比较的区域。而且，为了便于影像处理器进行运算，此时的图像数据不会被记录到存储卡中，而会被记录到缓冲存储器中。对比最初的图像数据和后来拍摄的数据，将"为了让被摄体以相同方式出现在画面中而移动的区域"作为后来拍摄的图像数据的有效像素区域。然后，进行数据运算，生成没有抖动的图像。

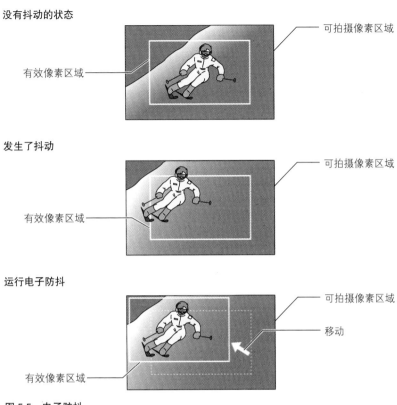

图 5.5 电子防抖
移动有效像素区域，仿佛从未产生过抖动一样地读取图像数据。

电子防抖的优点和高感光度防抖一样，都是无须添加任何特殊的结构就可以实现防抖，缺点是不能有效地使用图像传感器的受光面积。常见的数码相机中可以使用的有效像素区域是图像传感器的 90% 左右，而如果使用电子防抖功能，则为 60% ~ 50%。另外，电子快门还有一个缺点，那就是在拍摄多张照片的过程中，如果被摄体运动过快，则无法完全校正抖动。

镜片位移式光学防抖

手抖动指的是从被摄体射入相机内部的光的光轴偏离镜片中心的现象。因此，为了让光轴在这种情况下也可以到达镜片中心位置，就需要通过修正光的前进路径校正手抖动。因为对光的前进路径的修正需要通过移动相机镜头内的特定镜片实现，所以这种方法称为镜片位移式光学防抖或者镜头防抖（图 5.6）。

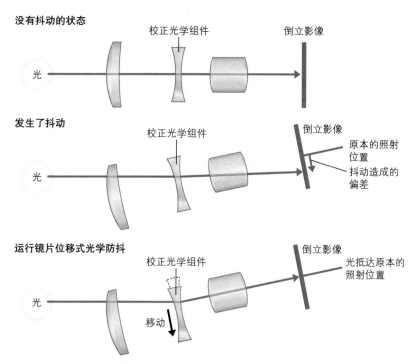

没有抖动的状态
校正光学组件
倒立影像
光

发生了抖动
校正光学组件
倒立影像
原本的照射位置
光
抖动造成的偏差

运行镜片位移式光学防抖
校正光学组件
倒立影像
光抵达原本的照射位置
光
移动

图 5.6　镜片位移式光学防抖
通过移动相机镜头中特定的镜片修正光的折射方向，以校正图像因抖动产生的模糊。有些超长焦镜头在采用镜片位移式光学防抖时，最大移动距离可以达到 5 mm。

相机机身的振动由陀螺仪传感器检测。陀螺仪是可以检测出物体在振动时的旋转和振动在垂直方向上产生的力，并可以测量其三维运动的装置。然后，以传感器测到的三维运动数据为基础，根据振动量大小使用驱动器移动光学系统部分组件（校正光学组件），修正光的折射方向，使光照射到正确的位置上。这里的驱动器也可以称为驱动装置。除了使用驱动器来驱动镜片以外，还有通过驱动器驱动可变棱镜或激活棱镜，以修正光的折射方向的方式（图 5.7）。

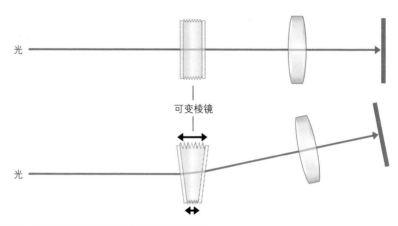

图 5.7　移动可变棱镜实现镜片位移式光学防抖
通过移动可变棱镜来改变光的折射方向，以校正因抖动产生的图像模糊。

图像传感器位移式光学防抖

镜片位移式光学防抖通过移动镜片使光轴恢复到了原本预计的照射位置，其实移动图像传感器也可以得到同样的效果。通过移动图像传感器防抖的方法称为图像传感器位移式光学防抖或机身防抖（图 5.8）。有时我们也会具体写明图像传感器的种类，称之为 CCD 位移式光学防抖等。

图像传感器位移式光学防抖的原理与镜片位移式光学防抖大体相同，即通过陀螺仪检测机身振动，根据振动量调整图像传感器使之上下左右移动，进行防抖操作。

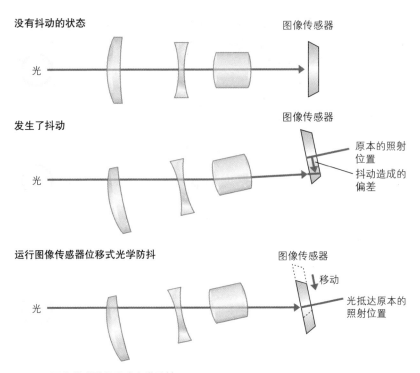

图 5.8 图像传感器位移式光学防抖
通过移动图像传感器本身调整光,使之照射到正常位置。

镜片位移式光学防抖与图像传感器位移式光学防抖

如今,数码相机采用的防抖方式主要是镜片位移式光学防抖和图像传感器位移式光学防抖。目前来说,相机采用哪种方式并没有很明显的倾向性,所以人们经常讨论到底哪种方式更加优越。其实,两种方式各有优劣,我们很难下结论说哪种更好。接下来,就来看一下它们各自的特点。

首先,镜片位移式光学防抖的优点在于使用光学取景器确认构图时,防抖功能也可以发挥作用(图 5.9)。

特别是在使用 500 mm 或 800 mm 等超长焦镜头拍摄时,如果不使用三脚架，那么即使在通过光学取景器构图确认时也会感到有相当强的抖动，甚至难以锁定被摄体，但如果镜头上搭载了镜片位移式光学防抖功能，那么在这种状态下也可以自动校正抖动，从而实现一边观察光学取景器确认被摄体和构图一边拍摄。

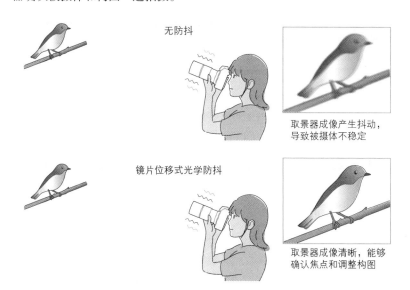

无防抖

取景器成像产生抖动，导致被摄体不稳定

镜片位移式光学防抖

取景器成像清晰，能够确认焦点和调整构图

图 5.9　镜片位移式光学防抖的优点
镜片位移式光学防抖功能从通过光学取景器观察时就会开始发挥作用，因此即使使用长焦镜头，也可以很方便地确认被摄体的对焦点或调整构图。

　　图像传感器位移式光学防抖是在按下快门时才移动图像传感器对抖动进行校正，因此在通过光学取景器进行构图确认时，防抖功能是不运行的。虽然最终可以拍出无抖动的照片，但照片的构图很可能与自己预想的有些不同。不过，在使用实时取景功能或微单相机的 EVF 取景器等时，因为都是通过图像传感器成像的，所以图像传感器位移式光学防抖在这种拍摄模式下也会发挥作用。

　　图像传感器位移式光学防抖的优点在于相机机身内有防抖结构，所以安装在相机上的镜头全都可以使用机身中的防抖功能（也有部分镜头由于结构原因无法使用机身中的防抖功能）。譬如，在购买了带有图像传感器位移式光学防抖功能的相机机身之后，以前在胶片相机上使用的所有镜头就都可以使用防抖功能（图5.10）。

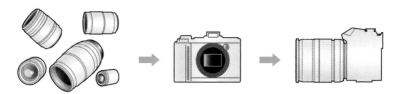

无防抖功能的镜头　　　带防抖功能的数码相机　　所有镜头都可以使用防抖功能

图5.10　图像传感器位移式光学防抖的优点

　　镜片位移式光学防抖只能搭载在带防抖结构的镜头上，如果想让自己使用的多个相机镜头都可以使用防抖功能，就必须购买带防抖功能的镜头才可以。而且，这些镜头必须搭载可以移动特定镜片的特殊防抖结构，但这不仅会使镜头本身的体积变大，也会使相机镜头的设计变得复杂，所以镜头售价也会更高。

【位移式数码单反或微单相机的防抖功能】

- 采用镜片位移式防抖的相机制造商（支持镜片位移式防抖的镜头制造商）：

  佳能、尼康、松下、富士胶片、索尼、适马、腾龙等

- 采用图像传感器位移式防抖的相机制造商：

  奥林巴斯、索尼、宾得等

　　防抖功能只能做到对抖动进行一定程度上的校正，并不能完全消除抖动带来的影响。但各制造商还是在想尽一切办法尽量减少抖动带来的影响。

　　比如，根据搜集的庞大样品数据分析抖动的模式，提前预测抖动模式并校正，而不是在抖动产生之后再校正，并尽可能地缩短从抖动出现到抖动校正为止的时间差。

　　同时，宾得的图像传感器位移式防抖功能采用了使用永磁铁和线圈组合而成的磁力驱动结构。3个用磁力驱动的球支撑着图像传感器，可以无摩擦地上下左右移动图像传感器。可以搭载在该公司产品上的所有镜头都可以有效运行这种防抖功能，同时，构图微调功能支持在 X 轴方向、Y 轴

方向微调整，自动水平校正功能支持在旋转方向上校正。除此之外，它还导入了可以抑制取景器成像与实际构图的偏差的功能。

奥林巴斯和索尼的图像传感器位移式防抖功能为"机身 5 轴图像防抖系统"，搭载了可以对仰俯摇摆抖动、左右摇摆抖动、水平位移抖动、垂直位移抖动、旋转抖动这 5 轴的抖动进行校正的结构 [1]（图 5.11 和图 5.12）。

图 5.11　图像传感器位移式的传感器
图为奥林巴斯的微单相机 OM-D E-M1 搭载的图像传感器模块。机身 5 轴图像防抖系统可以通过移动图像传感器对包含仰俯摇摆抖动和左右摇摆抖动在内的 5 轴方向的抖动进行校正。

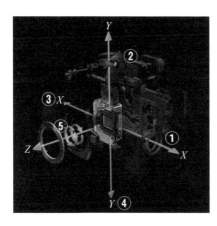

①仰俯摇摆抖动
②左右摇摆抖动
③水平位移抖动
④垂直位移抖动
⑤旋转抖动

图 5.12　机身 5 轴图像防抖系统
图为搭载在 OM-D E-M1 上的机身 5 轴图像防抖系统的示意图。它可以对①仰俯摇摆抖动、②左右摇摆抖动、③水平位移抖动、④垂直位移抖动、⑤旋转抖动进行校正（引自奥林巴斯官方网站）。

数码单反相机和微单相机的主流防抖方式是镜片位移式和图像传感器位移式，不过，随着视频拍摄的需求增多，电子防抖也被重新提起。因为在拍摄视频时防抖系统需要一直运行，电池消耗速度更快，所以有些机型搭载了也能够以软件校正方式有效校正视频的电子防抖系统。

---

① 索尼将这 5 轴的抖动分别称为上下摇摆抖动、左右摇摆抖动、横向位移抖动、纵向位移抖动和旋转抖动。

镜片位移式光学防抖和图像传感器位移式光学防抖的优势

　　镜片位移式防抖可以有效校正的主要是仰俯摇摆抖动和左右摇摆抖动。这两种抖动也称为摇摆抖动，我们可以将其想象为镜头前端的左右或上下抖动。因此，镜片位移式防抖在手持体积较大的长焦镜头拍摄时特别有效。

　　但对于相机机身在垂直、水平和旋转方向的抖动，镜片位移式防抖不太有效。而且对于微距拍摄或夜景拍摄时的抖动也没什么效果。在这些情况下，图像传感器位移式防抖的效果更加明显（图 5.13 和图 5.14）。

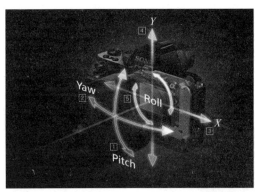

X = 横向位移防抖
Y = 纵向位移防抖
Pitch = 上下摇摆防抖
Yaw = 左右摇摆防抖
Roll = 旋转防抖

摇摆抖动 | ①Pitch ②Yaw

修正使用长焦镜头时的摇摆抖动

位移抖动 | ③X ④Y

修正使用微距镜头时的位移抖动

旋转抖动 | ⑤Roll

修正夜景和视频拍摄时在 Z 轴方向的旋转抖动

图 5.13　抖动的方向和名称

镜头前端的左右或上下的抖动称为上下摇摆抖动和左右摇摆抖动，相机机身旋转方向的抖动称为旋转（滚动）抖动。镜片位移式防抖的校正范围有限，但索尼在相机机身内搭载了光学式 5 轴防抖系统，宣称对长焦、微距和夜景等都可以有效防抖（引自索尼 α7 II 的官方主页）。

图 5.14　索尼 α7 Ⅱ 的防抖示例

当搭配 E 卡口镜头中搭载了 OSS（镜片位移式光学防抖）的镜头时，摇摆抖动（Pitch 和 Yaw）可以通过镜头端的防抖功能校正，而位移抖动（X 和 Y）和旋转抖动（Roll）的校正由镜头端和机身端的防抖功能组合完成，从而实现更完美的 5 轴防抖校正。

　　另外，以前将搭载了镜片位移式防抖功能的镜头安装在搭载了图像传感器位移式防抖功能的相机机身上拍摄时，有可能两个防抖系统都不能有效发挥作用，所以人们建议关闭其中一个防抖系统。但如今随着技术的进步，镜片位移式防抖和图像传感器位移式防抖都可以有效发挥作用，有些相机甚至还导入了效果更好的其他抖动校正机制。

关闭防抖有时会更好

　　即使搭载了防抖功能，也不意味着就万无一失了。在某些情况下，最好在拍摄时关闭防抖功能。防抖功能是通过检测人在手持相机拍摄时产生的抖动并进行抖动的反方向校正的功能。我们应当知道，在发生与手抖动频率不同的抖动或振动时，防抖功能有可能无法很好地发挥作用，有时甚至会起反作用。

　　比如，有时即使把相机固定在三脚架上，相机也会产生轻微振动。一般来说，三脚架的腿越长，振动幅度越大。在乘坐汽车等交通工具的状态下拍摄时，有时也会出现与手持拍摄时不同类型的抖动。另外，在拍摄行驶的汽车或移动的被摄体时，通常想拍出背景模糊而主题清晰的效果，但由于相机的防抖功能，拍出的可能是主题模糊的照片，有时甚至会拍出意想不到的照片。这时，应该使用相机或镜头的慢门拍摄模式。另外，像奥林巴斯的 IS-AUTO 功能这样的控制机制还可以自动检测相机的抖动方向，仅将纵向、横向和倾斜方向中的主题运动方向上的防抖功能关闭，同时让其他方向上的防抖功能保持开启。

5.4　除尘

灰尘是图像传感器的大敌

　　通过改良图像传感器，尺寸较大的 CCD 或 CMOS 开始变得廉价，普通用户也可以轻松入手一台可换镜头式数码相机，但与胶片时代相比，需要特别注意金属粉尘和灰尘等。对于可换镜头式相机，在换镜头时灰尘总会不可避免地从相机外部进入。当然，这在胶片相机时代也会发生。但是，这些灰尘对数码相机的影响比对胶片相机要大很多。

　　这些灰尘最大的问题是会附着在感光元件上。这时，灰尘也会一起出现在照片中。当然，当灰尘附着在镜头上时，也会出现在照片中，但此时使用吹力较大的清洁吹气球就可以把灰尘吹跑，这样它们就不会出现在照片里了。胶片相机的感光元件是胶片，所以灰尘的影响就更小了。因为胶片相机的一张胶片只能拍一张照片，在拍下一张照片时感光元件就变成了另一张胶片。所以，即使灰尘附着在胶片上了，影响的也只是附着了灰尘的这张胶片，而且在拍摄完成后卷取胶片时灰尘也会一起被卷走，在下一次拍摄时感光元件上就没有灰尘了。

　　但是，数码相机就得另当别论。如果灰尘附着在图像传感器上，那么以后拍摄的照片中就会一直有灰尘。而且，不仅仅是灰尘会被拍进去那么简单，还可能由于在拍摄时图像传感器发热而导致灰尘烙印在图像传感器上。如果发生了这种情况，就必须更换图像传感器才行。如果灰尘附着在镜头上，那么可能有些读者朋友会简单地认为使用清洁吹气球把灰尘吹掉就好了。其实这种操作也很危险。毕竟一个像素的大小可能还不到 1 mm 的 1/1000，如果对它吹风，很可能影响到那些没有灰尘的地方。因此，在更换镜头时要特别注意。请尽量遵守如下所示的注意事项，避免灰尘进入相机机身内部，不要让灰尘附着在图像传感器上。

· 在更换镜头时，将卡口一侧朝下
· 不要摘下镜头看图像传感器变成了什么样子
· 不要用清洁吹气球等对着图像传感器吹气

万一灰尘附着在图像传感器上了，尽量不要自己去除灰尘，应该去数码相机制造商的服务中心维护。

除尘原理

数码单反相机很容易因为反光镜的运动导致产生金属粉尘或灰尘，这些漂浮在相机内部的灰尘也容易附着在图像传感器上。

在清理附着在图像传感器上的灰尘时，用户可以选购除尘套装自行维护，或把相机带到相机制造商的服务中心付费清理。以前，因为灰尘会附着在图像传感器前面的低通滤镜上，所以人们也将这项工作称为低通滤镜清理。不管怎样，用户在自己清理图像传感器时总会有些不安，但带到服务中心去清理也比较麻烦，而且把相机寄存在服务中心的期间还不能使用相机。于是可以搭载在相机内部进行除尘，从而保护图像传感器的自动除尘功能诞生了。这一功能也称为除尘系统（dust reduction system）等（图 5.15）。

图 5.15　在 E-1 中首次搭载的除尘系统
安装在图像传感器前面的除尘系统通过超声波振动清除附着在上面的灰尘。

其最初的基本原理是通过上下左右摇晃图像传感器或者用静电自动除去附着在上面的灰尘。但是，这种结构有时无法有效发挥作用，即使摇晃图像传感器或滤镜，有些小灰尘也不会掉落，并且有些依靠分子力附着的灰尘也无法用静电除去。为了应对这种情况，奥林巴斯开发了一种除尘系统——在图像传感器的前面安装了透明的圆盘状滤镜，在更换镜头或反光镜升起时，金属粉尘或灰尘即使进入相机机身，也只会附着在滤镜上。这种结构可以让我们不用担心灰尘会落到图像传感器上，但一般情况下，照片上还是会出现灰尘斑点。不过实际上，奥林巴斯的这个滤镜并非一块单纯的透明板，而是可以进行超声波除尘的超声波振荡滤镜（Super Sonic Wave Filter，SSWF）（图 5.16），所以通常被称为超声波除尘滤镜。它可以进行每秒 30 000 次以上的超高速振动，瞬间去除碎屑或灰尘（图 5.17）。即使上下左右摇晃图像传感器也不会掉落的灰尘，或者用静电也不能成功去掉的依靠分子力附着的金属粉尘或灰尘也可以完全去除。因为这些被除去的灰尘将被固定在滤镜下方的灰尘吸附部件上，所以不会再次漂浮起来。在这种除尘系统中，当相机电源接通或切换为实时取景时，超声波除尘滤镜都会自动进行超声波振动，这样在拍摄时就不用担心灰尘了。

图 5.16 OM-D 的 SSWF
奥林巴斯的微单相机 OM-D 上搭载的超声波除尘滤镜。

图 5.17 清除碎屑或灰尘的超声波振动实验
以每秒 30 000 次以上的超高速使 SSWF 振动，从而产生强有力的重力加速度，并以此来弹飞碎屑或灰尘的超声波振动实验。

　　如今各相机制造商在自家的相机产品中都加入了拥有独立技术专利的除尘结构。这些结构大致分为几种，包括通过振动安装在图像传感器前面的防尘滤镜（SSWF）除尘的结构（奥林巴斯），通过振动图像传感器前面的光学滤镜群除尘的结构（佳能、尼康和索尼等），以及通过振动图像传感器自身除尘的结构（索尼、宾得）等。无论哪种结构，在开关电源等的时候，都会触发除尘结构启动，从而去除灰尘。

此外，佳能或尼康的后期软件中还可以检测是否有灰尘斑点，并在进行 RAW 显影时通过软件处理来消除灰尘（后期调整）。具体来说，就是先拍摄纯色的照片，自动判别灰尘的位置和大小并使之数据化，然后在用 RAW 显影软件生成 JPEG 格式的图像等时通过后期调整自动去除由灰尘形成的斑点。佳能称之为"除尘数据"，而尼康称之为"图像除尘数据"。

5.5 实时取景

实时取景的优点和注意事项

在使用卡片数码相机拍摄时，可以观察背面的液晶监视器进行构图，以此代替光学取景器。这是从数码相机开始普及时就已经实现的技术。现在智能手机也采用了同样的方式，我们需要通过观察显示屏进行构图。

尽管卡片数码相机把液晶监视器用作取景器的做法看似理所当然，但在数码单反相机上，人们花费了很长的时间才实现了这种做法。在数码单反相机中，这个功能被称为实时取景。虽然从数码相机问世的初期就存在用背面的液晶监视器确认构图的结构，但直到最近"实时取景"这个名称才开始真正使用，也就是在数码单反相机开始搭载这个功能之后，人们才称之为实时取景（图 5.18）。

图 5.18 单反相机与实时取景
单反相机基本采用目镜式取景器来调整构图，但使用实时取景，像卡片数码相机一样将背面的监视器用作取景器的用户也在不断增加。很多女性担心化妆品粘在相机上，所以也喜欢使用实时取景。

如今的单反相机上的实时取景功能除了在拍摄视频时会用到，在微距摄影时也经常会用到（图 5.19）。与目镜式取景器相比，相机背面的液晶监视器画面大，观察起来比较方便，如果再配合放大显示等功能，还可以仔细确认焦点细节。在专业的拍摄现场，为了确认模特瞳孔是否准确对焦，也经常用到实时取景功能。

先确定构图，然后确认对焦是否准确　　　放大显示部分画面，仔细确认对焦部位

图 5.19 微距摄影与实时取景
实时取景功能可以部分放大显示取景器中的成像，并可以让我们仔细确认是否准确对焦，在微距摄影中特别方便。

另外，可以自由调整液晶监视器角度的翻转式液晶监视器也在逐渐增多。这种监视器也称为可翻折液晶监视器，它解决了一直以来困扰单反相机用户的构图或多角度拍摄问题，这也要归功于实时取景（图 5.20 和图 5.21）。

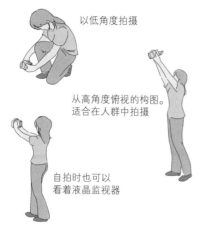

以低角度拍摄

从高角度俯视的构图。
适合在人群中拍摄

自拍时也可以
看着液晶监视器

图 5.20 翻转式液晶监视器与实时取景

图 5.21 翻转式液晶监视器示例

图为尼康 D5300 的翻转式液晶监视器的翻转
示例。它可以向左侧翻转 0° ~ 180°，并可以
在打开的状态下顺时针旋转 90°，逆时针旋
转 180°，我们也可以将相机高举拍摄，或贴
近地面拍摄，或者自拍。

　　在进行微距摄影或搭配翻转式液晶监视器使用时，实时取景功能是非
常方便的，但中级以上的单反相机用户通常习惯于使用光学取景器。此
外，他们一般在拍摄静物或风景时会使用实时取景功能，但在拍摄移动物
体时则使用光学取景器。这也与单反相机为何难以导入实时取景功能相
关，接下来我们就详细介绍一下。

单反相机为何难以实现实时取景

　　那么，为什么早期的数码单反相机没有搭载能够通过背面的液晶监视
器确认构图的实时取景功能呢？

　　第一个原因是数码单反相机的图像传感器尺寸比卡片数码相机大很
多。图像传感器在拍摄时会产生电荷，这个过程一定会产生热量。如果只
是普通的拍摄，那么只在释放快门时会产生电荷，这倒是没有什么问题。
但要想以与电视机或视频短片相同的动作流畅度对被摄体进行实时取景，
那么每秒必须拍摄 30 帧，要是以电影等级拍摄就需要拍摄 24 帧，即使只
需达到一半画质，每秒也得拍摄 12 帧到 15 帧。这样一来，光就得持续照
射在图像传感器上，此时就会持续产生电荷。如果是小尺寸的图像传感器
还好，但如果是采用 APS-C 画幅或 35 mm 全画幅图像传感器的数码单反
相机，则受光面积更大，产生的热量也会更多。再加上根本没有散热时

间，所以电荷只会越来越多，热量最终将积蓄在图像传感器中，导致产生大量的噪点，或者对图像传感器的使用寿命造成致命伤害。因为早期的实时取景功能有很多限制，比如有些只可以黑白显示，有些在实时显示 30秒后必须休息一段时间。

第二个原因与单反相机机身构造中的反光镜与自动对焦功能有关。有关数码单反相机的结构，我们在第 2 章中讲过，图像传感器前面设有反光镜，可以通过取景器确认由反光镜折射的影像。单反相机的"反"指的就是反光镜。换句话说，一般在拍摄前进行构图确认时，光将直接抵达光学取景器，而不会照射到图像传感器上。另外，在反光镜将光反射到光学取景器时，影像也被传送到 AF 传感器上进行对焦操作。光只有在按下快门后反光镜处于升起状态的那一瞬间才会照射到图像传感器上。此时 AF 传感器上是没有光的。总之，单反相机独有的构造使得其无法轻易实现实时取景功能，因为实时取景需要让光一直照射到图像传感器上并对焦（图 5.22）。

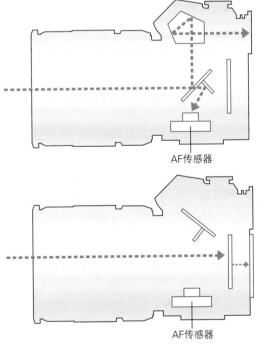

AF传感器

AF传感器

图 5.22　实时取景中不能使用自动对焦

在单反相机的取景器中显示成像时，反光镜是处于落下状态的，此时 AF 传感器也会接收到反射光，从而自动对焦。但是，实时取景功能需要让光照射到图像传感器上，所以反光镜将处于升起状态，此时 AF传感器是不可用的。

单反相机实现实时取景的两种方式

2006 年，奥林巴斯的数码单反相机首次搭载了实时取景功能。当时预装了两种实现方式，用户可以自由切换使用。

一种方式是通过改良图像传感器，最大限度抑制热量产生来实时取景（图 5.23）。此时，反光镜一直处于升起状态，通过电子快门连续调整电荷的产生，就可以将实时取景的影像持续显示在背面的液晶监视器上。

但是，这种方式仍然存在前面提到的不能使用自动对焦的问题。卡片数码相机是通过图像传感器的成像自动对焦的，但数码单反相机的自动对焦在多数情况下并不是通过图像传感器进行的。因此，在以这种方式实时取景时，自动对焦功能不能正常运行，用户必须自行手动对焦。也就是说，早期的实时取景功能是无法使用自动对焦功能的。尽管如此，在微距摄影等领域它仍然发挥了很大的作用。因为我们不仅可以在相机背面面积较大的液晶监视器里上显示成像，而且可以将部分成像放大显示，所以即使是手动对焦，也可以快速地对准焦点。另外，构图与实际拍摄得到的图像完全相同，因此实时取景的视野率可以达到 100%，这也是它的一大优点。

图 5.23 早期的实时取景技术①

这种方式使用的是实际拍摄所用的图像传感器，优点是最终成像可以所见即所得，缺点是自动对焦功能不能使用。

资料来源：奥林巴斯

　　在微距摄影中，比起自动对焦，在构图时能够实现 100% 的实时取景视野率更加重要，但在抓拍时，相比实时取景视野率，能够使用自动对焦功能显得更为重要。于是，通过快速切换实时取景和自动对焦实现两种功能并存的机型也出现了。这种机型采用了另外一种方式，通过在装备普罗棱镜式光学取景器的光路中间搭载可以实现实时取景的专用图像传感器，实现了在实时取景的同时自动对焦。光路与采用自动对焦专用传感器对焦时一样，以较少的操作，就可以快速实现实时取景专用图像传感器与自动对焦传感器之间的光路切换。所以，不会出现在停止实时取景显示时液晶显示屏变黑的现象，从而实现在实时取景的同时自动对焦。

　　但是，这种方式也有缺点。因为这就几乎相当于使用光学取景器确认构图，所以很难确保 100% 的实时取景视野率。基本上，如果使用实时取景专用图像传感器实时取景，实时取景的视野率达不到 100%（图 5.24）。

实时取景专用 CCD

光学取景器

普罗棱镜

主反光镜

对焦屏

图 5.24　早期的实时取景技术②
这种方式使用实时取景专用图像传感器实现了实时取景。因为需要使用搭载在光学取景器一侧的实时取景专用图像传感器，所以也可以同时进行自动对焦，但存在"几乎没有一种机型能够确保实时取景视野率达到 100%"的问题。
资料来源：奥林巴斯

　　这两种方式各有优缺点，不能简单地说哪种更加出色，大家最好根据自己的实际拍摄需求选择。如果微距拍摄需求较多，可能更加重视实时取景的视野率，而如果快速抓拍的需求较多，可能更加重视自动对焦功能。

对于可以自由切换这两种方式的机型，奥林巴斯将其中拍摄与实时取景共用一个图像传感器的方式称为"实时取景 B"，将使用实时取景专用图像传感器实时取景的方式称为"实时取景 A"，用户可以根据拍摄场景不同自由切换。

实时取景的发展与差异

自从数码单反相机普及以来，很多相机制造商引入了实时取景功能，并对其进行了升级。其中，索尼采用的是另外搭载一个实时取景专用图像传感器的方式（实时取景 A），而佳能和尼康等采用的是通过拍摄时所用的图像传感器实时取景的方式（实时取景 B）。各制造商都只选择了这两种实现方式中的其中一种，而奥林巴斯后来也只选择了实时取景 B 这一种实现方式。

索尼 α350 等搭载的是 A 方式的实时取景功能。但与奥林巴斯的实时取景 A 方式稍有不同，是在保持光在反光镜处于落下状态时到达光学取景器的光路设计不变的同时，搭载实时取景专用图像传感器，在使用实时取景功能时切换光路。即使是在实时取景时，AF 传感器的相位检测 AF 方式也可以高速发挥作用。虽然由于没有部分放大显示功能，在微距摄影中可能有些许不便，但如果同时搭配翻转式液晶监视器，抓拍等性能就可以得到很大的提升（索尼后来采用了半透明反光镜技术，改为了无须使反光镜升起的方式）。

佳能和尼康等采用了 B 方式的实时取景功能，并为了同时使用自动对焦功能而进行了各种改进。一种是针对想要在反光镜处于升起状态下进行实时取景显示的同时实现自动对焦的改进，此时可以半按快门按钮，让反光镜下落，使光照射到 AF 传感器上，从而实现自动对焦。但在使用这种方法时，在半按快门按钮后实时取景显示会中断。这种方法的工作流程是这样的：实时取景显示→实时取景显示因半按快门按钮而中断→合焦提示音→恢复实时取景显示。另一种改进是引入卡片数码相机中通过分析图像传感器的成像进行对焦的反差检测 AF 方式。这是已经在卡片数码相机上普及的技术，不仅可靠性强，而且有些机型还搭载了人脸识别或伺服追焦等功能。但是，与单反相机的相位检测 AF 方式相比，反差检测 AF 方式存在对焦速度较慢的缺点。此外，支持反差检测 AF 的镜头是有限的，这一点也需要特别注意。

最近，把像面相位检测 AF 传感器安装在图像传感器上成了主流方式。并且，在佳能的"全像素双核 CMOS AF"上，全部像素点都兼有相位检测 AF 传感器功能，相位检测 AF 功能会持续发挥作用，直到最终合焦完成。由于像面相位检测 AF 可以由图像传感器进行相位检测 AF，所以单反相机即使处于实时取景模式下，也能够进行高速的相位检测 AF（详见 5.6 节）。

顺便说一下，微单相机没有反光镜，其基本结构与卡片数码相机一样，光可以直接照射到图像传感器上。因为自动对焦功能也是通过图像传感器实现的，所以微单相机从诞生之初采用的就是通过背面的液晶监视器实时取景的方式。

5.6 数码单反相机的视频拍摄

用数码单反相机也可以拍摄视频

随着摄像机的普及，卡片数码相机和智能手机上也普遍搭载了视频拍摄功能，但在数码单反相机市场上，可以说视频拍摄还是一种新技术。2008 年 9 月，尼康发售了首款搭载视频拍摄功能的数码单反相机 D90。D90 的视频拍摄功能称为 D-Movie，使用 APS-C 画幅 CMOS 传感器实现了最大分辨率为 1280 × 720 的 HD 高清拍摄（720P[①]）。视频格式为

---

① 720P 是一种在逐行扫描下分辨率达到 1280×720 的显示格式。其中的 P 指的是逐行扫描。

Motion JPEG 的 AVI 格式，HD 高清拍摄的最长拍摄时间约为 5 分钟，文件大小约为 797 MB。如果选择分辨率为 640 × 424 的标准画质，最长拍摄时间可达 20 分钟，文件大小约为 957 MB。我们在 5.5 节讲解实时取景时提过，当反光镜处于升起状态时，自动对焦功能是无法使用的，只能使用手动对焦。所以，如果拍摄静物还好，但如果拍摄车辆、奔跑中的动物或儿童等动态被摄体，就有一定的难度。而且，收音只有单声道。尽管如此，因为 D90 搭配了大口径镜头，并且拥有大尺寸图像传感器，可以拍出单反相机特有的背景虚化效果，所以这款相机在当时成了热门话题。

2008 年 11 月，佳能发售了 EOS 5D Mark II，这是世界上第一台搭载全高清（1980 × 1080）视频拍摄功能的数码单反相机。视频格式与摄像机采用同样的 H.264 标准（最长拍摄时间为 12 分钟），支持分辨率为 640 × 480 的标准画质（最长拍摄时间约为 24 分钟）。搭载的图像传感器支持反差检测 AF，可以实现自动对焦拍摄。另外，EOS 5D Mark II 的视频拍摄功能除了可以实现数码单反相机特有的高清画质和可以凸显被摄体的背景虚化效果之外，还可以自由搭配和使用丰富的 EF 镜头群，从而根据不同的拍摄目的和用途呈现出不同的拍摄效果，因此它的这一功能也被称为 EOS MOVIE，给以好莱坞为首的电影制作行业带来了巨大的冲击。

但是，虽然在视频拍摄过程中可以按下 AF 按钮进行对焦操作，但有时可能会出现追焦速度不够快，或者瞬间过曝、自动对焦马达驱动声音被收录等问题。一直以来单反相机都不曾关注过录音领域，但在视频拍摄中即使是声音很小的马达驱动音，在收录在视频中之后也会很明显。佳能为了满足日益高涨的视频拍摄需求，推出了配备更加安静、高速、高精度的步进马达的镜头，扩展了可换镜头式数码相机的视频拍摄范围。

另外，支持微型 4/3 系统的松下和奥林巴斯也相继发售了支持 HD 高清视频拍摄的数码相机，正式在可换镜头式相机市场中展开了关于视频拍摄功能的竞争。

▍视频拍摄功能的特点和难题

单反相机的图像传感器与卡片数码相机、家用摄像机相比尺寸较大，因此能够拍出浅景深且有纵深感的图像（比如较强的背景虚化效果等），即使在傍晚或夜间等光量不足的拍摄场景中，拍出的图像噪点也较少。另外，如果搭配使用长焦和超广角等镜头，还可以体验到与使用家用摄像机或卡片数码相机拍摄时完全不同的乐趣。但其实，在单反相机上实现视频拍摄功能并不容易。

今后视频拍摄功能肯定越来越先进，但在数码单反相机上实现视频拍摄功能时人们曾经面临过哪些技术性难题呢？下面我们将结合相关原理对此进行介绍。

实时取景

正如 5.5 节所述，以往常见的单反相机的原理是先使用光学取景器确认被摄体的成像，然后仅在按下快门按钮拍摄时将反光镜升起并同时把图像记录下来。因此，单反相机不能一边用取景器确认被摄体的成像一边记录图像。而对于需要追踪被摄体进行持续拍摄的视频拍摄功能来说，数码单反相机的这种结构带来了很多不便。

但是，当数码单反相机实现了实时取景功能后，情况发生了改变。数码单反相机开始与摄像机和卡片数码相机一样在反光镜升起状态下持续在液晶画面上显示被摄体，并在此基础上通过记录被摄体的成像实现了视频拍摄。可见，实时取景和视频拍摄有着密切的关系。

自动对焦（AF）

世界第一台搭载视频拍摄功能的数码单反相机 D90 也只支持手动对焦方式，由此可知，视频拍摄时的自动对焦是使用单反相机实现视频拍摄时的困难之一。与当时支持实时取景功能的数码相机需要手动对焦一样，假如使用传统单反所用的相位检测 AF 传感器的对焦结构，则无法在拍摄视频过程中使用自动对焦功能。但在视频拍摄中，如果有自动对焦功能会方便很多，于是单反相机采用了与卡片数码相机一样的方式，即图像传感器的反差检测 AF 方式，在升起反光镜的状态下可以自动合焦。虽然反差检测 AF 方式比相位检测 AF 方式的对焦速度慢，但在视频拍摄中，反差检测 AF 方式本身的速度问题并没有很明显。另外，在"像面相位检测 AF"（详见下文）技术出现之后，因为可以使用图像传感器上的相位检测

AF，所以单反相机也可以在实时取景或视频拍摄时使用相位检测 AF 实现快速自动对焦了。

除此之外，还有诸如马达的噪声、图像传感器发热、电池消耗快等亟待解决的问题。各制造商都为了使较大口径的镜头可以像摄像机那样自动对焦并长时间持续高速运作，而致力于解决马达噪声或损耗、速度、电池消耗等问题。

电池

数码单反相机搭载的图像传感器尺寸比摄像机或卡片数码相机的更大。机身内部需要进行高速运算，然后将处理结果保存到存储卡中。这些运算处理的耗电量是很大的，直接关系到电池的续航时间。随着大光圈镜头的自动对焦功能持续工作，耗电量会更加显著。

存储卡

与静止图像相比，视频的文件更大。随着视频拍摄的潮流兴起，闪存卡的价格下降，大容量存储卡的价格也越来越便宜，与只进行图片拍摄的时代相比，如今更推荐直接使用大容量的存储卡，或者随身携带备用存储卡。

虽然使用数码单反相机拍摄视频已经开始普及，但其实它的历史还很短，如果只是拍摄家人或作为旅行纪念，那么摄像机或卡片数码相机从各方面来说都更加方便。但如果想拍出单反相机独有的画质，或者想让拍出的照片比以前更好看，想拍摄视频作品，那么数码单反相机的视频功能更有优势。另外，微单相机兼具了便携性和画质优势，因为其结构和原理非常适合视频拍摄，而且其搭配的标准镜头等也非常小巧。从市场性来看，微单更加注重从技术上满足视频拍摄需求，搭载的人脸识别、伺服对焦和高速的反差检测 AF 都令人耳目一新。

单反相机上图像传感器的反差检测 AF 功能评价不太高，如今在图像传感器上搭载像面相位检测 AF 的相机也在逐渐增多，可以想见今后的相机功能将更加丰富。比如佳能的全像素双核 CMOS AF 等，随着视频对焦中更多地使用像面相位检测 AF，对焦的速度和精度都将出现飞跃性的提高（详见下文）。像面相位检测 AF 技术在微单相机上的应用也一样可以取得很大成果，因此可换镜头式单反相机的视频拍摄功能今后也有望取得显著进步。

另外，如果以拍摄家人或旅行纪念为主要使用目的，不仅要注意拍摄时的性能，还要考虑拍摄后的便利性。如果想把拍摄的视频文件复制到自家客厅的 DVD 播放机或 BD 录像机中，那么选择能够支持所用的录像机的数码相机会很方便。如此一来，把存储卡直接从相机上拔下来插到录像机上，或者直接通过数据线连接并将文件复制到录像机上，就可以直接在电视机上观看，非常方便。

全像素双核 CMOS AF

佳能于 2013 年秋天发售的数码单反相机 EOS 70D 上搭载了全像素双核 CMOS AF，这一技术使实时取景或视频拍摄的自动对焦功能取得了很大的进步。

从 2011 年开始正式投入使用的像面相位检测 AF 方式是一种通过在图像传感器的像素点处嵌入相位检测传感器，以图像传感器受光后的成像为基础实现相位检测自动对焦的方式。早期的微单相机没有搭载相位检测 AF 传感器，为了实现数码单反相机那样的高速自动对焦才搭载了像面相位检测 AF 方式，光这一点就可以说有了很大的进步，但其实这种方式存在很多限制，比如相位检测的范围只有画框中心部分，而且相位检测只是找到大致对焦位置，最终对焦还需要由反差检测 AF 实现等。

在全像素双核 CMOS AF 中，所有的有效像素都具有拍摄和相位检测 AF 功能。换句话说，图像传感器可以在拍摄图像的同时实现通过相位检测 AF 对焦。其原理如下：每个像素由独立的两个光电二极管（将光转换为电信号的元件）构成，在自动对焦时分别吸收光来检测对焦偏差，并进行相位检测 AF，然后在拍摄时合并两个二极管拍出的图像（图 5.25 和图 5.26）。借助全像素双核 CMOS AF，我们可以在画幅上的很大范围（纵横 80% 的区域）中使用相位检测 AF 对被摄体对焦，也可以伺服追焦。佳能称其为"在实时取景或视频拍摄时也能实现高速追焦性能的自动对焦功能"。包括旧机型或海外机型在内，大约有 100 款镜头产品可以使用这种 AF 功能。

图 5.25　全像素双核 CMOS AF 的像素点示意图

在全像素双核 CMOS AF 中，每个像素都以两个二极管独立吸收光，从而实现了通过检测两个成像的偏差进行测距的相位检测 AF。

< 全像素双核 CMOS AF 的原理 >

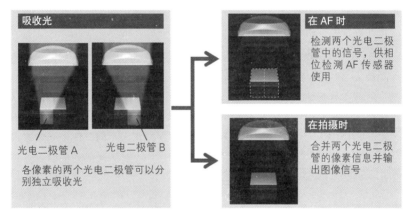

图 5.26　全像素双核 CMOS AF 的结构

每个像素的两个光电二极管分别独立吸收光，检测焦距偏差，并进行相位检测 AF，然后在拍摄时合并两个二极管并输出图像信号。

　　截至 2017 年 10 月，佳能公司在 EOS-1D X Mark II、EOS 5D Mark IV 等面向专业摄影师或摄影爱好者的产品以及 EOS M5、EOS M6 和 EOS M100 等微单相机中都采用了这种技术。

像面相位检测传感器和相位检测 AF 传感器

　　全像素双核 CMOS AF 这样的像面相位检测传感器与传统的单反相机上使用的相位检测 AF 传感器相比，有哪些优点呢？

一个是像面相位检测传感器的测距范围很广。虽然单反相机的 AF 传感器单元的测距范围一直在扩大，但测距点是以画框内的中央为中心分布的。但像面相位检测传感器的整个表面都是 AF 的对焦点，所以从原理上来说，整个表面都变成了可测距范围（EOS 70D 所用的全像素双核 CMOS AF 的测距范围达到了约 80%）。

另一个是在较暗的场景下也可以自动对焦。AF 传感器模块在较暗的场景下不能清楚确认被摄体等的成像，因而焦点不易识别。光从镜头进入，然后通过半透明反光镜，再由 AF 传感器接收，所以光量会逐步变少。另外，因为 AF 传感器本身体积很小，所以很难以较少的光量实现高感光度。而全像素双核 CMOS AF 是直接基于图像传感器的受光的，具有高感光度性能，所以在较暗的地方也有较强的对焦能力。

单反相机上同时搭载了 AF 传感器模块和像面相位检测传感器（图像传感器），那么相机是如何区分使用二者的呢？

在单反相机中，像面相位检测传感器（图像传感器）作为自动对焦发挥作用的情况仅限于反光镜处于升起状态时。也就是说，在实时取景拍摄或视频拍摄中像面相位检测传感器才能有效发挥作用（但只使用光学取景器拍静止图像的用户没有使用该功能的机会）。特别是在视频拍摄时，利用相位检测 AF 快速完成对焦令人非常惬意。

5.7 快门

快门的机制

电子快门

快门是相机在拍照时用于调节最重要的光量的部件之一，起着非常重要的作用。在按下快门按钮前，快门通常处于关闭状态，而在按下快门按钮后，快门会瞬间打开，使光从镜头射入图像传感器，快门开启时间越长，射入的光量就越多，越短则光量越少。数码相机上还有一种特有的快门类型。下面就来详细介绍一下。

胶片相机的胶片自身并没有遮光机制，因此不能自由调整光量。即使是 CCD 和 CMOS 这样的图像传感器，也不能通过自身来调整电荷量。但通过模拟式地控制曝光时间，是可以调整电荷量的。例如，当通常情况下的蓄光时间达到 1/2 时，先清理一次蓄积电荷再蓄光，就可以使蓄积的电荷量变为原来的 1/2，这就相当于光量变成了原来的 1/2。也就是说，图像传感器可以通过清理蓄积电荷来调整光量（图 5.27）。

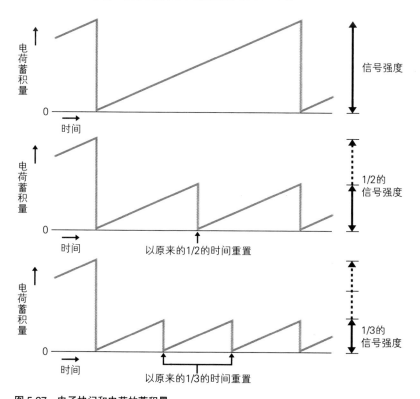

图 5.27 电子快门和电荷的蓄积量
控制清理电荷的时间可以改变电荷的蓄积量，进而改变信号强度。

这种操作与按下快门调整光量有着同样的效果。这就是电子快门。胶片相机上是无法配备这种快门的，只有数码相机才可以。顺便说一下，我们在讲解 CMOS 时提到的重置操作实际上指的就是这种电子快门。

电子快门不需要物理性的遮光帘幕，具有用简单的物理结构就能实现的优点。另外，由于没有物理动作，所以可以提高快门速度，也就是关闭快门的速度。连续多次按下快门的操作也不会给相机造成很大的负担。

机械快门

但是，电子快门有一个很大的缺点，那就是会产生炫脉。所谓的电子快门清理电荷，就是把电荷转移到其他地方。如果在向其他地方转移电荷时恰好遇到了太阳或灯泡等的强光，电荷就会瞬间达到饱和状态并溢出至其他区域，产生炫脉。而且，如果是仅由电子快门构成的数码相机，光会持续照射在图像传感器上，所以光量达到饱和状态的可能性更高。换句话说，不仅仅是太阳或灯泡这样的光源，就连玻璃或金属等形成的反射光也可能导致炫脉。

炫脉问题可以通过遮光解决。也就是说，通过物理快门阻止光照射到图像传感器上即可。相对于电子快门，这种物理快门称为机械快门。现在的数码相机上大多也配备了这种机械快门。基本就只有早期的手机上的数码相机或被称为玩具相机的廉价版数码相机才只搭载电子快门。如今手机的数码相机功能不断发展，已经拥有了高像素和各种高级功能，有些也逐渐开始采用机械快门。

但是，并不是说只要配备了机械快门，数码相机就完美了。因为数码相机的有些功能只有配备了电子快门才能实现。那就是 5.5 节讲解的实时取景功能。要实现实时取景功能，电子快门是不可或缺的。

要想在液晶监视器上实时显示从镜头传到图像传感器的影像变化，需要一直高速地刷新监视器画面。所谓刷新监视器画面，其实就与打开快门拍摄时的动作一样。当然，拍摄的影像不需要记录，图像数据也不会保存到存储卡中，只会被传输到液晶监视器。但是，当通过移动相机或者改变焦距来改变拍摄视角时，为了使这种变化能够流畅地反映在液晶监视器上，就需要以与摄像机等同的速度高速刷新监视器画面。如果只能以普通速度刷新，监视器画面就会出现显示卡顿，甚至很难当作取景器使用。要想以与摄像机等同的速度刷新监视器画面，则在逐行扫描时必须以 1/30

秒的间隔，而如果是卡片数码相机常用的隔行扫描就必须以 1/60 秒的间隔连续按下快门。如果使用机械快门，则不仅会遇到物理性能上的瓶颈，还会导致快门本身的寿命缩短。这时就轮到电子快门出场了。如果换成电子快门，就只需要转移电荷，没有物理性操作。所以，即使以 1/60 秒间隔连续多次按下快门，也不会对数码相机造成物理性损耗，液晶监视器也可以当作取景器继续使用。所以，如今的数码相机大多同时配备了电子快门和机械快门，在不同情况下使用不同的快门（图 5.28）。

图 5.28　电子快门的好处

电子快门不仅可以清除由暗电流等形成的噪点，还可以让我们利用背面的液晶监视器实时确认拍摄状况，将其当作取景器使用。

镜头和快门位置

机械快门可以根据不同的结构和动作分为各种类型。这里介绍一下根据位于镜头的哪个位置划分的具有代表性的镜头。

镜前快门

位于镜头前面（被摄体一侧）的快门称为镜前快门（图 5.29）。在以前的某个时期，结构简单的胶片相机经常使用镜前快门，但如今的数码相机和胶片相机已经很少使用这种快门了。

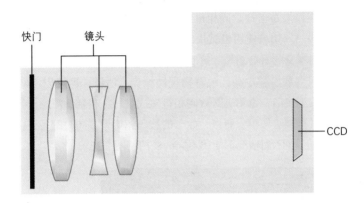

图 5.29 镜前快门
从被摄体一侧观察，位于镜头前面的快门称为镜前快门。

在镜前快门中，经常使用的是称为 Ever Ready 的快门结构。它是通过将带孔的两块挡板按一定时间差移动来实现光的遮挡和照射的（图 5.30）。这个时间差可以控制快门速度。它酷似断头台，所以也俗称断头台快门。

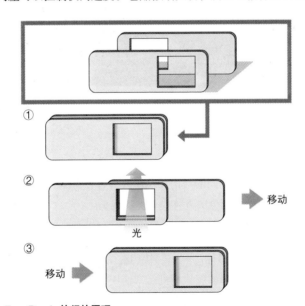

图 5.30 Ever Ready 快门的原理
通过按顺序移动有间隔的两块挡板，切换遮光和照射状态。然后，调整时间差来控制快门速度。

镜间快门

位于镜头的光路中间的快门称为镜间快门（图 5.31）。通常在紧邻光圈结构的位置也会设置快门，将快门设置在光圈叶片的附近不仅能防止光量下降，还能避免部分画面出现暗角。

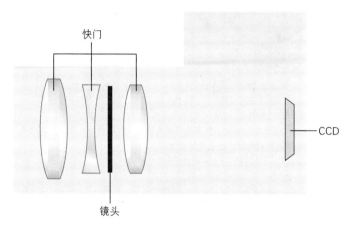

图 5.31 镜间快门
光路中嵌入的快门称为镜间快门。

另外，如果想让结构更加简单、成本更加低廉，也可以使用兼有光圈和快门功能的部件。鉴于上述优点，现在有很多卡片数码相机采用了这种方式。

镜间快门大多采用拥有数片叶片的快门。在卡片数码相机中，叶片数最多为两片，但随着相机越来越高级，叶片数量逐渐增加到了 3 片、5 片（图 5.32）。数码相机经常固定搭配变焦镜头，所以要想将快门模块移动到最佳位置，必须预先留出一定的移动空间。但这有时会导致漏光问题，需要提前做好对策。

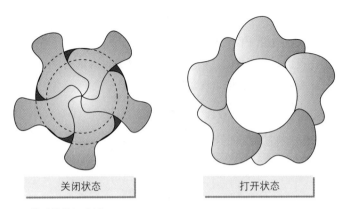

关闭状态　　　　打开状态

图 5.32　5 片叶片快门示例

叶片越多,每片叶片的重量就越轻,便于快门高速运转,但运转时结构复杂,叶片也会变得很难控制,只有高级的数码相机才会采用这种快门。

镜后快门

　　配备在光路和图像传感器之间的快门称为镜后快门（图 5.33）。在变焦时不需要移动快门装置,而且针对漏光的对策也很简单。但是,与镜间快门相比,镜后快门经常需要增大快门在处于开启状态时的曝光面积,在快门速度上稍微处于劣势,现在已经很少有相机采用这种方式了。

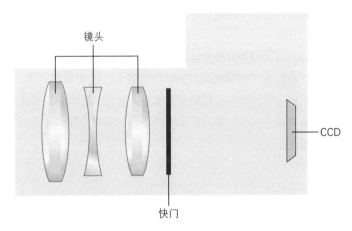

镜头

CCD

快门

图 5.33　镜后快门

处于光路和图像传感器之间的快门称为镜后快门。

焦平面快门

还有一种快门虽然位于光路和图像传感器之间，准确来说应当是镜后快门，但同时它又位于图像传感器的旁边，所以我们通常称之为焦平面快门（图 5.34）。严格来说，镜后快门应当配备在光路中，但焦平面快门其实是配备在与光路完全分离的位置上的。因此，即使更换镜头，快门本身也不会受到影响。也就是说，作为光学系统的镜头是可以自由更换的。所以，大多数可换镜头式数码单反相机采用的是这种焦平面快门。

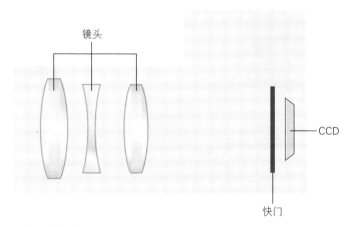

图 5.34　焦平面快门
位于与光路完全分离的位置上。

焦平面快门以前多采用像 Ever Ready 快门那样横向移动遮光帘幕的结构，但如今的快门速度需要提高到 1/8000 秒等，原来的结构不能满足人们对超高速运行的快门的需求。因此，通过让分别由若干片帘幕组成的两组遮光帘幕纵向移动实现高速化的快门类型逐渐成为主流。横向移动遮光帘幕的快门方式称为横走式焦平面快门，而纵向移动遮光帘幕的方式称为纵走式焦平面快门（图 5.35）。产品说明书中一般不会写明这一点，但如果相机杂志等上面写了"电子控制式纵走焦平面快门"，就意味着相机搭载了高级快门，在购买时可作为参考（这种快门的形状就像店铺、车库或窗户上常用的可以纵向升起和降下的百叶窗的迷你版）。

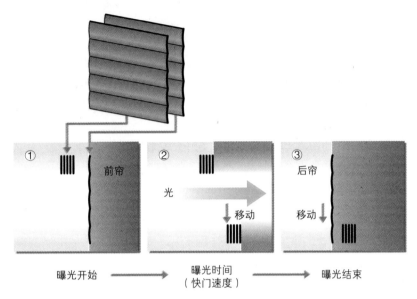

① 前帘

② 光 移动

③ 后帘 移动

曝光开始 ➡ 曝光时间 （快门速度） ➡ 曝光结束

图 5.35 纵走式焦平面快门示例

相对于焦平面快门，像镜间快门一样嵌入光路的快门也被简单地称为镜头快门。

为了满足更快的快门速度需求，很多相机采用的是使用了分别由若干片帘幕组成的两组遮光帘幕的焦平面快门。如图 5.35 所示，两组快门帘幕并排，其中一组处于关闭状态。在拍摄时关闭的快门帘幕打开，让光通过。当另一个快门帘幕关闭时，光会被遮挡。先移动的快门帘幕称为前帘，后移动的快门帘幕称为后帘。

由于两个快门帘幕是分开移动的，所以能够实现很快的快门速度。如图 5.35 所示，在快门速度很快时，不会出现前帘和后帘都完全打开的状态，而是在前帘开始拉开的下一个瞬间，后帘就开始闭合，这种做法缩短了光照射到图像传感器上的时间。

机械快门和电子前帘

机械快门在与其他相机结构一起运转时，会产生轻微的声音和振动。

虽然这些声音没有单反相机的反光镜噪声大，但在需要完全静音的拍摄场景下，这些声音的影响不容忽视。

虽然振动幅度也很小，但如今的数码相机分辨率越来越高，需要呈现超精细的图像，所以即使是这一点点的振动，也会对画质造成影响。

电子快门的出现解决了这两个问题。从理论上来说，如果不使用机械快门，只使用电子快门，就可以使静音无振动拍摄成为可能。

另外，由振动引起的相机抖动问题主要产生在图像传感器受光的那一瞬间。也就是说，当快门速度没那么快时，前帘快门的振动是导致相机抖动的主要原因，而后帘快门的振动是在拍摄完成后的那一瞬间，所以对成像不会造成影响。因此，现在还出现了只有前帘采用电子快门，而后帘采用机械快门的方式。虽然当快门速度非常快时，后帘快门的振动也有可能造成相机抖动，但与前帘和后帘都采用机械快门的方式相比，这种方式产生振动的概率可以减少一半（但电子前帘快门有时会引发曝光不均的问题）。

如图 5.36 所示的机械快门是索尼开发的可以最大限度抑制相机抖动的低振动快门。为了最大限度抑制由快门振动而引起的相机抖动带来的影响，索尼在快门部分采用了减振结构。同时，与前帘和后帘都使用机械快门相比，把低振动快门和电子前帘组合起来的方式更能抑制振动。搭载这种快门的机型之一 α7R II 的像素约为 4240 万。为了最大限度提升相机的超精细的画质性能，α7R II 完全消除了由快门振动带来的相机抖动，进而实现了静音化拍摄。

图 5.36 机械快门

为了最大限度抑制由快门振动造成的相机抖动，α7R II 采用了防振动结构，搭载了低振动快门。

滚动快门现象

在使用电子快门拍摄快速移动的被摄体时，会出现图像畸变失真的滚动快门现象。现在的 CMOS 图像传感器不能一次性对全部像素（整张照片）曝光并读取信号。它采用的是需要在像素区域从上到下滚动并依次读取信号的"滚动快门"机制，因而在读取图像上部和下部时存在时间差，所以在拍摄快速移动的被摄体时才会出现动态模糊。

解决方法之一是开发和导入"全域快门"。它不是从上到下依次曝光和读取信号的，而是对图像传感器整体进行一次性曝光和读取信号。但是，在本书成书时这种全域快门技术还没能真正投入使用。

目前最实用的是另一种方法，即直接使用"机械快门"。在被摄体快速移动的摄影中，如果使用机械快门，图像传感器将预先进入曝光准备，然后通过机械快门的开闭曝光并读取信号。换句话说，这相当于让图像传感器在受光状态下依赖于机械快门进行曝光，所以，几乎不会发生由电子快门导致的滚动快门现象。

其实，严格来说机械快门和胶片也会由于前帘和后帘快门的速度不同而产生畸变，但畸变并没有像 CMOS 图像传感器的电子快门那样特别明显。

索尼的部分数码相机机型采用了能够抑制由滚动快门现象造成的畸变的"防畸变快门"技术。虽然从结构上来说，CMOS 图像传感器仍是滚动快门式的，但这种技术通过在对像素区域从上到下曝光时应用图像传感器的高速读取技术缩短了时间差。

为了抑制滚动快门现象，索尼的数码相机 RX100 IV 采取了以比以往快 5 倍以上的速度进行像素高速读取的方式，而全画幅微单相机 α9 使用了新开发的图像传感器高速读取技术（图 5.37）。

传统卷帘快门

防畸变快门

图 5.37　防畸变快门的效果
配备了防畸变快门功能的相机可以抑制动态模糊（引自索尼产品 RX100 IV 的官方主页）。

集成内存堆栈式 CMOS 传感器实现了这些高速化技术。RX100 IV 中搭载了"集成内存 1 英寸 Exmor RS CMOS 堆栈式传感器"，α9 则搭载了"集成内存 35 mm 全画幅堆栈式 CMOS 影像传感器"，与传统的 CMOS 传感器相比具有压倒性的高速性能（图 5.38）。

图 5.38　RX100 IV
图为世界首款搭载了集成内存 1 英寸 Exmor RS CMOS 堆栈式传感器的新一代高级卡片数码相机 DSC-RX100 IV（索尼）。除此之外，RX10 IV、RX10 III、RX10 II、RX100 V、RX0 中也采用了 1 英寸堆栈式传感器。

α9 的像素读取速度比传统机型（α7 II）提高了约 20 倍。此外，BIONZ X 影像处理器的进化也对整机性能改善做出了很大的贡献。

如果这些性能的提高可以消除电子快门的缺点，那么结合静音、低振动的特点，可以说拍摄场景将得到大幅扩展。

根据拍摄场景选择快门模式的时代

对于胶片相机来说，机械快门是为了遮挡胶片的感光面（使之不受光）而设置的结构。可是到了数码相机时代，胶片替换成了图像传感器，电子快门也出现了，因此机械快门发挥的作用也发生了改变。

如今，随着微单相机的出现，图像传感器（感光元件）的用武之地越来越广泛，不仅是拍摄图像，实时取景或 EVF 取景器显示、AF/AE 功能等都需要使用图像传感器。因此，在需要静音拍摄、超高速连拍或需要拍摄高速移动的被摄体的场景中，根据使用方法或场景不同选用机械快门或电子快门，可以拍出意想不到的效果，让拍摄更加随心所欲。

快门速度、光圈与准确曝光

快门速度是关系到图像是否会模糊的重要要素。通常，快门速度是一个远小于 1 秒的数值。如果是抓拍，快门速度一般为 1/125 秒到 1/500 秒，而在拍摄赛车或飞行的鸟类等时，快门速度需要在 1/1000 秒或 1/2000 秒内，这样拍出的图像才不会出现模糊。

那么，是不是根据被摄体的运动速度来改变快门速度就可以了呢？未必如此。如果快门速度变快，照射的光量就会变少。例如，在用相机的最快快门速度 1/4000 秒拍摄在运动会上奔跑的学生时，如果是阴天或傍晚等光量较少的时候，拍出的图像就可能是漆黑一片。

光圈可以调节光量。如果把快门速度变快，那么需要把光圈值变小使光量变大。像这样把光圈和快门设成最佳组合，就可以以最佳的光量拍摄。能够拍出最佳效果的光量就称为准确曝光。

准确曝光并不仅仅取决于快门速度和光圈值，与 ISO 感光度也有密切关系。如果设置了高感光度的 ISO 数值，那么即使光量较少，光圈值小，快门速度很快，也可以得到准确曝光。而且，周围环境中的光量会在很大程度上影响曝光。根据晴天还是阴天，或者是向阳地还是背阴处，准确曝光所需的快门速度和光圈值的组合也会发生变化。

　　对于初学者来说，找出准确曝光所需的快门速度和光圈值的组合是很不容易的。因此，大多数数码相机配备了可以根据周围的光量或照射到被摄体上的光量，以及设定的 ISO 感光度来自动找出快门速度和光圈的最佳组合的功能。这就是程序自动曝光模式，简称为程序模式。如果使用程序模式拍摄，拍出的图像一般能大致得到准确曝光。另外，在程序模式下，如果在半按下快门时无法得到准确曝光，很多数码相机会给出提示，告诉我们此时需要使用闪光灯或三脚架。

　　但是，程序模式也不是万能的。在某些场景下，人们也会对程序模式感到不满意。譬如运动会中快速奔跑的运动员等场景。在拍摄这种场景时，首先要保证图像不能模糊。因此，要先固定快门速度，然后结合周围环境亮度，自动调整光圈以达到准确曝光要求。虽然最终拍出的画面可能会有些暗，甚至有些噪点，但与把被摄体完全拍糊相比，这些缺点还是可以忍受的。像这样先固定快门速度，然后自动调整其他设置的功能就称为快门速度优先自动模式，或简称为快门优先模式。快门优先模式不仅用于拍摄需要捕捉高速移动被摄体的场景，还可以通过减慢快门速度，拍摄出具有流动感或运动速度感的照片。

　　此外，根据拍摄场景不同，我们有时会想通过固定光圈值拍摄，比如想要调整被摄体景深时。在想要使用大光圈拍出浅景深的效果，让主题人物以外的前景或背景虚化时，如果先固定光圈值，就可以轻松拍出想要的效果。像这种通过先调整光圈值和周围环境亮度，然后固定光圈值，由相机自动调整快门速度并准确曝光的模式就称为光圈值优先自动模式，或简称为光圈优先模式。在光圈优先模式下需要注意的是，在很多情况下，根据固定光圈值计算出来的快门速度要比通常的程序模式下自动设定的快门速度慢。这时就需要使用三脚架固定，以避免发生手抖动。

　　这些设定也可以不依赖于相机，而完全由自己自由组合。这称为手动拍摄模式。在使用数码相机的手动模式拍摄时，不仅仅需要了解相机的相关知识，还必须熟悉数码相机本身的特性，比如在哪些场景或设定下容易产生炫脉或伪色等。

　　相机越高级，配备的拍摄模式越多。反过来说，有些平价卡片数码相机可能没有这些拍摄模式。但是，在卡片数码相机中，也有很多机型配备了多种程序模式供用户选择，这些模式都是与拍摄场景相对应的最佳快门速度和光圈值的组合。例如，有适合拍摄运动物体或适合拍摄人像的程序模式，也有适合拍摄远景等的程序模式等。运动模式、肖像模式、远景模式等程序模式通常是使用很容易辨识的名称或图标来标示的，用户可以根据拍摄场景更加直观地选择最适合的程序模式（图 5.39）。

图 5.39　具有各种拍摄模式的数码相机示例

图为搭载了各种优先模式的数码相机（左）和搭载了适合不同拍摄场景的程序模式的数码相机（右）。在左边的机型中，P 表示程序模式，A 表示光圈优先模式，S 表示快门优先模式，M 表示手动模式。右边的机型中虽然没有这些优先模式，但除了由长方形图标表示的普通程序模式以外，还提供了远景模式、肖像模式、夜间模式等程序模式，用户可以更加直观地根据图标来选择。

　　如果预先知道自己的相机有哪些拍摄模式，就可以在很大程度上避免拍摄失败。建议大家仔细阅读说明书，事先掌握可以得到准确曝光的快门速度和光圈的组合都是哪些模式，或者在某种拍摄场景下应该使用哪种模式等。这是初学者能够拍出漂亮照片的捷径之一。

5.8　数码变焦

　　如果拥有变焦镜头，那么只使用一台数码相机就可以同时实现广角拍摄和远景拍摄，非常方便。但是，在卡片数码相机和手机的数码相机上，能够搭载的变焦镜头的镜身长度是有限的。于是，人们想出了另一种方法实现了与变焦镜头同样的效果。这种方法就是使用数码变焦。数码变焦并不是通过镜头或图像传感器实现的，而是通过处理图像数据，使图像达到看似实现了变焦的效果。具体实现方式大致分为两种。

一种是通过裁剪图像的部分内容实现的数码变焦（图5.40）。这在专业术语中称为裁剪。裁剪部分图像之后，图像的显示分辨率将变小。具体来说，裁剪就是从数码相机所拍摄的原本分辨率为 1600 × 1200 的图像中，裁剪出分辨率为 1024 × 768 的图像，将其作为最终图像。此时，虽然图像变小了，但图像的画质并没有变差。

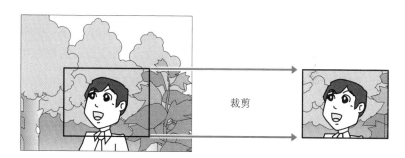

图 5.40 数码变焦①
虽然经过数码变焦裁剪后的图像尺寸会变小，但画质不会变差。

另一种是将裁剪后的图像放大为原始图像大小的数码变焦（图5.41）。当然，此时会出现图像数据不足的问题。那么，不足的部分数据就需要根据周围的部分分析并计算，以用于对数据进行插值处理。

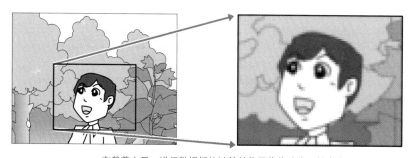

在裁剪之后，进行数据插值计算并将图像修改为原始大小

图 5.41 数码变焦②
裁剪后，进行数据插值计算将图像修改为原始大小。

第二种方法是根据计算凭空生成数据的，所以其实这些数据不是真实的，图像画质会变差。在使用这种方法进行数码变焦时，裁剪后的图像越小，画质越差。换句话说，随着数码变焦的倍率上升，图像的画质会越来越差。

如果使用第一种方法，不同的图像，分辨率会各不相同，因此第二种方法的应用更广泛。正因如此，人们才会觉得数码变焦会使图像的画质变差。

数码变焦乍一看很方便，但由于图像画质会变差，所以这里不太推荐使用数码变焦。另外，与在拍摄时进行数码变焦相比，通过图像后期软件进行裁剪从而缩小图像尺寸时，图像画质变差的程度要小。

除此之外还有一种变焦方式，为了与数码变焦区别开来，这种使用变焦镜头实现变焦效果的方法称为光学变焦（图 5.42）。

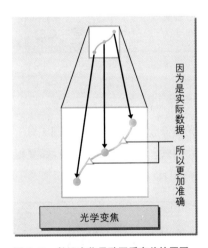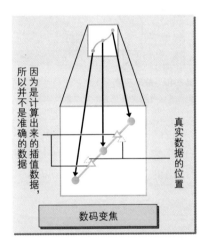

图 5.42　数码变焦导致画质变差的原因
数码变焦需要根据少量像素通过数据插值运算生成新的数据，图像颜色或灰度往往与实际不同，所以图像画质才会变差。

5.9 人脸识别和笑脸快门

什么是人脸识别

卡片数码相机或微单相机上备受瞩目的技术之一就是人脸识别功能。所谓人脸识别，就是可以从影像或图像中自动识别出人脸的功能的总称。卡片数码相机或微单相机采用的基本是通过分析图像传感器中影像的对比度进行对焦的反差检测 AF，这种图像识别技术进一步发展，衍生出了人脸识别功能。如今，有的入门级数码单反相机在使用实时取景功能拍摄时也导入了这种技术。下面，我们讲解一下该技术的开发背景。

手机或智能手机的相机功能逐渐普及，而且功能越来越高级，所以数码相机需要增加附加价值，比如能够更加简单地拍出更漂亮的照片的功能。

人脸识别技术开始出现在数码相机中的一个契机是"在普通摄影中，焦点大多是对准人脸的"。自动对焦技术在刚出现时，是装在目镜取景器的中心位置，并在特定范围内可以准确并高速自动对焦的技术。但在后来的发展过程中，功能逐渐升级，对焦点越来越多，而且可以自动判别近处物体并合焦，或者让用户自由选择对焦点等。早在 1992 年，有的单反相机就已经搭载了高级视线输入技术，可以扫描正在观察目镜取景器的用户的眼睛，并对眼睛注视的地方自动对焦。但是，在普通用户的市场中，相机用途大多为随拍，这种高级对焦技术让人感觉操作非常复杂，所以没有得到广大用户的认可。在普通的人像拍摄中，大多数人希望能够对人物被摄体的脸部自动对焦。满足这种需求的技术就是人脸识别。人物被摄体周围的木头、汽车、桌子等物体当然必须从对焦范围中排除。除此之外，当对焦范围中还有人物被摄体的手臂、脚，或者帽子、手里拿着的包、乐器等除了脸以外的东西时，也必须排除。这种方式大幅减少了因焦点模糊导致的拍摄失败。

这样一来，人脸识别功能在肖像摄影中效果十分显著，大幅降低了人脸对焦失败的概率。接下来需要解决的问题就是在逆光拍摄时被摄体的暗部缺失。于是，人们又开发了新的人脸识别技术：不根据整个画面或部分画面的亮度调整曝光参数，而根据识别出的人脸亮度来自动判断曝光参数并曝光，然后自动调整白平衡，从而把人物拍得更加漂亮。这种技术有望避免逆光拍摄时脸部变暗的情况，或者当强光照在脸上时出现高光溢出的问题，从而降低拍摄失败的概率。

在随后的技术发展中，人脸识别功能进一步完善，可以根据人脸识别数据判断是否出现了红眼并在拍摄时直接校正，还可以与美颜模式搭配拍出更加漂亮的人像作品（图 5.43）。

如果可以通过人脸识别对人脸自动对焦，就可以增加人像拍摄时的出片率

如果可以通过人脸识别使人的脸部亮度和环境光亮度吻合，就可以减少因室内或室外的逆光或曝光不足造成拍摄失败的情况

图 5.43　通过人脸识别增加出片率

人脸识别功能还在持续发展。譬如，可以支持同时识别多个面部等。当识别到多个面部时，相机可以自动更改设定，使所有人的面部都拍得很漂亮。比如，在拍集体照等有很多人的照片时，前排和后排的人都可以清晰对焦。根据拍摄景深不同，对焦范围也会不同，甚至对焦距离也会有限制，但相机的人脸识别功能可以在可设置范围内尽量把所有人的面部（人数上有限制）都拍得很漂亮。

另外，搭配了液晶触控面板的产品可以让我们直接通过触屏从识别出的多个面部中选择以哪个人为优先对焦、调整亮度以及白平衡（图 5.44）。另外，索尼的 Cyber-shot 系列机型上搭载的人脸识别功能 "人脸检测" 可以在识别脸部的同时自动判断某个人是成年人还是儿童，具有可以优先对儿童对焦的 "儿童优先" 功能（图 5.45）。

如果识别到多张脸，可以使用触摸屏很简单地选择想优先对焦的人，增加拍摄的成功率

图 5.44　人脸识别搭配触控面板使用更加方便

有的机型可以判断某张脸是成年人的脸还是儿童的脸，并将焦点优先对准儿童的脸拍摄（索尼的"人脸检测"功能之一）

图 5.45　儿童优先对焦

而且，追踪对焦的性能也在快速发展。追踪对焦功能是一旦识别到脸部后，即使被摄体移动，甚至变成侧脸，也可以持续追焦并对焦的功能。它与人脸识别功能不同，是一种对锁定焦点后的被摄体追焦的功能。

人脸识别技术也在查看照片的播放再生功能上有所应用。比如在播放时放大脸部，或者在幻灯片播放时以脸部为中心变焦，以脸部为中心裁剪等。

人脸识别的原理

各相机制造商的人脸识别功能的技术细节大部分是没有公开的。我们甚至去采访了各相机制造商的开发部门，但因为大部分信息是机密信息，所以很遗憾没有得到满意的回复或解答。

脸部识别功能的核心就是图像识别技术。一般来说需要对人的眼睛和嘴巴形状匹配，但具体处理也会因人种或表情而不同。人类可以根据面部的颜色很简单地识别人脸，但对于相机来说，从图像的像素点中识别出人脸来并不容易。电子设备不能凭感觉判断，而需要使用较强的运算能力或对比能力。即预先根据庞大的样本数据对面部图案数字化，然后使之相匹配，把相似的部分判定为面部（人脸识别算法）。样本数据越多，脸部识别的精度就越高，但是这种数据处理会花费很长时间，在实际中应用比较困难。各相机制造商正在自行研发图像识别技术，或者寻求合作伙伴的技术支持，从而在获得越来越多的样本数据的基础上追求更快速的脸部识别性能。

富士胶片的人脸识别功能一直处于领先地位。其数码相机上搭载了"脸部优先功能"。该公司还向相机店或胶片显影店提供用来冲洗胶片和打印照片的机器 Digital Minilab Frontier。为了让客户寄存的胶卷或图像数据显影得更加漂亮，富士胶片一直在研究如何结合脸部检测功能调整曝光和色彩并打印。因为拥有处理胶片显影和印刷的悠久历史，所以结合约 70 年的显影经验和 Frontier 庞大的样本数据，富士胶片最终实现了其他公司无法实现的高性能脸部识别技术。2008 年秋季发布的机型对脸部识别功能进行了改进，实现了上下方向 360° 的全方位人脸识别。更加值得一提的是，优化后的脸部识别功能不仅能识别人脸的正面，还通过把斜面、侧脸的数据分别添加到数据库中，突破性地实现了侧脸识别功能（图 5.46）。

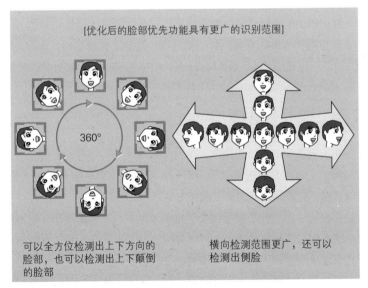

图 5.46　富士胶片"脸部优先功能"的识别范围
富士胶片在 2008 年秋季机型中实现了上下方向 360° 的面部识别功能，通过搭载"正面 ~ 斜面 ~ 侧脸"的各种样本数据，最终实现了侧脸的人脸识别。
资料来源：富士胶片

另外，识别速度也得到了改进。最初人脸识别的处理是由数码相机内部的软件进行的，为了提高处理速度，富士胶片利用积蓄多年的核心技术研发出了专用的 IC 芯片（人脸识别专用 LSI）。搭载了这个芯片的数码相机产品实现了 0.036 秒的高速人脸识别速度（2008 年秋天发布的机型）（图 5.47 和图 5.48）。

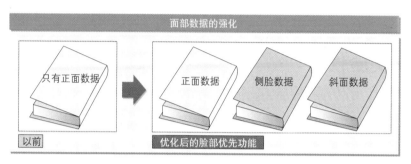

图 5.47　增加数据量并强化人脸识别能力
富士胶片在 2008 年秋季发布的相机中，除了以往的正面样本数据之外，还增加了斜面数据和侧面数据，并且开发出了独特的人脸识别专用 LSI，使如此庞大的数据处理规模也可以在短时间内高速完成。

资料来源：富士胶片（2008 年秋天发布的脸部优先功能）

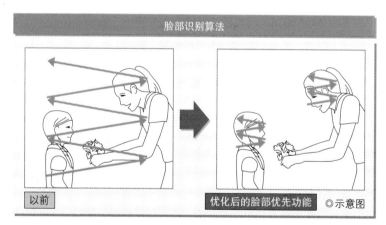

图 5.48　人脸识别算法的优化
以前的人脸识别是对整个画面进行搜索分析，而优化后的脸部优先功能则可以先快速搜索整个区域，然后预测脸部的位置并进行高效的搜索，从而降低错误识别率，实现即使正面和侧面同时存在也可以高速识别出来。

资料来源：富士胶片（2008 年秋天发布的脸部优先功能）

另外，因 Cyber-shot 系列上的人脸识别功能而闻名的索尼也强调自己使用了丰富的样本数据。它利用自身在全球布局的优势把在各个国家拍摄的各种人种、年龄的人像及表情作为了样本数据。索尼还优化了在人脸识别完成后自动追焦的功能，即使识别出来的正面或斜面的脸部变成了侧脸，也能持续追焦（2008 年秋天及其后发布的机型）。

笑脸快门

笑脸快门是索尼特有的技术，指相机会对笑容作出反应并自动按下快门的功能。这个功能一般称为"笑脸识别"或"微笑识别"，是人脸识别技术的延伸。

我们经常遇到这样的情况：在笑容出现的那一瞬间，正要按下快门，笑容却转瞬即逝了。特别是在拍摄表情变化较多的儿童时，要抓拍到自然的笑脸是非常困难的。

另外，很多人也常常为了拍到好看的笑容，在拍摄时喊"1，2，3……茄子!"，结果却发现笑容还是不够自然。为了把最美的笑容记录下来，人们开发了"笑脸快门"。用户还可以设定微笑等级，比如是在检测到微笑时自动按下快门，还是在检测到大笑后才按下快门。

把人脸识别功能和自动追焦功能相结合后，即使被摄体出现移动也可以自动追焦，每当检测到笑容时，笑脸快门就会自动拍摄。索尼在 2007 年秋季发布的机型对连拍张数是有限制的（6 张），但经过不断改进，这一限制取消了，用户能够连续且无张数限制地实现笑脸快门。除此之外，索尼还对"在设置为笑脸快门时无法手动按下快门"的限制进行了改进，从而实现了在设置为笑脸快门的同时手动拍摄。这样一来，在转瞬即逝的笑容出现时，就可以由笑脸快门自动拍摄，不错过任何一个拍摄机会，同时我们也可以在遇到其他想拍摄的瞬间时使用手动快门拍摄。

除此之外，用户也可以使用笑脸快门功能来代替自拍计时器。比如，先把相机放置在远离被摄体的位置，并将相机设定为笑脸快门模式，然后回到拍摄位置，露出笑容，相机就会自动按下快门。同样，该功能也适合用于容易出现手抖的自拍场景。

　　笑脸快门功能识别笑脸的原理还没有具体公开。由于在笑容出现时人们会露出牙齿，嘴角上扬，眼角下垂，所以索尼的相机是综合牙齿、嘴角和眼角这几个要素来判断笑容是否出现，以及笑容等级是多少的。索尼还自主研发了人脸识别引擎（LSI），与人脸识别功能"脸部侦测"一起实现了高速的笑脸快门。

　　索尼还推出了搭载笑脸快门功能的 Handycam 摄像机。这款摄像机可以在拍摄视频时自动识别笑脸，并在保持视频拍摄的同时自动拍下笑脸，将其保存到存储卡中。

　　另外，其他制造商也在部分数码相机机型上搭载了笑脸识别功能，比如奥林巴斯的"微笑拍摄"，宾得的"微笑捕捉"等。同时，有些智能手机上也搭载了笑脸识别功能。

　　卡片数码相机虽然又小又方便，但与单反数码相机相比，从按下快门按钮到拍摄完成的时间较长，很难捕捉到笑容出现的瞬间。笑脸快门可以说是成功克服了在人像拍摄时定格微笑这个难点的先进技术。

第 6 章

图像和记录媒体

本章将讲解使用数码相机拍摄得到的图像和图像文件，以及用于保存图像文件的记录媒体，并通过梳理有关数字图像的基础知识和介绍彩色图像的原理，研究一下与高画质文件相关的知识要点。

6.1 数字图像的基础知识

数字图像的颜色表现

首先，我们介绍一下数字图像的颜色表现。数码相机的数字图像是使用三原色的 RGB 数值来表现颜色的。

在我们的生活中，除了天空或者大海的蓝色、树木的绿色等自然色彩，还有像杂志或商品目录等印刷品、广告牌或建筑物墙壁、汽车用的颜料，以及电视机或计算机等的显示器屏幕中出现的由人工制造的颜色。在日常生活中，了解这些颜色并不需要特别的知识，但如果想用颜色来表现某些内容，就有必要知道一些有关颜色的原理或规则。譬如，印刷物或涂料上的颜色表现方法和显示器屏幕上的完全不同。前者使用的颜色模型是 CMYK 模式，而后者使用的是 RGB 模式。像这样通过数值（通道）的组合来表现颜色的方法就称为色彩空间。

印刷品使用 CMYK 模式表现颜色（印刷色）

有些读者或许还记得小时候美术老师曾教大家使用颜料，比如把红色和蓝色混合起来生成紫色，把红色和黄色混合起来生成橙色，把蓝色和黄色混合起来生成绿色等。虽然很多同学当时觉得不可思议，但也懵懵懂懂地学到了一些有关颜色的原理，知道了像这样将原色混合起来，就能够调出各种各样的颜色。

大家体验过的颜料的混合就是印刷业常用的以 CMYK 表现颜色的方法，其原理是在白底上叠加颜色并混合。CMYK 是由 C（Cyan，青色）、M（Magenta，品红色）、Y（Yellow，黄色）三种颜色加上 K（Black，黑色）组成的。专业的设计师或摄影师在为图书或商品目录等印刷品设计图片时，通常基于 CMYK 模式来设计和制作。CMYK 也称为印刷色，其中的 CMY 称为三原色。

显示器在显示图像时使用 RGB 模式表现颜色

使用棱镜折射太阳光可以产生彩虹光谱，这是人们分析颜色构成的基本思路。彩虹光谱可大致分为 R（红）、G（绿）、B（蓝）三色，它们称为光的三原色。电视机或计算机的显示器屏幕上的颜色，以及使用数码相机拍摄出来的图像的颜色都是由光照射后形成的，并且都是由 RGB 三原色构成的。这些颜色是通过在黑底上叠加 RGB 三原色的光而形成的，像这样构成颜色的方法称为"加法混色"。而在白底上通过涂抹颜料表现颜色，即通过叠加反光物质来形成颜色的 CMYK 采用的是减法混色，它们的原理正好相反。

对于加法混色，这样理解或许更加容易一些：在切断电源后，显示器漆黑一片，但打开电源后，电视机或计算机上的各种颜色的光就会将颜色表现出来。由于这些颜色是通过将各种颜色的光逐渐添加在黑底上而形成的，所以当 RGB 的数值都为 0（无色）时，就可以得到黑色。如果使用 256 个色阶来表示 RGB 的各个数值，则当数值都为最高值 255 时，就可以得到白色。数字图像的颜色是根据 RGB 的各颜色强度数值来决定的（图 6.1）。

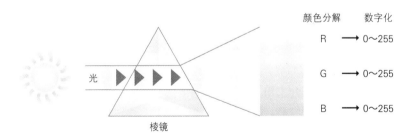

图 6.1 数字图像的颜色表现
透过棱镜的光可以形成三原色，因此根据光的三原色 R、G、B 表现颜色的方法是 RGB 色彩模式（加法混色）。RGB 模式通过数值表示三原色各自颜色的强弱并以此来表现数字图像的颜色。

本书未采用彩色印刷，辨别起来可能有些困难，请先看一下图 6.2。图中显示的是 Adobe Systems 公司的图形处理软件 Adobe Photoshop 上用于指定颜色的拾色器的界面。在 Photoshop 中，我们可以使用 HSB、RGB、CMYK、Lab 四种模式来表现颜色。

图 6.2 界面① (使用 RGB 模式表现红色)

图为 Photoshop 的拾色器。在 RGB 模式中，当 R 为 255，G 为 0，B 为 0 时，表现的颜色为红色。

　　数字图像的基本颜色表现使用的是 RGB 模式，例如在表现红色时，R 为 255，G 为 0，B 为 0。同样，观察一下图 6.2 中旁边的 CMYK，就可以知道在 CMYK 模式下表现相同的颜色时各个数值是多少。但是，RGB 模式和 CMYK 模式能够表现的颜色是不同的，所以当使用 CMYK 的数值替换显示以 RGB 模式表现的颜色后，不一定能得到完全相同的颜色。

　　接下来，让我们来看看 Adobe Systems 公司的另一款具有代表性的软件 Adobe Illustrator 上用于指定颜色的窗口 (图 6.3 ~ 图 6.5)。滑动 RGB 的滚动条，使 R 为 255，G 为 0，B 为 0 (界面②)，就可以表现红色。通过滑动滚动条观察颜色的变化，也许可以更加容易地理解 RGB 三原色表现各种颜色的原理。

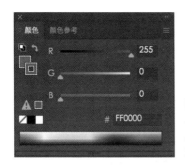

图 6.3　界面②（使用 RGB 模式表现红色）

在 Illustrator 中，可以通过滑动 RGB 的各个滚动条或直接输入数值来指定颜色。当 R 为 255，G 为 0，B 为 0 时，表现的是红色。

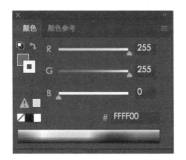

图 6.4　界面③（使用 RGB 模式表现黄色）

当 R 为 255，G 为 255，B 为 0 时，表现的是黄色。

图 6.5　界面④（使用 RGB 模式表现白色）

当 R 为 255，G 为 255，B 为 255 时，表现的是白色。

　　出于兴趣或留念而使用数码相机拍照，并将照片上传到网页上或打印出来等，往往是数码相机及数字图像的常见用途。在这些场景中，RGB 是最常用的颜色模型。了解了 RGB 的原理，就可以应对大部分的应用场景。虽然在使用打印机印刷或使用打印服务时更应了解的是 CMYK 模式相关的知识，但实际上完全按照 CMYK 的数值打印的情况几乎没有，所以从实用性上来说这些知识难有用武之地。尽管如此，如果知道颜色有各种各样的表现方法，以及屏幕上的颜色很难与打印出来的颜色保持一致，那么你就可以更好地理解我们为何需要懂得下文即将介绍的有关色彩空间和色彩匹配的知识。

色彩空间和色彩匹配

什么是色彩空间

所谓色彩空间，指的是在人的肉眼所能看到的颜色光谱中可以实际使用的范围。具有代表性的色彩空间有 RGB 和 CMYK，但 RGB 和 CMYK 的色彩空间中又进一步规定了色域。数码相机的 Exif（详见 6.2 节）规定，使用名为 sRGB 的 RGB 色彩空间作为标准色彩空间。另外，也有数码相机支持能够表现更多颜色的 Adobe RGB 色彩空间。这里我们来看一下这些色彩空间的原理和各自的特征。

 YUV

数码相机所拍摄图像的色彩空间使用的是 RGB 色彩空间。但是，数码相机常用的 JPEG 标准图像格式使用的却是 YUV 色彩空间的压缩技术。YUV 是以 Y（＝亮度信号）、U（＝亮度信号和红色色差）和 V（＝亮度信号和蓝色色差）的信息表现颜色的。据说相比颜色（U、V）的变化，人的眼睛对亮度（Y）的变化更加敏感，因此在 JPEG 格式压缩过程中，亮度信号 Y 保持原样，U、V 的信息则需要大幅压缩，从而缩小图像数据的大小。压缩方式除了 YUV 以外，还有 DVD 视频压缩所使用的压缩技术 MPEG。

设计或印刷业需要处理很多彩色图像，对于颜色的差异，往往需要非常谨慎小心地处理。以某位设计师制作的杂志广告为例，这位设计师设计的照片或插图的颜色以及色彩设计能否忠实地呈现在杂志上，就取决于对颜色差异的处理。也许有人认为忠实地再现是理所当然的，但其实这是非常困难的，而且原因也非常多。

首先，在使用数码相机拍摄风景时，实际看到的风景颜色与数码相机记录的数字图像颜色、用于打开数字图像的计算机软件呈现的颜色、用于显示数字图像的显示器屏幕上的颜色是如何统一的呢？电器商店里陈列的各种电视机的颜色各不相同，同理，即使使用数值表现颜色，呈现出来的颜色也可能因用于表现颜色的设备（机器）而不同。

　　其次，如上所述，用数码相机拍摄的图像或计算机显示器屏幕上的颜色都是用 RGB 模式显示的，而印刷时是使用 CMYK 模式显示的（图 6.6）。那么，当我们使用打印机打印设计师使用计算机设计的图像或在印刷厂印刷时，怎样才能保证颜色一致呢？

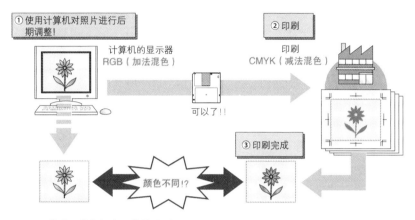

图 6.6　数字图像与打印图像的差别
在计算机显示器（RGB 模式）上调整图像颜色，然后印刷（CMYK 模式），颜色会出现偏差。其中一个原因就是 RGB 和 CMYK 的色彩空间不同。

　　每台机器的颜色表现方法不尽相同，在使用计算机显示或使用打印机、印刷机等打印使用数码相机拍摄的图像时，颜色不可能完美地统一。另外，即使能够完美地呈现出所能识别的范围内的颜色，但在数码相机、计算机、扫描仪、打印机等各种表现颜色的机器中，能够再现的颜色范围也是不同的，所以色彩差异是无论如何都无法避免的。因此，色彩空间又称为依赖设备的色彩系统。即使只是显示器的光束质量或用户的设置不同，色彩表现也极易改变。

　　综上所述，实际上，我们很难让颜色设定从设计到印刷都保持统一，而且在互联网等场景中，统一控制非特定用户浏览的图像色调也是不切实际的。但是，要想尽可能地减少因为设备和系统差异造成的误差，还是有办法的。那就是运用色彩空间和色彩匹配：在拍好的数字图像或经过后期调整后的图像中嵌入色彩空间等色彩信息（ICC 色彩特性文件），并使显示器、打印机等设备也具有相应的色彩信息（色彩特性文件）。这就是所谓的"色彩管理"。

　　JEITA（Japan Electronics and Information Technology Industries Association，日本电子信息技术产业协会）在数码相机的 Exif 规格中，将具有通用性且兼容性高的 sRGB 定义为标准色彩空间，并进行了规范化（在 Ver.2.0 中，Adobe RGB 被定义为可选色彩空间）。关于 DCF 规格，我们将在 6.2 节介绍。

sRGB 与 Adobe RGB

　　数码产品中能够使用的颜色是有限的，应先明确地指定某个色彩范围，在这个范围内的全部颜色就是这个色彩空间的"色域"。色彩空间大致可以分为 RGB、CMYK 和 Lab 三种。但是，例如数码相机的图像，除了用到 RGB 的色彩空间外，还使用了其他色彩空间的色域。也就是说，用 RGB 色彩空间量化的颜色数值，只有使用事先定义的色彩空间色域来指定该颜色（即一个像素实际出现多少种颜色），才能有其真正的意义。

　　sRGB 和 Adobe RGB 都是目前具有代表性的色彩空间，前者是目前的数码相机一般默认支持的色彩空间，后者拥有更加宽广的色域。常见的卡片数码相机遵循 DCF 和 Exif，默认采用 sRGB 色彩空间。在数码单反相机中，也有支持 Adobe RGB 的机型。

sRGB

　　sRGB 是由 IEC（International Electrotechnical Commission，国际电工委员会）制定的色彩空间国际标准，是适用于计算机显示器的色彩空间。数码相机、计算机、打印机等数码产品大多以此为标准色彩空间。如果数码相机使用的是 sRGB 色彩空间，那么在计算机图像处理软件显示或用打印机打印时，只要使用相同的 sRGB 色彩空间，就能减少因设备不同造成的色彩差异。

Adobe RGB

　　Adobe RGB 是色域比 sRGB 更广的色彩空间。普通显示器不能表现的颜色，比如"美丽的翡翠绿的大海的浓淡""红色晚霞映照下的云朵的浓淡"等，Adobe RGB 的色彩空间都能表现。如果使用支持 Adobe RGB 色彩空间的数码相机拍摄，并选择 Adobe RGB 作为图像色彩空间，在 Photoshop 等图像处理软件和彩色打印机上也使用 Adobe RGB 色彩空间操作，那么颜色的误差就会很少，也可以说色彩还原能力强（图 6.7 和图 6.8）。

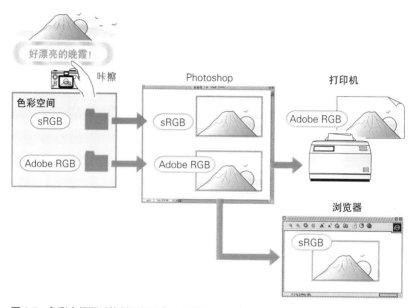

图 6.7　色彩空间可以抑制不同设备之间的颜色误差

如果图像处理软件或打印机（ICC 色彩特性文件）中使用的色彩空间与拍摄时的相同，就能尽量减少颜色误差，更加准确地表现颜色。如果将使用 Adobe RGB 色彩空间制作的图像放在没有支持该色彩管理的浏览器（sRGB）上显示，则色域将发生改变，显示效果达不到制作者的预期。

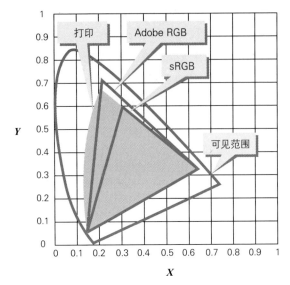

图 6.8 色彩空间的比较

人类能够识别的颜色区域即可见区域，而表示其范围的就是色彩空间。sRGB 色彩空间是适用于计算机显示器的色彩空间，数码相机或计算机上默认使用的就是 sRGB 色彩空间，但相较之下，AdobeRGB 色彩空间拥有更广的色域。

资料来源：佳能

打印机的 ICC 色彩特性文件

所谓 ICC（International Color Consortium，国际色彩协会）色彩特性文件，是一个描述了显示器、打印机等特定设备或系统的颜色信息的文件。例如，将彩色打印机制造商为各种打印机准备的 ICC 色彩特性文件嵌入计算机中，那么只要在打印时使用特定纸张、特定的墨打印，就可以使用统一的色彩空间显示颜色。

例如佳能的 PIXUS 系列打印机，我们可以在网站上下载能够忠实展现 Adobe RGB 色彩空间的专用 ICC 色彩特性文件并将其配置在计算机上。如果使用特定的纸张打印，就可以将使用 Adobe RGB 色彩空间完成后期修正的图像以原有色彩打印出来。

另外，如果使用喷墨打印机，使用的纸张不同，颜色的表现可能也会发生变化，因此有些打印机的 ICC 色彩特性文件有时是由打印机纸张的制造商提供的。

浏览器的色彩空间

如果使用了 sRGB 以外的色彩空间，就无法忠实地再现原有的颜色。

这种情况的一个典型例子就是网页（网站主页或博客等）。比如，把色彩空间指定为设计师或摄影师经常使用的 Adobe RGB 色彩空间，然后在网站上刊登使用整个色域进行调整后的图片，此时如果用户的浏览器或显示器使用的是 sRGB 色彩空间，则摄影师想要展现的颜色将不会显示出来。

这是因为 Windows Vista 和 Windows XP 使用的是 sRGB 色彩空间，而 Internet Explorer 6 和 Internet Explorer 7 使用的是操作系统的色彩空间。所以，即使是使用 Adobe RGB 色彩空间拍摄的照片，在用户的计算机上有些颜色也可能显示不出来。Windows 7 之后的操作系统以及 Internet Explorer 9 之后的浏览器实现了色彩空间的管理，由此可以看出操作系统和浏览器在色彩空间方面的发展趋势，但 Internet Explorer、Fire Fox、Safari、Google Chrome 等浏览器并不一定能够显示出相同的颜色。而且，即使操作系统和浏览器都支持某个色彩空间，但如果显示器不支持这种色彩空间，也可能无法显示出预想的颜色。我们无法连查看网页的人的操作系统和显示器的机型都作出指定，所以目前并不能严格按照制作者的意图显示图像。因此，为了在有色彩管理的环境中让用户尽可能地看到更广的色域，有些设计师或摄影师甚至直接使用 Adobe RGB 色彩空间来处理图像，而有些设计师或摄影师则使用兼容性更高的 sRGB 色彩空间保存用于互联网的图像。后者的做法不仅便于制作者事先确认图像在大多情况下的色彩呈现，同时可以防止颜色发生很大的变化。

色彩匹配

有时，在显示器上看到的图像和打印出来的图像颜色不同，或者同样的图像在不同的显示器上显示的颜色也完全不同。这些问题可以使用色彩匹配解决。Windows 操作系统上默认搭载了 ICM（Image Color Management，图像色彩管理）功能（Windows ICM），用于对显示器和打印机进行色彩匹配。色彩匹配可以识别各个显示器、打印机、扫描仪等专用设备中的 ICC 色彩特性文件，以及各个设备对应的色彩空间，并调节各机器之间的颜色误差。

为了更加精准地进行色彩匹配，除了 Windows ICM 的专业知识，我们还需要具有关于 RGB 设定和色彩空间、色彩特性文件转换等专业知识，

但本书不会过多讲解这些内容，有兴趣的读者可以找专业书读一读。这里
先来介绍一下色彩匹配的相关内容——Lab。在 Photoshop 的［模式］菜单
中，它是与 RGB 和 CMYK 并排出现的，有些读者或许对它有印象。

Lab 颜色模式被认为是色彩匹配的标准颜色模型，它是由颜色规格
测量的国际机构 CIE（Commission Internationale d'Eclairage，国际照明
委员会）于 1931 年制定的。Lab 颜色模式由从黑色到白色（L）的明度以
及从绿色到红色（a）、从蓝色到黄色（b）两种颜色要素构成，CMYK 能
表现的颜色自不用说，甚至包括 RGB 能表现的颜色在内，能把所有颜
色都准确表现出来，可以说是一种具有代表性的高级颜色模型（图 6.9 ~
图 6.11）。

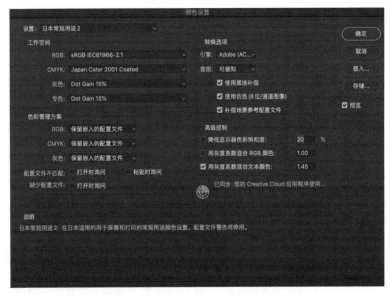

图 6.9　指定 Photoshop CC 的色彩空间
从 Photoshop 6 开始，我们就可以选择默认使用的色彩空间了，也可以指定当图像中嵌入的色
彩空间与工作空间不同时默认使用哪个色彩空间。
从菜单栏中选择［编辑］–［颜色设置］，在［工作空间］的 RGB 选项中选择一种色彩空间。可
以根据数码相机的设定和图像的用途选择 sRGB 或 Adobe RGB。

图 6.10 Windows 7 的 ICM

要想打开 [颜色管理] 设置 ICC 色彩特性文件，可以按照 [开始] – [控制面板] 的顺序点击。在搜索框中输入"颜色管理"，然后点击"颜色管理"就可以了。

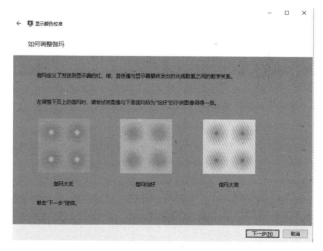

图 6.11 校准 Windows 7 的显示器

从 Windows 7 开始，操作系统中新增了"颜色设置"功能，显示器的亮度、对比度、色差等都可以调节。通过控制面板中的 [桌面自定义] – [显示器] – [颜色校准]，就可以自行调整。

白平衡

什么是白平衡

拍摄时如果在日光、阴天、白色荧光灯、钨丝灯等不同的光源下，被摄体的颜色有时看起来会与实际不同。调整白平衡，就可以拍摄出不受光源影响的准确颜色，或者将图像调整到真实目视状态下光源照射到被摄体时呈现出的状态等。

比如，有两张白色建筑物的照片。拍摄对象是矗立在西海岸海角上的一座白色灯塔。其中一张是在白天有太阳光照射下拍的，而另一张是在太阳快要落山的傍晚时分拍的。请在脑海中对比一下这两张照片。照片的色调有什么不同呢？恐怕大家想象的是这样的情况：傍晚的照片一定会由于晚霞而偏红，建筑物肯定会反射黄色的夕阳，所以会闪闪发亮……在这种情况下，虽然光源是太阳，但白天的太阳和傍晚的太阳颜色不同。很多人觉得早上的太阳光偏蓝。另外，晴天的太阳光和阴天或雨天的不同，因此本来应该是同一个颜色的建筑物会因光源颜色的不同而呈现不同的颜色。像这样因光源不同而导致实际颜色和原本不同的现象称为偏色。

接下来，我们看一下室内的光源。室内的钨丝灯和白色荧光灯就是很好的例子。钨丝灯偏红（橙色），可以使房间看上去很温暖。荧光灯的白色看上去偏蓝，但实际上是偏绿，如果用胶片相机拍人物，照片上的人物经常出现皮肤看上去发绿的情况。这是因为照片整体是偏绿的，想拍出在晚霞映照下偏红的灯塔的大有人在，但对于在白色荧光灯下拍摄的偏绿的人像，却几乎没有一个人喜欢。

像这样，虽然光源导致颜色看似发生了变化，但人的眼睛可以通过判断光源分辨出颜色，白的就是白的，红的就是红的。所谓白平衡，就是尝试将这种判断方法应用到数码相机上（图6.12）。

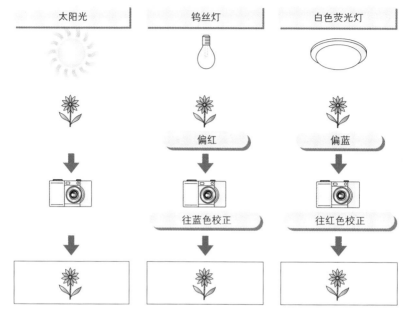

再现本来的颜色

图 6.12　白平衡的原理
如果被摄体被钨丝灯照射后偏红，就往蓝色方向调整，如果被白色荧光灯照射后偏蓝，就往红色方向调整，使色调最终往太阳光照射时呈现出的颜色靠近。这样的功能就是白平衡。

数码相机的白平衡

　　通常，即使不考虑光源颜色，数码相机也可以拍摄出与真实颜色接近的图像。这是因大部分数码相机搭载了白平衡功能，可以通过自动白平衡（Auto White Balance，AWB）功能自动进行白平衡调整。

　　顾名思义，白平衡是以白色为基准的，可以将图像的色调调整为红色或蓝色等。以太阳光的白色为基准是因为它是包含了 RGB 全部波长的颜色。白平衡功能通过在拍摄前自动识别光源的种类（外部感应式或内部测光式），并自动校正色彩，使白色可以准确表现出来。

　　但是，因为白色是基准，所以如果被摄体中不包含白色，自动白平衡就不能正常运行。如果是可以手动设定白平衡的数码相机，那么可以在自动白平衡功能无法正常运行时通过手动设定光源种类来消除不自然的颜色。

另外，如果一直开启这个功能，那么在拍摄被晚霞照射的建筑物时，经过调整的颜色就会接近正午的太阳光照射时的颜色。如果想拍摄"被夕阳染红的建筑物"这种效果，可以不使用自动白平衡，而是先把白平衡设定为"日光"或"阴影"再拍摄。这样一来，就可以拍出自己想要的效果了，被染成红色的建筑物墙壁在最终的照片中就还是红色的。

数码相机的机型不同，白平衡的设置项目和种类也不同。比如，有的机型可以让用户选择"晴天""阴天""室内白色灯""室内白色荧光灯"等适应各种细分场景的白平衡，有的则只能设置"室外""室内"两种白平衡。也有只搭载了自动白平衡功能，不能自定义选择的机型。另外，在单反相机或面向专业摄影师的机型中，也有直接输入"色温"值就可以实现与白平衡设置相同效果的机型。

像这样，调整白平衡可以完全改变照片的氛围，所以我们可以按照自己的想法设置白平衡或色温，从而拍摄出想要的色彩效果，享受摄影的乐趣。大家可以尝试各种各样的设定，并确认颜色的变化。

【EOS Kiss Digital（佳能）的白平衡设定】

- AWB（自动白平衡：自动设定）
- 日光
- 阴影
- 阴天、夕阳、晚霞
- 钨丝灯
- 白色荧光灯
- 闪光灯
- 手动（手动设定最适合的摄影环境）

即使是同样的景色，也可以只改变白平衡而使色调变得完全不同。在数码单反相机中，有些机型可以设置在每次拍摄中自动拍摄（保存）两到三张应用了不同白平衡设置的图像。通过此功能，用户可以自动获得经过各种白平衡调整后的图像，这一功能称为白平衡包围曝光（white balance bracketing）。如果想确认不同白平衡会给颜色带来什么样的变化，或者对白平衡设置没有自信，可以尝试使用一下这个功能（图 6.13）。

白平衡包围曝光　　　　指定的白平衡设置　　往蓝色校正1级并　　往红色校正1级并
拍摄　　　　　　　　（以指定色温拍摄）　　自动保存　　　　　自动保存

图 6.13　白平衡包围曝光功能

　　另外，如果对白平衡的设置没有自信，可以先使用 RAW 数据格式保存图像。RAW 数据格式是图像传感器把图像直接数字化后得到的数据本身，用户可以使用专用软件使数据显影。并且，用户可以在显影时调整白平衡，所以能够有效防止照片由于白平衡设定的失误而色调不准。但需要注意，RAW 数据格式比 JPEG 等不可逆压缩格式的图像大，一张存储卡上能够保存的图像张数会因此减少。

色温

　　色温是一个用冷暖差别来形容光的颜色变化的指标。了解色温的基本原理，也可以加深对白平衡的理解。色温的单位为 K（开尔文）。色温越低颜色越偏红，越高则越偏蓝。例如，白天的太阳光约为 5500 K，夕阳的色温为 3000 K ～ 3500 K（图 6.14）。在前面的例子中，夕阳照射下的建筑物之所以在照片中整体呈现红色，就是因为色温下降了。

光的种类	色温（约）
雪景（晴天）	7500 K
阴天	7000 K
荧光灯（日光色）	6500 K
日光（晴天）	5500 K
D50日光	5000 K
荧光灯（白色）	4500 K
白光灯	4000 K
夕阳	3500 K
钨丝灯	3000 K
烛光	2000 K

越蓝

图 6.14　色温和颜色的关系
日本印刷学会推荐的标准光为日光（5000 K），也称为 CIE 日光 D50。

越红

在室内光的色温中，钨丝灯为 3000 K ~ 3500 K，荧光灯（日光色）则高达 6500 K 左右。荧光灯有日光色和白色两种，白色日光灯的色温（4500 K ~ 5500 K）接近太阳光的色温（5500 K），看起来呈白色，所以称为白色日光灯。

专业摄影师在用胶片相机拍摄时，通常使用用于测量色温的色温计（color meter）测量被摄体或其周围的色温，并在镜头前装上彩色滤镜等进行色彩调整。尤其是在荧光灯下拍摄时画面整体会偏绿，所以要注意通过滤镜等调节色彩。如果专业摄影师用的胶片相机使用的是正片胶片，那么就可以在太阳光源下使用日光胶片，在钨丝灯光源下使用灯光胶片。也就是说，可以根据光源的色温不同更换胶片类型。

数码相机可以设置自动白平衡或自定义白平衡，所以使用起来没有那么复杂，只要掌握基本的色温知识，就可以按照自己的想法掌控拍摄时的整体色调。

色阶和直方图

色阶：24 位，16 777 216 种颜色，全色

色阶指的是颜色的浓淡变化。表现色阶的阶度越多，从最浓的部分到最淡的部分的浓淡表现就越细腻。比如，我们在前面提到，可以用 0 ~ 255 的 RGB 数值表现颜色，也就是说，RGB 用于表现颜色的色阶有 256 个。

之所以是 256 个色阶，是由于色彩空间是 8 位的。1 个数字通道为 1 位，"0 或 1" 这 1 个位可以表示 2 种颜色。8 位通道可以组合 8 个数位，因此可以实现的颜色表现为 2 的 8 次方，这就是 256 个色阶，以数值表示就是 0 ~ 255。

另外，RGB 的各原色可以分成 256 色阶来表现，这意味着颜色信息的组合为 256 × 256 × 256，也就是说一共可以表现 16 777 216 种颜色。这称为全色。RGB 各有 8 位，所以有时也称为 24 位色（8 位 × 三原色）。

【RGB 的全色信息】

· RGB 各 8 位（256 色阶）× 3 = 24 位（16 777 216 种颜色）

直方图

直方图是用于统计数据分布状况的分布图。数字图像中的直方图主要是用于显示图像分布的图表，横轴表示亮度（越往左越暗，越往右越明亮），纵轴表示每个亮度的像素数。

色阶（包括灰度）可以显示的位数越多，可以展现的渐变细节就越多。早已普及的"各色 8 位通道 256 色阶 ＝ RGB 1677 万种颜色 ＝ 全色"能够再现人类所能识别的大部分颜色，渐变色也能毫无违和感地表现出来。实际上，很多图形软件只支持 8 位通道。

另外，一般的直方图中除了显示亮度信息以外，还显示 RGB 各自颜色的分布。通过以纵轴表示图像中 RGB 的各个数值，我们可以确认颜色的分布和偏差。对于 256 色阶和 64 色阶，人眼可能感觉不到太大的差异，但直方图上可以明显地表现出缺少的部分颜色信息。

有些机型的数码相机可以在液晶监视器上实时显示拍摄图像的直方图。我们可以通过查看直方图随时了解各种状态，比如在数码相机的小液晶面板上很难确认的颜色偏差、色阶缺失、暗部缺失和高光溢出等。

整体较暗的图像，为"黑（0）"或靠近"黑"的点较多，直方图整体通常向左偏；整体较亮的图像，则为"白（255）"或靠近"白（255）"的点较多，直方图整体通常向右偏。如果直方图中的山峰在左边，且顶峰在左端，图像上就可能出现暗部缺失；相反，如果直方图中的山峰在右边，且顶峰在右端，就可能出现高光溢出。所谓暗部缺失，是指因为太暗而无法用色阶表现，因而变成纯黑的状态；所谓高光溢出，指的是过于明亮而无法用色阶表现，因而变成纯白的状态。

除此之外，在计算机上对图像进行后期调整或调整图像颜色时也可以利用直方图。例如，很多人会借助 Photoshop 对使用数码相机拍摄的图像进行后期调整。假如希望在编辑时尽可能地抑制画质劣化，就可以不使用原有图像的 8 位通道 RGB 设置进行操作，而是先将设定变更为 16 位通道 Lab 彩色模式（图 6.15），再进行后期调整。直方图可以证明这种做法可行。

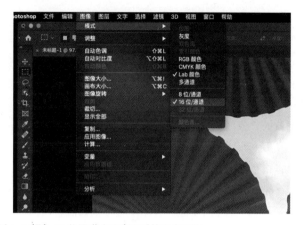

图 6.15 以 Lab 颜色 16 位通道实现高画质的图像调整

在 Photoshop 中设定 Lab 颜色 16 位通道的方法如下：从菜单栏中选择 [图像] – [模式]，然后选择 [Lab 颜色] 和 [16 位 / 通道]。

图 6.16 显示了色阶调整时的直方图页面。左侧是将图像转换成 16 位通道 Lab 颜色模式后进行色阶调整的直方图。可以看到色阶信息完整保存下来了。右侧则是在 8 位通道 RGB 颜色模式下进行色阶调整的直方图。可以看到在右侧的 RGB 颜色模式下，阴影部分的颜色信息呈梳齿状，说明有些信息消失了。也就是说，色阶调整导致 8 位通道 RGB 颜色模式的色阶信息丢失了，即有些颜色消失了。

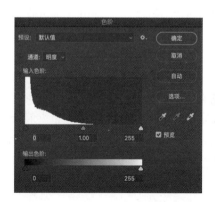
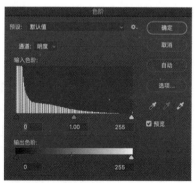

图 6.16 Lab 颜色 16 位通道（左）与 RGB 颜色 8 位通道（右）的对比

通过直方图可以看到，以 RGB 颜色 8 位通道对图像进行色阶调整后，颜色信息有损失。

6.2 图像格式

数码相机中使用的图像格式

在数码相机中，JPEG 是保存图像时的标准图像格式。另外，部分数码相机除了 JPEG，还支持 TIFF 格式。数码相机先在内部对记录的图像数据显影，再使用常用的 JPEG 格式或 TIFF 格式保存图像，以便用户处理。

人们常说，把胶片相机换成数码相机的一个好处是数码相机不需要显影，但其实并非不需要显影，只是在胶片上生成图像（即所谓的"显影"）的工作变成了在数码相机的机身内部进行。事实上，有些数码单反相机或微单相机用户会把显影前的数据先用 RAW 格式保存，然后使用计算机软件等自己显影，而且采用这种做法的用户越来越多。

另外，除了图像本身的格式，我们也经常听到 DCF 和 Exif 这两个格式。DCF 和 Exif 都是由 JEITA 制定的标准，它们是一种规则或准则，目的在于让人们更加有效地利用数码相机拍摄图像或记录媒体。

本节将介绍保存数码相机拍摄的图像文件时所用的三种图像文件格式 JPEG、TIFF 和 RAW 的特征，以及 DCF 和 Exif（图 6.17）。

图 6.17　数码相机的图像格式

数码相机一般使用的是 JPEG 格式，以及 DCF 和 Exif 格式。像 TIFF 或 RAW 数据格式的特征，也最好了解一下。

RAW 数据

RAW 数据和显影处理

如果是数码相机，CCD 或 CMOS 等图像传感器会接收光信号并使之转换为电信号，然后利用电信号进行数字数据化，并将数据保存为图像文件。这是前面已经讲过的内容。由数字信号处理电路数字化后生成的文件就称为 RAW 数据（图 6.18）。以胶片相机来说，RAW 数据就相当于发生化学反应后的底片，或显影前的底片。

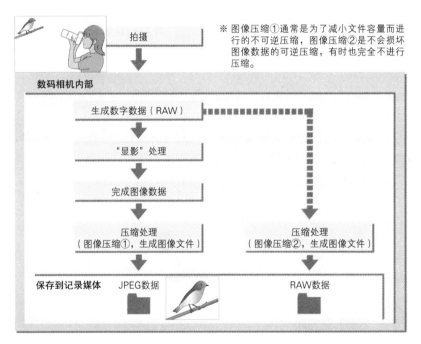

图 6.18　RAW 数据和 JPEG 数据

在相机内部实施显影后的图像数据就是常用的 JPEG 或 TIFF 数据，显影前的数字数据则称为 RAW 数据。在数码单反相机等性能较高的相机中，有些机型搭载了不进行显影，直接把 RAW 数据作为文件保存到外部记录媒体的功能（即图中波纹线箭头所示的流程）。

对于 RAW 数据，人眼是无法将其识别为图像的。它只是一堆数字数据，在实施显影处理后才会变为能够看到的可视化图像数据。这里我们就来看一下显影处理是怎么进行的。

　　对于数码相机内部生成的 RAW 数据，需要进行传感器的校正处理、降噪处理、像素插值、颜色校正（如白平衡、颜色矩阵转换、伽马变换）等加工处理。这部分处理依赖于 CCD 或 CMOS 等图像传感器或数字信号处理电路，所以是数码相机才有的功能。对于经过加工处理的图像数据，还需要接着进行 RGB 信号处理（锐化调整、色阶调整、曝光补偿、图像合成）等不依赖于数码相机的处理，然后才会以 JPEG 或 TIFF 格式最终保存下来。另外，在向监视器屏幕或打印机输出时，还需要将其转换为 sRGB、Adobe RGB 或打印机的 ICC 色彩特性文件中记载的色彩空间。这一系列过程就是广义上的显影处理。

　　通过想像在数码相机的液晶监视器中显示已拍摄图像的过程，或从数码相机直接输出图像的过程，可以更好地理解相机内部的显影处理（图 6.19）。

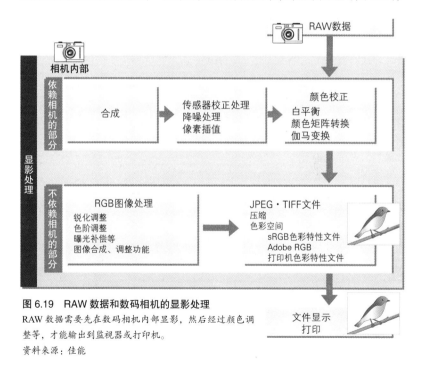

图 6.19　RAW 数据和数码相机的显影处理
RAW 数据需要先在数码相机内部显影，然后经过颜色调整等，才能输出到监视器或打印机。
资料来源：佳能

　　接下来，我们看一下对于使用数码相机拍摄的 JPEG 或 TIFF 图像，如何用 Photoshop 等图像处理软件，在计算机上进行后期调整。

　　图像处理软件将在计算机上再次处理已经在相机内部进行了 RGB 图像处理的图像。这相当于对加工过一次的图像数据再次加工，因此很可能出现一些意想不到的情况，导致画质劣化。为了避免这种情况，很多用户选择直接把 RAW 数据导入计算机，然后用计算机软件对 RAW 数据显影。此时，如图 6.20 所示，显影处理全都在计算机中进行，依赖于相机的处理一般使用相机制造商提供的专用显影软件处理。但是，虽然有些显影软件拥有 RGB 图像处理功能，但性能并没多高，所以对于不依赖于相机的处理，就需要使用 Photoshop 等高性能的图像处理软件才更有效率，效果也更好。

　　因此，面向专业摄影师、设计师或摄影爱好者等对画质有要求的人群的数码相机，一般是支持保存为 RAW 数据并附带 RAW 数据显影软件的。

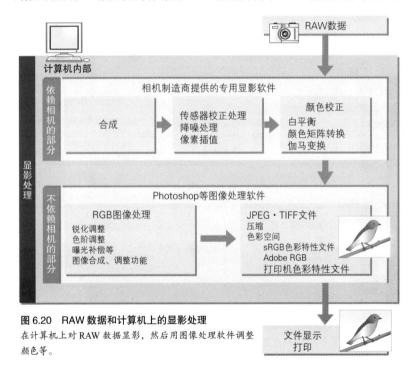

图 6.20　RAW 数据和计算机上的显影处理
在计算机上对 RAW 数据显影，然后用图像处理软件调整颜色等。

RAW 数据的好处

　　对于喜欢使用卡片数码相机或者习惯便捷摄影方式的普通数码相机用

户来说，很少有机会处理 RAW 数据。RAW 数据的文件很大，而且不同的相机机型，其数据格式也各不相同，市面上在售的图像处理软件也不一定能打开 RAW 数据文件。例如，RAW 数据在计算机上是不能显示缩略图的，可以说它不是任何人都可以轻松处理的文件格式。所以，有些入门级数码相机甚至没有提供保存为 RAW 数据的功能 [有些制造商提供了可以在 Windows 等操作系统上显示 RAW 数据的驱动程序软件，例如索尼的 Sony RAW Driver。另外，Windows 系统自身也提供了称为微软相机编码解码器（Camera Codec Pack）的软件，可以显示部分制造商的 RAW 数据。除此之外，苹果公司的 OS X 系统也支持显示 RAW 数据]。

使用 RAW 数据的人以专业摄影师或摄影爱好者为主，而且越来越多，因此 Photoshop CS 系列、Photoshop CC、Photoshop Elements 等图像处理软件也都具有 RAW 数据显影功能（Camera RAW）。

对于要求精细色调或色阶，追求高清画质的用户来说，RAW 数据是非常重要的文件格式。因为使用 JPEG 或 TIFF 格式保存的图像是在相机内部显影、色彩调整、颜色加工处理并压缩后保存的图像文件。在大多数情况下，色阶信息会减少，而且不同相机制造商还会对图像进行各有特色的色彩调整。

色阶或者因压缩导致的信息缺损属于细小的问题，不足以引起大部分数码相机用户的重视。甚至经过调整的图像由于色彩更加好看，反而会受到用户的欢迎。但是，也有一些人由于工作需要而追求高画质，比起图像色彩是否好看，更注重相机能否呈现真实的色彩。很多人不得不面对这样的问题：在对图像反复进行后期调整，终于得到想要的效果之后，却发现缺损的信息变得越发显著，导致图像的画质明显劣化。

对于要求高画质的用户来说，有时与其使用较容易处理的 JPEG 或 TIFF 格式，倒不如直接使用操作起来有些烦琐的原生 RAW 数据更好。

【用 RAW 数据保存的图像 】
①有丰富的色阶信息可供使用。根据机型不同有 8 ~ 16 位通道
②不受相机制造商的图像处理风格的影响。可以自行显影
③图像没有被压缩或进行的是可逆压缩，所以画质更好

【用 JPEG 保存的图像 】

①色阶信息变少。标准为 8 位通道

②会受各制造商不同的色彩处理风格影响

③由于是不可逆压缩，所以图像细节部分的画质有所降低（图像信息减少）

※ 关于可逆压缩和不可逆压缩，请参照下文的"JPEG"部分。

■ 有丰富的色阶信息可供使用

虽然色阶表现因机型或所搭载图像传感器而不同，但通常来说，RAW 数据中的 RGB 各通道都有 8 ~ 16 位的丰富的色阶信息。但是，JPEG 的 RGB 各通道只有 8 位，也就是共计 24 位的色阶信息。所以，即使数码相机内部的 RGB 各通道都有 16 位共 65 536 个色阶的颜色信息，在转换为 JPEG 格式后也会变为 8 位通道（256 个色阶）。

通常，即使是 8 位通道 256 个色阶的颜色信息，也足以再现颜色了，但图像传感器的颜色信息其实更多，所以本书才说 JPEG 的 RGB 各通道"只有 8 位"。为了方便起见，在本章的讲解中，我们假定 RAW 数据的各颜色信息为 16 位。

RAW 数据文件中保存了 16 位通道的色阶信息，颜色信息非常丰富，因此可以直接反映图像传感器的性能。而且，也没有因不可逆压缩导致颜色信息被压缩。如果是 RAW 数据，那么即使进行颜色调整或校正，也可以尽可能地避免画质劣化（图 6.21 和图 6.22）。

图 6.21　曝光不足的图像
图为曝光不足的原始图像。分别对 RAW 数据和 JPEG 数据进行曝光调整，得到的两个图像会出现什么样的差异呢?

图 6.22　色阶信息劣化

左侧是对 RAW 数据进行曝光调整后的直方图，可以看到分布图整体向右（明亮的方向）移动。右侧是对 JPEG 格式图像进行曝光调整后的直方图，可以看到分布图中存在信息间隔，颜色信息出现了一定程度的丢失。

■ 不受相机制造商的图像处理风格的影响（可以自己显影）

　　在数码相机内部进行图像显影处理时，需要在很大程度上对左右图像色调的白平衡、对比度等进行调整。此时，就可以看到各相机制造商在图像处理风格上的偏好。譬如，令色调稍微鲜艳一些使图像更好看，或者把人物肤色处理得更加红润使人物看上去更健康，增强对比度使图像更加分明等。照片整体色调与实际看到的不可能完全一样，所以肯定会出现某种程度上的偏向。

　　即使是胶片相机，显影过程不同，颜色也会不同。如果特别考究，可以自己把底片拿到暗室中显影，或者向负责冲洗底片的人传达自己的偏好。不过，即便是摄影爱好者，做到这种程度也很不容易。

　　但如果用的是数码相机，通过将 RAW 数据导入计算机，就可以相对容易地自己显影。使用计算机和专用显影软件，可以自己针对只做了图像传感器信号处理的高精细原始图像数据，进行白平衡或伽马调整。

■ 图像无压缩，所以画质好

JPEG 是通过压缩技术在人眼不易察觉的范围内大幅缩小图像文件大小的优秀图像格式。所以，即使是高画质的图像文件，文件大小也可以压缩到很小，这样就可以在容量有限的记录媒体中保存大量图像文件。一方面，如果图像文件较小，那么除了可以保存在软盘、内存卡、存储卡等，还可以方便地用软件处理图像，与他人共享，用于电子邮件或网页等，可以说拥有各种各样的优点。

另一方面，因为图像遭到了压缩，所以画质肯定会受到一定的影响。虽然画质的劣化乍看之下并不明显，但由于图像信息拉长了，所以如果使用图像处理软件校正画质，那么图像信息的差异就会很明显地表现出来。

与之相比，RAW 数据要么没有压缩，要么进行的是可逆压缩，还可以恢复为原始状态，所以显影前的 RAW 数据可以是最大程度地防止了画质劣化的图像数据。

RAW 是依赖于机型的独特图像格式

如上所述，RAW 数据是从数码相机内部的图像传感器得到的数字数据，因此是数码相机专用格式。根据数码相机搭载的图像传感器或电路不同，生成的数据格式也各不相同。而且，相机的机型或制造商不同，文件扩展名也不同。

文件名中"."后面的字符就是扩展名，用于区分文件的类型。尼康的扩展名为".nef"，佳能的为".crw"或".cr2"，奥林巴斯的为".orf"。扩展名可以是 2 ~ 4 个字符，一般是 3 个字符。

各制造商采用了专用的 RAW 数据格式，所以即使将已保存的 RAW 数据文件复制到计算机的硬盘上，也并不是市面上的所有图像处理软件都能打开的。

最常见的显影 RAW 数据的方法，是使用数码相机制造商附带提供的或需要从网页上另行下载的专用图像显影软件。

查看或编辑（显影）RAW 数据

如果使用专用显影软件，可以在保持高画质的状态下显影图像，有些软件甚至支持在显影处理时先调整图像的画质，譬如调整图像的曝光或色彩等。另外，Photoshop CS 系列或 Photoshop Elements 等数码相机用户常用的图像处理软件也提供了可以显影 RAW 数据的功能。但是，在使用数码相机产品附带的显影软件以外的软件时，需要事先确认一下用于拍摄的数码相机是否支持该软件。如果是刚刚发售的最新机型，图像处理软件可能还不支持（表 6.1）。

表 6.1 各数码相机制造商和显影 RAW 数据的软件的示例

表中主要是数码单反相机产品。产品不同，软件或规格也有所不同。表中数据为截至 2017 年 10 月的情况。

制造商名称	RAW 浏览、显影软件	操作系统
奥林巴斯	OLYMPUS Master 2/OLYMPUS Viewer 3	Windows、Macintosh
	OLYMPUS Studio 2	Windows、Macintosh
佳能	Digital Photo Professional（DPP）	Windows、Macintosh
适马	SIGMA PhotoPro	Windows、Macintosh
索尼	Image Data Converter	Windows、Macintosh
尼康	ViewNX	Windows、Macintosh
	Capture NX、Capture NX2、Capture NX-D	Windows、Macintosh
富士胶片	RAW FILE CONVERTER	Windows、Macintosh
	HS-V3	Windows、Macintosh

※ 有些制造商的相机产品有另售的高级功能版软件，也有些制造商的某些机型根本就没有附带显影软件。具体的最新信息还请查看各数码相机制造商的官方网站，或直接咨询零售店。

■ 相机制造商提供的可以查看 RAW 数据的显影软件

如果购买了拍摄时可以保存为 RAW 数据的数码相机，那么数码相机制造商一般会随产品附带提供 RAW 数据的显影软件。但是，各制造商的 RAW 数据显影软件或查看器功能各不相同。虽然各个软件都可以对所拍摄的 RAW 数据图像进行列表显示或放大显示，但关于在实际对 RAW 数据显影时可以进行哪些调整或设置，各个软件之间是存在差异的。

譬如简单地对 RAW 数据显影的软件，有的软件只是在拍摄时的相机设置的基础上将 RAW 数据转换为常用的 TIFF 等图像文件并显影，而有的软件可以在 RAW 显影时设置曝光或色温，并进行各种各样的颜色调整或裁剪，对图像进行简单的后期调整。

关于 RAW 数据显影软件，本书将以佳能 EOS 系列中附带的 Digital Photo Professional（DPP）为例简单介绍一下。

■ Digital Photo Professional

要使用 Digital Photo Professional，首先需要打开保存图像文件的文件夹。文件夹中的图像文件将以缩略图的形式列表显示出来，类似并排的底片的设计令人印象深刻（图 6.23）。Digital Photo Professional 可以显示使用 EOS 系列相机拍摄的 RAW 数据，以及符合 Exif 2.2、Exif 2.21 标准的 JPEG 格式文件，符合 Exif 标准的 TIFF 格式文件。如果是 RAW 数据，缩略图的左下角会显示 RAW 标记。此时，可以选择 RAW 数据，并将其以 JPEG 或 TIFF 格式保存，这就是实际上的显影处理。我们也可以选择多个图像，一次性进行图像显影处理（以 JPEG 或 TIFF 格式保存）。

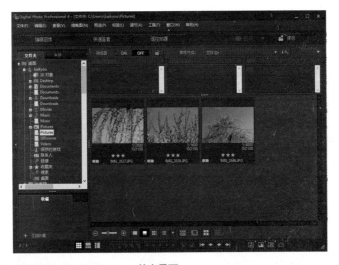

图 6.23　Digital Photo Professional 的主界面
在资源管理器左侧的树状目录中打开文件夹，图像文件将以缩略图的形式显示出来。

双击缩略图就可以打开编辑界面，看到可以使用裁剪或仿制图章等工具的各种编辑窗口，还可以显示或确认直方图或图像信息（Exif）等（图 6.24）。关于直方图的查看方法，请参照 6.1 节。

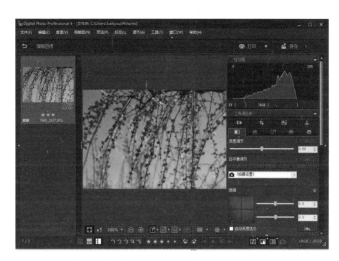

图 6.24　Digital Photo Professional 的编辑界面
不仅可以调节亮度或颜色、裁剪、使用仿制图章、校正镜头像差，还可以确认直方图或 Exif
信息。

　　图像信息包括文件名、相机机型名、拍摄日期和时间、拍摄模式、快
门速度、光圈数值、测光方式、曝光调整、ISO 感光度、镜头、焦距、图
像尺寸等详细信息。这些项目可能会因相机机型不同而不同。

　　选择 RAW 数据并以图像编辑模式打开之后，可以进行如下的图像调
整或编辑，Digital Photo Professional 也具有一般的图像处理软件的功能。

　　亮度、白平衡、图像风格（肖像、风景等拍摄模式）、对比度、色调、
颜色的浓度、锐化、彩度、降噪、色彩空间设定、镜头像差调整、裁剪、
仿制图章、网格显示等

相机制造商提供的实用程序

　　相机的配套产品除了 RAW 数据的显影软件，还有其他的实用程序，
有些制造商还有另售的高级功能版软件。除此之外还有与 RAW 显影不直
接相关的软件，下面我们将简单介绍一下。

　　其他实用程序包括相机和计算机的通信软件（相机控制功能）、图像
处理软件、面向专业摄影师的工作流程管理软件等。

　　相机和计算机的通信软件经常用在摄影棚中。它可以将数码相机和计

算机用数据线连接起来，通过远程控制直接从计算机上修改数码相机的设定，并远程控制相机拍照。拍好的图像将直接传送到计算机上，我们可以在计算机的显示器上马上确认（图 6.25）。数码相机的液晶屏很小，我们很难确认图像的细节部分，但借助这个功能，摄影师、模特以及其他相关人员可以马上从计算机的显示器上确认拍摄的图像。这个功能可以让我们非常简单地放大画面进行检查，所以可以防止拍摄失误，从而很容易地拍到满意的图像。

我们可以使用 USB 或 IEEE 1394（FireWire）将相机与计算机连接起来。

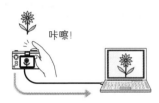
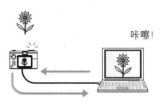

相机操控模式

按下相机快门后，拍下的图像将保存在计算机上，并显示在计算机的显示器上

PC 操控模式

用计算机控制相机拍摄，拍下的图像将保存在计算机上，并显示在计算机的显示器上

图 6.25　计算机远程控制拍摄（相机控制功能）
为满足专业摄影师的需求，有的软件不仅可以实现图像浏览和显影，还可以控制相机。

在面向专业摄影师的工作流程管理软件中，比较知名的是奥林巴斯的 OLYMPUS Studio 2 等。工作流程指的是摄影时的工作流程，专业摄影师的工作流程一般是拍摄照片（相机控制功能）、选定照片（浏览/灯箱模式）、RAW 显影或色彩调整等后期调整，以及印刷这一系列图像管理流程。工作流程管理软件可以提高这一系列流程的效率。

Photoshop 的 RAW 显影插件

不仅数码相机制造商会提供显影软件，第三方软件制造商也销售可以查看并显影 RAW 数据的软件。

其中不得不提的是 Adobe 公司的高性能图像处理软件 Photoshop CS 系列或 Photoshop CC。虽然支持的数码相机机型有限，但因为用户可以直接使用平时使用的图像处理软件浏览并显影 RAW 数据，并在 Photoshop

中对色彩进行处理或直接进行后期调整，所以使用起来非常方便。

实际上，当用户使用 Photoshop 打开 RAW 数据时，称为 Camera RAW 插件的外部应用程序将启动。Camera RAW 插件独立于 Photoshop CS6 或 Photoshop CC 主体，但我们也可以认为它是 Photoshop 的附带软件。通过更新 Camera RAW，Photoshop 可以支持数码相机最新机型的 RAW 数据。反过来说，旧版本的 Photoshop CS 系列等的 Camera RAW 如果停止更新，那么 Photoshop 就无法支持在此后发布的最新机型。

RAW 显影插件的原理在于通过 Camera RAW 调整白平衡、曝光、色彩等，然后进行 RAW 显影，将图像传输到 Photoshop 中继续编辑。

如今，Photoshop 系列中面向初中级用户的图像处理软件 Photoshop Elements 上也搭载了 Camera RAW，而且其他面向初中级用户的图像处理软件也开始搭载同样的功能了。所以，即使不是专业的摄影师或设计师，也可以通过这些环境体验如何处理 RAW 数据。

顺便说一下，各相机制造商都有各自的 RAW 数据格式，但这些特有的信息目前并未公开。这对用户来说是不利的，因此 Adobe 公司正在推动普及开放的 RAW 文件格式，即 DNG，但这种格式目前还没有普及。

在售的 RAW 查看和显影软件

第三方软件制造商正在销售的可以支持 RAW 数据的显影软件或查看器有好几种。在胶片相机时代，如果更换照片冲洗店，那么冲洗出来的照片可能发生改变，同样，RAW 显影软件不同，最终显影出来的图像也会不同。而且，显影处理的时间也会不同。

一般来说，相机制造商提供的 RAW 数据显影软件所显影出来的图像的画质（从理论上来说）最高，但也有人出于某些原因（对画质、调整功能或操作性感到不满，或为了追求更快的处理速度等）而选择使用在售的 RAW 数据显影软件，而且这样的人越来越多。

Adobe 公司除 Photoshop 插件外，在售的还有 RAW 数据显影软件 Photoshop Lightroom。Photoshop Lightroom 除了 RAW 显影功能之外，还具有方便专业摄影师或摄影爱好者对照片管理、分类的功能。

受到广大专业摄影师或摄影爱好者支持的另一个 RAW 数据显影软件是 SILKYPIX Developer Studio（由市川软件实验室开发）。除此之外，在售的 RAW 数据显影软件还有 Digital Darkroom（由 Jungle 开发）和 Capture One（由 Phase One 开发）。

高速显示 RAW 数据（缩略图显示）

RAW 是无压缩或可逆压缩的大尺寸数据。因此，在使用数码相机的液晶屏或计算机上的显影软件或图像查看器显示图像列表或图像缩略图时，每次显示都会花费很长的时间。另外，在数码相机配备的小液晶监视器上，即使可以忠实地显示宽 3000 点以上的高分辨率图像也没有太大意义。所以，一般会预先在 RAW 数据中编入小的图像或 VGA 大小的图像、JPEG 图像等，然后将它们用于缩略图显示或图像列表显示、简易显示。

各制造商为了加快显示速度，在 RAW 数据或查看器上花费了很多心思。例如，在 RAW 数据文件中除了标准的缩略图以外，还加入了宽 500 像素左右的专用缩略图。在专用的查看器中显示时，就可以分别使用专用的缩略图，以提高预览速度。

还有一种在 RAW 数据内部加入高分辨率 JPEG 图像的方法。在通过显影软件或查看器显示缩略图时，不进行 RAW 显影，而是直接显示编入的高分辨率 JPEG 图像，这样就可以高速显示比较漂亮的图像。支持 RAW 数据的图像存储器（图片查看器）或计算机、智能手机的软件也可以采用这种方法，但 RAW 数据是数码相机机型专用的文件格式，所以软件开发公司必须根据数码相机的最新机型进行更新，这会造成一定的负担。

佳能 S-RAW、M-RAW

RAW 格式的文件较大，因此存储卡能够保存的最大图像张数较少。于是，后来又出现了既可以改善文件太大的缺点，同时又保留了 RAW 格式能够在后期调整白平衡和曝光，并且进行色彩调整后还能保持高画质的优点的图像文件格式，其中文件大小较小的称为 S-RAW 格式，文件大小适中的称为 M-RAW 格式。佳能的 EOS 40D 和 EOS-1D Mark III 等机型开始采用这些格式（当时称为 sRAW），S-RAW 格式的记录像素数为 RAW 格式的约 1/4，而 M-RAW 格式为 RAW 格式的约 1/2。生成的文件大小得到了大幅缩小。

在打印大小为 A4 左右时，这些格式非常有效。

【 EOS 70D 示例 】

RAW：约 2000 万（5472 × 3648）像素

M-RAW：约 1100 万（4104 × 2736）像素

S-RAW：约 500 万（2736 × 1824）像素

※EOS 70D 是约 2020 万像素的数码单反相机。

JPEG

JPEG 的基础知识

以专业摄影师或摄影爱好者为目标用户的部分数码单反相机在保存图像时一般支持 JPEG、RAW 和 TIFF 三种图像文件格式，但近年来，主流做法是支持保存为 JPEG 和 RAW 两种格式之一（也有可以同时保存为 RAW 和 JPEG 的机型）。大部分卡片数码相机或入门级数码相机支持将图像保存为 JPEG 格式。

在数码相机支持的图像文件格式中，不管是高端机型还是入门机型，在保存图像时最常用的格式就是 JPEG。JPEG 是图像文件的世界标准格式，除了用在数码相机上，还广泛用在 Windows、Macintosh 等系统的计算机或互联网的网页上。兼容性高可以说是 JPEG 格式最大的优点。

JPEG 是由国际电信联盟（International Telecommunication Union，ITU）制定的国际静止图像标准。JPEG 一词源自制定了原始规格的委员会的名称 Joint Photographic Experts Group（联合图像专家组）。它比较大的特点就是去掉了那些人眼不敏感的色彩信息，并使用先进的压缩技术大幅缩小了图像数据的大小。

准确来说，在保存图像时，用户可以自由选择从 1/5 到 1/100 的压缩率。也就是说，用户可以根据用途自行选择不同的压缩率，如果追求高品质的图像，就选择使用低压缩率；如果追求较小的文件，就选择使用高压缩率（图 6.26）。压缩率的可选数量取决于机器或软件的规格。

一般在打印照片或进行后期调整等场景下要求图像具有高画质，在将图像作为电子邮件的附件发送或需要在网页上发布图像等场景下要求图像文件小。

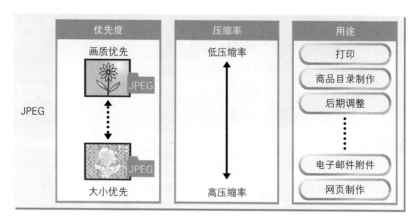

图 6.26 JPEG 画质和文件大小成反比
JPEG 是一种优秀的图像格式，用户可以结合文件需求选择是追求高画质还是小尺寸。

JPEG 的压缩率和文件大小

JPEG 利用了人眼对亮度敏感，对颜色反应迟钝的特性，通过在保留亮度信息的同时拉长人眼敏感度较低的颜色信息，或者将图像分成小块并汇总颜色分布等手法，实现了在尽可能不降低画质的前提下压缩文件大小。JPEG 也会采用其他方法，比如优先压缩色阶变化缓慢的部分的颜色信息，并对色阶变化激烈部分的颜色信息的压缩进行控制。因此，如果不仔细对比或放大细看，那么在使用 1/10 左右的压缩率时，画质劣化程度是不足以引起注意的。因为与其他图像格式相比，JPEG 的压缩率很高，但画质的劣化相对较少，所以它才作为行业标准格式拥有很高的人气。关于文件压缩方法的详细内容，请参照下文即将介绍的"JPEG 的压缩原理"。

JPEG 作为标准的图像格式，也广泛应用在数码相机上。无论哪种机型都支持 JPEG，用户可以通过模式设定选择画质优先还是压缩优先。例如，下面的表 6.2 中就列出了佳能的 EOS 70D（2020 万像素）支持的图像模式。

表 6.2　JPEG 和 RAW 在文件大小上的差异（示例）

下表以佳能的 EOS 70D（2020 万象素）为例展示了在选择不同的记录方式（模式）时的图像大小。

格式	模　　式	图像大小（记录像素数）	每张图片的大小（MB）	打印画幅
JPEG	Large Fine（画质优先）	5472 × 3648 点（约 20 M）	6.6	A2
	Large Normal（压缩优先）	5472 × 3648 点（约 20 M）	3.5	A2
	Middle Fine（画质优先）	3648 × 2432 点（约 8.9 M）	3.6	A3
	Middle Normal（压缩优先）	3648 × 2432 点（约 8.9 M）	1.8	A3
	Small 1（画质优先）	2736 × 1824 点（约 5.0 M）	2.3	A4
	Small 1（压缩优先）	2736 × 1824 点（约 5.0 M）	1.2	A4
	Small 2	1920 × 1280 点（约 2.5 M）	1.3	5 寸
	Small 3	720 × 480 点（约 0.35 M）	0.3	
RAW	RAW	5472 × 3648 点（约 20 M）	24	A2
	M-RAW	4104 × 2736 点（约 11 M)	19.3	A3
	S-RAW	2736 × 1824 点（约 5.0 M）	13.3	A4

　　如果选择以 RAW 格式记录，每张图像的大小约为 24 MB；如果选择以 JPEG 格式记录，则即使是最高画质，即 Large Fine 模式，图像大小也只有 6.6 MB，可以压缩到 RAW 格式的 1/4 左右。表中的图像大小是佳能公司正式发表的测试基准数值。

　　如果是 JPEG，图像大小有三种（Large、Middle 和 Small），每种大小又可以分为画质优先和压缩优先。在文件最大（5472 × 3648 点）、画质最好的 Large Fine 模式下，每张图像的文件大小约为 6.6 MB，如果采用 8 GB 的 CF 卡，可以保存约 1000 张图像。在文件最小（720 × 480 点）、压缩率最好的 S3（Small 3）模式下，每张图像的文件大小约为 0.3 MB，此时上述的 CF 卡可以保存约 19 380 张图像。

　　如上所述，JPEG 图像大小或压缩率不同，保存的图像大小也不同。相应地，画质也大不相同。

　　顺便一提，Large 大小的原图像，即 RAW 格式的 1 张图像的文件大小约为 24 MB，8 GB 的 CF 卡只能保存 260 张。

通过这样对比可知，JPEG 格式的压缩率具有更高的性能，使用起来非常方便。此外，S-RAW 格式的图像大小才 13.3 MB，可以保存 470 张。

在支持 JPEG 的大部分图像处理软件中，我们也可以在以 JPEG 保存图像文件时指定压缩率。但是，能指定几级压缩率因软件不同而不同。如果是 Photoshop CS 系列，有 12 级可选，但在以压缩率优先保存时，图像很容易出现块状噪点（图 6.27~图 6.29）。

图 6.27 在保存为 JPEG 文件时可以指定压缩率
在使用 Adobe 公司的 Photoshop 保存为 JPEG 文件时，也可以指定压缩率。可以通过［图像选项］中的下拉框选择品质，或者拖动滚动条来指定。

图 6.28 以高画质保存为 JPEG 文件时
图为以低压缩率（画质优先）保存的 JPEG 图像。如果放大看，可以看到噪点，但在普通使用场景中一般不会引起注意。为了便于对比，这里将图像放大到了 200%。

图 6.29 以高压缩率保存为 JPEG 文件时的块状噪点

图为以最高压缩率（大小优先）保存的同一图像的 JPEG 图像。可以看到，在提高压缩率之后，图像出现了块状噪点。为了便于对比，这里将图像放大到了 200%。

专栏 JPEG 杂学

严格来说，JPEG 指的是一种标准以及制定了此标准的团体名称和基本压缩技术本身。其作为文件格式的正式名称其实是 JFIF（JPEG File Interchange Format，JPEG 文件交换格式），不过我们一般把 JFIF 称为 JPEG。

数码相机中的标准格式是 JPEG，但其实 JPEG 也分为很多不同种类，比如互联网上常用的 Interlace JPEG 或视频中常用的 Motion JPEG，以及可能在不远的将来被数码相机采用的 JPEG 2000。

● Interlace JPEG

这是在网页上显示时常用的格式，可以一行一行地将马赛克状的图像清晰显示出来。这种显示方法考虑到了那些使用调制解调器等处于低速互联网环境中的用户，能够在显示大尺寸文件时让浏览者尽快了解图像概要。

● Motion JPEG

这是使用了 JPEG 压缩技术的视频标准，通过像手翻书一样连续显示 JPEG 静止画像来显示视频。与 MPEG 等视频压缩标准相比，这种标准加工起来更加容易，所以在视频编辑等领域很受欢迎。

可逆压缩与不可逆压缩

通常，在保存数码相机图像时，如果考虑到画质、大小以及支持的图像处理软件等，JPEG 应该是最适合的格式。JPEG 的普及程度也从侧面证明了这一点。但是，正如我们在前面所述，如果追求高画质，JPEG 并不能令人满意。

原因之一就是 JPEG 压缩了图像。压缩方法一般分为可逆压缩和不可逆压缩两种，JPEG 采用的是不可逆压缩，一旦压缩图像并保存，就无法完全恢复为原始图像了（图 6.30）。

图 6.30　可逆压缩与不可逆压缩
如果经过压缩和解压后的图像与原始图像相同就是可逆压缩，如果不能完全恢复为原始图像就是不可逆压缩。一般来说，可逆压缩的压缩率比较低。上图显示了两种压缩的不同。

■ 可逆压缩

把文件大小缩小称为压缩，把文件恢复到原来的状态称为解压或恢复等。

所谓可逆压缩，指的是在压缩后还可以复原，并且在复原后不会发生数据损坏的压缩方式，因此也称为无损压缩。比如，计算机程序或文件压缩中常用的 ZIP 或 LZH 等就是典型且常用的可逆压缩。程序或数据文件等哪怕在解压后只是丢失了 1 比特的数据信息，也会报错，变得不能执行或不能打开。在这种比较重视文件准确性的领域中，就必须使用可逆压缩。

■ 不可逆压缩

数字数据是由数字罗列而成的。在压缩时，可以在尽量不损坏数据质量的前提下通过去除某些信息（使数据缺损）大幅降低文件大小。这种方法会导致数据信息丢失，所以在解压时图像无法完全恢复原貌。除此之外还有一种方法，即使用复杂的计算公式或除法运算求出某个数值，然后去掉小数点部分，使该数值变成整数，从而减少数据的信息量。此时，因为小数部分在压缩时被舍掉了，所以即使在解压时再进行乘法运算，也无法使图像恢复到原来的状态。在对压缩数据进行解压时，不能完全恢复到原始状态的压缩方法称为不可逆压缩。在 JPEG 格式的压缩过程中，这里提到的两种压缩方法都有用到。

以使用某图像处理软件压缩保存图像为例，在再次使用图像处理软件打开经过可逆压缩保存的图像文件时，图像会以与保存前相同的状态显示出来。但如果是以不可逆压缩保存的图像文件，那么再次使用图像处理软件打开时，图像会与保存前的状态稍有不同。虽说差异可能不太明显，也可能我们完全注意不到，但如果反复进行不可逆压缩和保存，那么图像就会与原始图像信息越来越不同，最终差异会变得非常显著。

JPEG 的压缩原理

JPEG 格式在进行压缩时利用了人眼"对亮度变化敏感，对颜色变化不敏感"的特性，对人眼难以识别的颜色信息进行了间隔压缩。那么，具体是怎样进行压缩的呢？

JPEG 格式大致以下面 4 个步骤压缩图像，先用降采样间隔获取颜色信息，再用量化（quantization）处理减少数据量。

①进行降采样
②进行 DCT（离散余弦变换）
③进行量化
④进行哈夫曼编码

要充分理解压缩和图像劣化的原理，就必须看那些复杂的公式才可以。工程师出身的读者可以去读相关专业书，在本书中，为了让普通读者对压缩原理有一个大致的理解，接下来我们会使用图表尽可能简单地对压缩过程中的降采样和量化处理进行说明。

JPEG 会通过降采样对相邻的图像信息进行平均化处理，并以此缩小图像大小。前面我们提到，使用数码相机拍摄的图像文件通常采用的是 RGB 颜色模型，但 JPEG 在降采样时会将图像分离为 YCbCr 或 YUV 颜色模型。

YCbCr 或 YUV 颜色模型会分离图像的信息，将其分为亮度信息（Y）和颜色信息（Cb，Cr），其实这是常用于视频压缩等的手法。具体来说，YCbCr 会将图像信息分解为亮度信息 Y、亮度信号和蓝色色差（蓝色程度）Cb，以及亮度信号和红色色差（红色程度）Cr，YUV 则会分解为亮度信息 Y、亮度信号和红色成分差 U，以及亮度信号和蓝色成分差 V。

此时需要进行一项操作，即利用人眼难以识别颜色信息的特性对这部分信息进行间隔去除，也就是在保持图像亮度信息 Y 的同时，减少图像颜色信息 Cb 和 Cr。

例如分辨率为 640 × 480 的图像，保持图像中的 Y 信息不变，在主扫描方向上对图像的 Cb、Cr 信息进行间隔取色后，分辨率就会变为 320 × 480。像这样间隔取色的方法称为 4∶2∶2（2∶1∶1）降采样。同样，如果在纵向和横向上对图像的 Cb、Cr 信息进行间隔取色，分辨率会变为 320 × 240，即原本的 1/4，这种方法称为 4∶1∶1 降采样。

如上所述，颜色信息是人眼难以识别的，所以人眼很难看出信息量变少了。但是，由于图像的信息量的确是减少了，所以如果是颜色过渡较大或对比度较低的图像等，也可能会出现色差或色散。

接下来，需要进行 DCT（Discrete Cosine Transform，离散余弦变换），即用波形表示图像的信息变化，并计算出高频部分（主要是细小的色调变化、轮廓等部分）和低频部分（主要是缓慢的色调变化、平坦区域颜色等）所占的比例，其中高频部分的信息大多会在即将进行的量化处理中被去除，这也是 JPEG 的特征之一。

所谓量化，是用数值来表现用于表示数字信号的级别，通常用位数表示。量化位数越大，越能忠实地再现原始数据。

图像的量化位数表示的是色阶信息级别、颜色渐变部分信息级别，量化位数越大，色阶表现就越丰富，越能忠实地再现实际图像的颜色。相反，量化位数越小，颜色信息级别越大，最终的信息量“缩小”的越多，颜色渐变部分越粗糙。在 JPEG 中可以设置量化参数 q，用于对信号值取整。所以，q 值越小，被舍去的数就越少（压缩率越低）。相反，q 值越大，被舍去的数就越多（压缩率越高）。

如图 6.31 所示的直方图展示了令 q 值为 4 并进行量化后，8 位（0 ~ 255）信息的原始信号幅度减少到了 6 位（0 ~ 63）。随着信息量减少，文件大小也会变小。但与此同时，我们不得不接受解压后（显示时）图像色阶信息的损失和画质劣化。

如上所述，通过量化处理，JPEG 可以控制图像画质和大小的平衡。

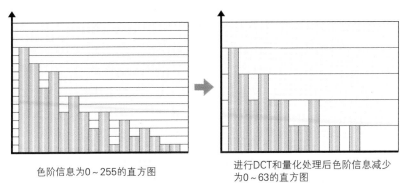

色阶信息为0～255的直方图

进行DCT和量化处理后色阶信息减少
为0～63的直方图

图 6.31　通过量化处理压缩数据
例如，令 q 值为 4 并进行量化处理，8 位（0～255）的色阶信息会减少为 6 位（0～63），纵轴部分的信息量减少了。

　　最后，通过哈夫曼编码压缩数据大小。哈夫曼编码是 1952 年由哈夫曼（David A. Huffman）先生设计的具有代表性的可逆压缩算法。这是一种对信号字符串按位分隔，并通过对出现频率较高的字符串使用更短的符号来替换进行压缩的方法。因为是可逆压缩，所以不会导致画质劣化。

　　经过这一系列工序，就可以得到压缩后的 JPEG 图像。理解了这个过程，也许就可以理解由 JPEG 压缩引起的画质劣化现象为何在照片上看着并不显眼，但在某些打印出来的插图上看着就比较显眼。这是因为，照片的颜色变化较缓（频率偏低），所以由降采样和量化处理导致的画质劣化就不那么明显，但色彩信息变化剧烈、对比度高的插图，或者轮廓清晰、频率偏高的图像在降采样过程中容易出现色差，量化处理后的色阶信息也容易出现间隔，所以画质劣化看上去比较显眼。

【JPEG 的压缩原理】
- 去除人眼难以感受到的"色彩变化"的信息部分
- 将颜色的波长转换为频率（系数化）
  → 去除高频率部分（量化）
  → 替换符号（编码）

JPEG 的各颜色色阶信息为 8 位

对于专业摄影师或设计师等处理高画质图像的人群来说，JPEG 还有一点达不到要求，那就是 JPEG 只有 8 位色阶信息。通过数码相机内的镜片和图像传感器生成的数字数据的色彩信息有时也为 12～16 位。但是，当在数码相机内部将其保存为 JPEG 时，需要根据 JPEG 的规格将色阶信息转换为 8 位（RGB 共计 24 位），原本丰富的颜色信息可能会出现破损，无法完全呈现出来。在这一点上，因为 RAW 数据采用的是无压缩（或可逆压缩），所以可以根据图像传感器或电路的规格将色阶信息保存为 12～16 位。

JPEG 2000

JPEG 因为可以自行选择压缩程度且压缩技术强而受到了好评，但同时也因为不可逆压缩导致了发展瓶颈。于是，新规格 JPEG 2000 诞生了（图 6.32）。JPEG 2000 不仅可以减少由于压缩引起的画质劣化，而且支持可逆压缩，也支持添加电子水印等，满足了现代数字图像的需求。JPEG 2000 由 ISO 于 1996 年提出。2000 年 12 月，其基础部分 Part1 由 ISO 和 ITU 的共同组织 JPEG 实现了标准化。此后，扩展技术经过审议被确定了下来。

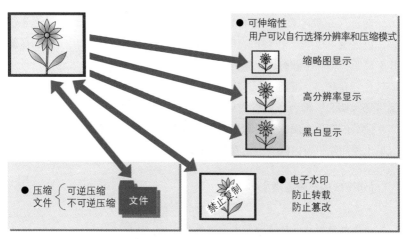

图 6.32 JPEG 2000 的新技术
图为 JPEG 2000 的扩展功能示例。

　　JPEG 2000 标准与 JPEG 标准在三个方面存在差异。首先，它们采用了不同的压缩技术。JPEG 采用的是把图像分割为 8 × 8 像素点的小方块，通过频率分量系数进行量化、编码的压缩方式，而 JPEG 2000 采用的是将图像频率分为高频和低频部分，然后先在垂直方向分割，再在水平方向进行小波变换（Wavelet Transform，WT）的方式。这样可以抑制格状噪点产生，而且蚊式噪点，即图像的波纹状噪点也比较少。

　　其次，经 JPEG 2000 压缩的图像具有可伸缩性，一张 JPEG 2000 的图像可以恢复出多种分辨率的图像。在包含 JPEG 图像的网页上，通常需要分别准备用于列表显示的缩略图和原始图。而 JPEG 2000 用一张图像就可以实现，还支持部分放大，以及让用户自行选择显示分辨率。

　　最后，JPEG 2000 支持可逆压缩，在保持高压缩率的同时实现了可逆压缩，可以将图像完全恢复为原始图像，扩展了数字图像可能性和使用范围。

　　目前支持该格式的数码相机或图像处理软件还是少数，但将来，在以数码相机行业为首的各种数字图像处理领域中，它应该是最受关注的图像格式之一。

DCF 和 Exif

　　为了保证兼容性，让用户在数码相机以外的设备上也可以放心地使用通过数码相机拍摄的图像，需要遵守一定的规定或标准。能够确保在数码相机、存储卡、读卡器、打印机和计算机等设备上交换数字图像数据，并具有一定兼容性的文件系统标准就是 DCF，而这种文件格式的标准就是 Exif。这两个标准都是由日本电子工业发展协会（JEIDA）提出并制定的。

　　日本电子工业发展协会于 2000 年 11 月与日本电子机械工业协会（EIAJ）合并，成了日本电子信息技术产业协会（JEITA）。

DCF

■ 什么是 DCF

　　DCF 是 Design rule for Camera File system 的简称，翻译成中文就是"相机文件系统设计规则"。这是为了将使用数码相机拍摄的图像通过记录媒体应用在各种设备上而制定的<u>文件系统</u>。

例如，我们想把某台数码相机 A 上的 CF 卡（存储卡）放在另一台数码相机 B 上继续拍摄。用户肯定有这种需求，但从技术角度来说，如果两台相机的存储卡记录规则（系统格式）不同，就无法保证兼容性。如果不兼容，A 中用于记录图像的 CF 卡就不能用于 B。如果数码相机 A 和 B 的制造商一样，还可以期待它们在某种程度上可以兼容；但如果是不同制造商，那么由于每家制造商情况不同，所以无法期待它们可以兼容。因此，要想实现兼容，就必须有一定的行业标准。通过让打印机、计算机、读卡器、PDA 和便携式存储（HDD）等设备也可以读取保存所拍摄图像的记录媒体，就可以更加方便地使用这些数字图像。此时，兼容性也显得格外重要。如今的数码相机在保存图像时使用的文件系统、文件夹结构和文件格式等都遵照 DCF 标准。由于打印机或计算机等设备也是沿用这个规格进行读取的，所以图像可以在不同设备之间交换或显示（图 6.33 和图 6.34）。

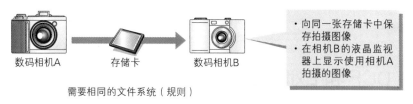

需要相同的文件系统（规则）

图 6.33　可以在不同数码相机上方便地交换或使用图像文件
要想通过记录媒体在数码相机 B 中使用数码相机 A 拍摄的图像，就需要使用相同的文件系统（规则）。

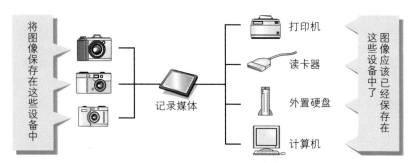

图 6.34　通过通用的规则，图像读取设备也可以轻松读取图像文件
打印机或计算机也支持 DCF 标准，所以可以轻松读取数码相机中的图像。

■ 记录媒体的文件系统

DCF 是为了确保兼容性而制定的文件系统。那么，文件系统又是什么呢？此时，它是一个广义上的说法，以记录媒体来说，指的就是系统格式、文件夹结构、文件名、文件格式。除此之外，文件系统还规定了记录功能或再生功能等，但其实一般的数码相机用户只要知道与存储相关的 DCF 规定就可以了。

记录媒体的文件系统采用的是 FAT（FAT32）。FAT 是 File Allocation Table（文件分配表）的简称，从 Windows 95 到 XP、Windows 8，操作系统一直都以此作为标准文件系统（从 Windows 2000 开始，文件系统标准也同时采用了 NTFS）。因此，FAT 可以说是一种便于在计算机及其相关设备中进行文件传输的文件系统（图 6.35）。

图 6.35 DCF 的文件系统为 FAT
在 Windows 操作系统中，我们可以很方便地确认文件系统。将数码相机或装有存储卡的读卡器连接到计算机上，然后右键单击这些设备的驱动器名，选择［属性］就可以看到了。

■ DCF 的文件夹结构

把数码相机或装有存储卡的读卡器连接到计算机上，我们就可以看到 DCF 的文件夹结构。

观察如图 6.36 ~ 图 6.38 所示的 DCF 的文件夹结构可知，图像文件保存在 DCIM 文件夹下面的子文件夹中，子文件夹的名称虽然是随机的，但其中一定包含有规则的数字。

具体来说，子文件夹是按照"100×××××～999×××××"这样的规则命名的，前3位是有规则的数字，后5位是任意字符（×）。例如，佳能数码相机的子文件夹名称为101CANON、102CANON、……而松下是103_PANA等。

子文件夹中保存的图像文件则按照"××××0001～××××9999"这样的规则命名，前4位是任意字符（X），后4位是序号。

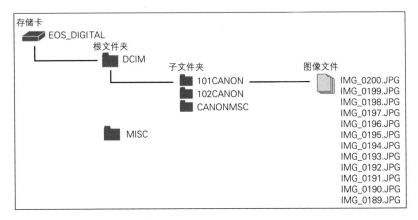

图6.36　DCF的文件夹结构①
图为以佳能EOS系列数码相机为例在计算机上显示相机记录媒体中文件夹结构的示例。

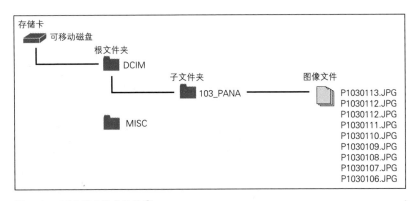

图6.37　DCF的文件夹结构②
图为以松下的数码相机为例在计算机上显示相机记录媒体中文件夹结构的示例。DCIM文件夹及下面的子文件夹、图像文件的结构与佳能EOS系列相机相同。

图 6.38 DCF 的文件夹结构③
支持 DCF 标准的多台数码相机即使使用同一张 CF 卡拍摄，每台数码相机也会各自创建新的
文件夹，图像也一定可以保存下来。图为在使用佳能数码相机拍摄后，把 CF 卡安装在奥林巴
斯的数码相机上继续拍摄后的存储卡中的文件夹结构。

以上就是 DCF 的基本文件夹结构，打印机或计算机等设备也可以基于 DCF 的规格分析记录媒体，并识别拍摄的图像文件。

如上所述，数码相机会定义图像文件的类别，并规定用于保存图像文件的文件夹结构和文件夹名，以及图像文件和文件名。这称为 Write 规则（写入规则）。在记录时，文件夹名和图像文件名中的部分字符必须包含有规则的编号（文件夹编号和文件编号）。此外，还要定义图像文件的格式。这就是 Exif-JPEG（详见下文），符合规定的图像文件称为 DCF 基本文件。

在数码相机中显示或向打印机输出图像，或者通过计算机或读卡器等设备读取图像时，有一个读取规则。其中最基本的内容就是将指定文件夹下指定文件名的 DCF 基本文件显示出来。另外，DCF 基本文件中不仅包含原始图像，还包括用于简易显示的缩略图，因此可以根据显示设备分别使用这些图像进行显示。

支持 DCF 的设备符合 DCF 基本文件和文件夹结构、文件名的规定，以及关于记录和显示的规定等，所以图像可以在不同的设备之间兼容。

但是，并不是所有数码相机都一定可以显示其他设备拍摄的图像。随着数码相机的发展，图像画质和分辨率越来越高，容量越来越大，所以有时旧的数码相机是无法显示最新的数码相机所拍摄的图像的。

Exif

■ 什么是 Exif

DCF 标准定义了数码相机记录图像文件的类别，规定了必须记录的图像文件（DCF 基本文件）。DCF 基本文件采用的标准图像格式是 Exif 的 JPEG 或 TIFF 文件。

Exif 是 Exchangeable Image File Format（可交换图像文件格式）的简称，它是富士胶片公司在 1994 年提出的数码相机图像文件格式标准，被用作 JPEG 或 TIFF 等的扩展图像格式的标准，支持 Exif 标准的 JPEG 文件称为 Exif-JPEG，支持 Exif 标准的 TIFF 文件称为 Exif-TIFF。Exif 的特点大致有两个，一个是有关拍摄的信息，另一个是附加了缩略图。

在使用数码相机拍摄时，拍摄日期和时间、快门速度、镜头的光圈值等与拍摄相关的附属信息，以及压缩模式、色彩空间、像素数等用于正确显示图像的信息将与主图像数据一起保存在一个图像文件中。这些信息可以让我们了解拍摄时的设置，以便实现更加精确的显示或输出。在图库或数据库等中，可以利用这些信息提高检索效率。

另外，拍摄时还会一并保存分辨率为 160 × 120 的缩略图。虽然在显示时通常使用的是主图像，但在数码相机等以记录为主的设备中，在使用小的液晶显示屏确认图像时，只显示缩略图就可以。这称为再生兼容性等级 1，支持它的设备称为 DCF Reader 1。

如果像打印机那样以输出或显示功能为主的设备不能输出或显示图像分辨率低于分辨率基准（1800 × 1200）的主图像，就不能支持 DCF 或 Exif。这称为再生兼容性等级 2，支持它的设备称为 DCF Reader 2。

■ Exif 中的拍摄信息

Exif 中记录的拍摄信息具体有哪些呢？我们在前面介绍过的数码相机制造商提供的 RAW 显影软件大多可以显示 Exif 信息。如果没有这些软件，大家可以使用支持查看 Exif 信息的图片查看器或图像处理软件来查看。除此之外，还有专门用于查看 Exif 信息的免费软件。RY SYSTEM 公司的 Exif Reader 就是其中之一（图 6.39 ~ 图 6.41）。

图 6.39 可以查看 Exif 信息的 Exif Reader 的界面

图为 Exif Reader（由 RY SYSTEM 开发）的界面，它是一个可以分析并显示 Exif 格式中所含信息的工具。特点是小巧便捷，而且信息显示详细。支持 Exif-JPEG、Exif-TIFF、PSD（Photoshop）以及各种 RAW 格式等。大家可以从 RY SYSTEM 公司的网站中下载它。

图 6.40 也被称为元数据的 Exif 信息

嵌入到图像中的信息称为元数据，Exif 信息就是一种元数据。在 Adobe 公司的 Photoshop Elements 的照片整理模式或 Adobe Bridge 中，我们可以在元数据一栏中确认部分 Exif 信息（图为 Photoshop Elements 12 的照片整理模式）。

图 6.41 通过 Photoshop 确认 Exif 信息

在 Photoshop CS 系 列 或 Photoshop CC 中，单击 [文件] – [文件信息] – [相机数据] 标签，就可以确认 Exif 信息。

TIFF

数码相机拍摄的图像文件也经常保存为 TIFF 格式。TIFF 是 Tagged Image File Format（标记图像文件格式）的简称，是 Aldus 公司（现在已与 Adobe 合并）在为了将原本只可以用在 Macintosh 系统上的 DTP 软件 PageMaker 应用在 IBM PC 上而进行软件开发时，与微软公司共同开发出来的高密度位图图像数据格式。TIFF 格式支持不压缩，不会造成图像画质劣化的可逆压缩，以及与 JPEG 相同的不可逆压缩三种压缩方式，所以常被用户用于需要兼顾高画质和低压缩率的使用场景。但是，有时可能出现在网页浏览器上不能显示，或在某些应用软件中不能显示等问题，所以它的普及程度不如 JPEG 格式。

TIFF 的特点

TIFF 的一个特点是可以在 Windows 或 Macintosh 操作系统上的各种应用软件上使用。TIFF 格式文件本身包含了图像大小、分辨率、颜色表现方法、颜色数、压缩方式和编码方式等各种各样的信息，所以可以用在很多应用程序中（图 6.42、表 6.3）。

在 20 世纪 90 年代，Macintosh 和 Windows（IBM PC）的人气都很高，但是双方在各方面的兼容性都很低，包括图像文件。在 IBM PC 或

Windows 系统中图像文件的标准是 BMP，而在 Macintosh 系统中的则是 PICT，不同机型之间的图像数据传输是很困难的。TIFF 格式可以让用户在保存文件时选择是用在 Macintosh 系统中还是用在 IBM PC 中，所以受到了很大的关注。

但是，近年来由于各方面的兼容性都提高了，在保存或显示图像文件时，也无须选择 Macintosh 或 Windows 等操作系统了。于是，TIFF 格式兼容性高的特点不再重要。最近甚至出现了刚好相反的声音：TIFF 格式的兼容性较差。这是因为，TIFF 格式有各种各样的版本，支持各种颜色数或压缩方式，所以在某些应用程序中有时会无法显示。

TIFF 格式的另一个特点是支持各种各样的压缩方式。尤其是它支持可逆压缩，不会导致画质劣化，因而那些比较重视画质，不喜欢 JPEG 格式等的不可逆压缩的用户经常使用 TIFF 格式。TIFF 格式的可逆压缩方式采用的是常用于压缩程序或数据文件的 LZW 或 ZIP 方式。

图 6.42　TIFF 的保存界面

图为通过 Photoshop 将图像保存为 TIFF 格式时显示的界面。我们可以选择是在 IBM PC 上使用还是在苹果的 Macintosh 系统上使用，还可以将可逆压缩方式指定为 LZW，以缩小图像大小。

表 6.3　TIFF 的保存选项

在将图像保存为 TIFF 格式时，可以根据支持的版本或应用程序选择各种各样的压缩形式。虽然这样在保存选项较多时比较方便，但也有缺点，那就是在某些计算机环境中可能会无法显示。

压缩方式	可逆或不可逆	图像大小
无压缩	无	大
LZW	可逆	中
ZIP	可逆	小
JPEG	不可逆	极小

从 RAW 数据转为 TIFF 的显影

对于使用数码单反相机处理 RAW 数据的用户来说，最重要的是，TIFF 是一种支持 16 位模式的图像格式。要想使具有丰富色阶信息的 RAW 数据在显影后也保持原始画质不变，而且可以使用常见的图像处理软件显示或编辑，最好使用 TIFF 的 16 位模式保存（图 6.43）。

图 6.43　将 RAW 数据以 TIFF 格式的 16 位通道保存

在 Digital Photo Professional 中把使用佳能 EOS 40D 拍摄的 RAW 数据以 TIFF 格式的 16 位通道保存之后，可以有效抑制颜色信息损失。但是，图像的大小会变成 57.7 MB（RAW 的图像大小约为 12.4 MB）。

6.3 记录媒体

什么是记录媒体

IC 记录媒体以闪存的登场为开端

1988 年，富士胶片公司发布了第一款可以在存储卡中存储图像的数码相机 FUJIX DS-1P。也有人认为，只有在存储卡上存储数字图像的相机才能称为数码相机，所以 FUJIX DS-1P 才是世界上第一款数码相机。

DS-1P 使用的 IC 卡内嵌入了可以高速读写的 SRAM，其容量为 2 MB，图场可以保存 10 张，影格可以保存 5 张。但是，SRAM 是断电后内容会消失的易失性存储器（挥发性存储器），所以当存储器所用的小型电池耗尽时，保存的图像也会跟着消失。

使用无须安装电池的非易失性存储器（非挥发性存储器），并且可以自由拆卸或方便携带的记录媒体一般称为 IC 记录媒体。虽然如今 IC 记录媒体早已司空见惯，但这其实得益于闪存的出现。

采用了 IC 记录媒体，也就是闪存卡的 FUJIX DIJE DS-200F（由富士胶片制造）是 1993 年发售的，当时距离 FUJIX DS-1P 发售已经过去了 5 年。搭载在 FUJIXDIJE DS-200F 上的闪存卡容量为 2 MB。现在想来，虽然容量不大，但从此记录媒体有了飞跃性的进步，对数码相机的进步和发展做出了巨大贡献。

什么是闪存

闪存是一种能用电信号改写半导体元件的数据内容的 EEPROM（Electrically Erasable Programmable Read Only Memory，带电可擦可编程只读存储器）。在此之前，如果电源关闭，内存中的内容就会丢失。自从闪存出现，即使关闭电源，数据也不会丢失，所以这种方便携带的 IC 记录媒体很快就普及了。数码相机一开始只在 SM 卡和 CF 卡上使用了这种技术，但现在几乎所有的 IC 记录媒体都使用了这种技术，例如由索尼倡导使用的记忆棒，由东芝、松下电器和闪迪（SanDisk）等共同开发的 SD 卡，以及由富士胶片和奥林巴斯倡导使用的 xD 卡（xD Picture Card）等。

同时，微型硬盘也可以像 IC 记录媒体一样使用了。这些 IC 记录媒体在尺寸、方便程度、数据传输、性价比和容量等方面有着各自的特点（图 6.44）。

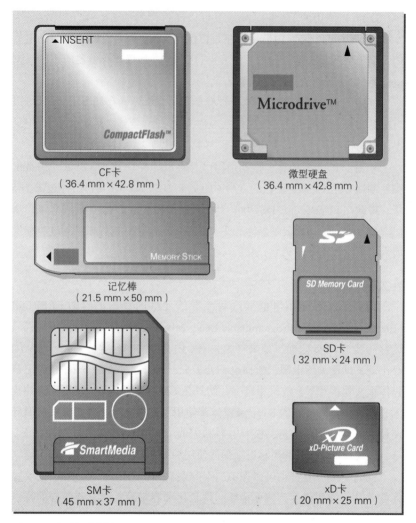

CF卡
（36.4 mm × 42.8 mm）

微型硬盘
（36.4 mm × 42.8 mm）

记忆棒
（21.5 mm × 50 mm）

SD卡
（32 mm × 24 mm）

SM卡
（45 mm × 37 mm）

xD卡
（20 mm × 25 mm）

图 6.44　各种记录媒体
随着闪存的出现，很多规格的存储卡也诞生了。图为实物大小的各种存储卡。

CF 卡

CF 卡是由闪迪公司开发的小型存储卡。其尺寸分为类型 Ⅰ 和类型 Ⅱ，类型 I 的尺寸为高 36.4 mm × 宽 42.8 mm × 厚 3.3 mm，而类型 II 的厚度为 5.0 mm。即使从数码相机中取下单独携带，其中保存的数据也不会消失。CF 卡除了用作数码相机的存储卡以外，还常用在智能手机、计算机以及其他通信设备上（图 6.45）。

图 6.45　CF 卡的外观
CF 卡作为小型 IC 记录媒体（存储卡）来说，尺寸相对较大，因此经常用在高像素类型的相机或数码单反相机上。为了体现它的高速特性，在产品销售时通常会标明数据传输速度为"×× MB/s"或"×× 倍速"，除此之外，它的容量也越来越大。图为具有高速性且兼容性较高的 CF 卡 Extreme Pro（由闪迪公司制造），它支持 UDMA7，容量为 32 GB，传输速度为 90 MB/s。

CF 卡的特点

　　从技术上看，CF 卡最大的特点是在卡的主体内设置了控制器芯片，内存的读写由芯片控制。从计算机等设备上的 CF 卡，到内置硬盘、外置硬盘、MO 等可移动硬盘，只要是支持 ATA 标准的存储器，控制器芯片都可以识别。ATA 是 ATAttachment 的简称。负责进行规格统一和标准化的美国标准协会（American National Standards Institute，ANSI）对 IDE（内置硬盘等使用的接口规格）进行了正式的标准化，形成了 ATA。

　　因此，CF 的优点是它可以作为计算机或智能手机中标准设备管理的扩展，缺点是与单纯的只有闪存板结构的 SD 卡等相比，结构较为复杂，制造成本高，所以价格比较高。

　　把 CF 卡安装在存储卡适配器上，就可以放在计算机的 PC 卡槽中使用。CF 卡的连接端子与 PC 卡是一样的，所以如果是常见的存储卡适配器，只要利用简单的布线扩展结构就可以制作出来，因而售价比较便宜。在与计算机连接时，一般使用的是 USB 接口的存储卡适配器。

【CF 卡的特点】

- 符合 ATA 标准，所以兼容性高
- 分为类型 I 和类型 II，厚度不同
- 控制器芯片和内存处理速度都越来越快
- 做得很结实，很坚固
- 数码单反相机等很多高端机型上常用
- 价格急速下降，广受欢迎的容量大小为 16 GB ~ 32 GB。超高速型的部分产品价格较高（截至 2013 年 11 月）

类型 I 和类型 II

CF 卡的规格分为类型 I 和类型 II。标准化的厚度为 3.3 mm，后来的类型 II 是扩展规格，厚度为 5.0 mm。类型 II 也有对应的调制解调器、无线 LAN、微型硬盘等产品在售。所以，以前的厚度为 3.3 mm 的规格现在改称为类型 I 了。

类型 II（厚度为 5.0 mm）的 CF 卡槽上也可以安装和使用类型 I 的产品（厚度为 3.3 mm），但反过来就不能使用了。很多 CF 卡是类型 I，如果想使用微型硬盘，就需要购买有类型 II 插槽的数码相机。

NAND 型闪存

数码相机和计算机中的闪存大致分为两种。一种是经常与 SDRAM 一起被用作内置存储器的 NOR 型闪存，主要用于保存操作系统程序或进行运算，其特点是能够快速地以 1 比特为单位写入数据。NOR 型闪存由富士通、英特尔、AMD（Advanced Micro Devices）、意法半导体（ST）集团等生产，此外还有由三菱电机开发的 DiNOR 型闪存（Divided bit line NOR）。

另一种是作为记录媒体使用的存储器。本章介绍的记录媒体全部都是 NAND 型闪存。NAND 型闪存的核心是浮栅型结构，这种结构是由东芝开发的，因而目前只有拥有其基本专利的东芝，以及从东芝获得技术授权的闪迪和三星拥有专利使用权。除了浮栅型结构以外，还有 MNOS（Metal-Nitride-Oxide-Semiconductor，金属 – 氮化物 – 氧化物 – 半导体）型结构。

FAT16 和 FAT32

CF 卡和硬盘一样，都符合 ATA 标准。所以，文件系统与普通的硬盘一样，使用的是 FAT。如前所述，FAT 是 File Allocation Tables 的简称，Windows 也在使用这种文件系统。FAT 有 FAT16 和 FAT32 两种，当单纯称为 FAT 时，一般指的是 FAT16。在使用数码相机时需要知道，要想在数码相机上使用超过 2 GB 的 CF 卡或微型硬盘，数码相机必须支持 FAT32 才可以。

这是因为 FAT16 最大只能处理 2 GB 的容量。因此，如果在 FAT16 上使用超过 2 GB 的大容量硬盘或内存，需要划分出最大 2 GB 的区域进行使用。但数码相机没有分区功能，所以在只支持 FAT16 的数码相机中，即使安装了 4 GB 的 CF 卡，最多也只能使用 2 GB（图 6.46）。

从 2004 年开始，新发售的数码单反相机大多支持 FAT32。如果使用的是旧机型，就需要注意这一点，建议查看一下数码相机的使用手册进行确认。

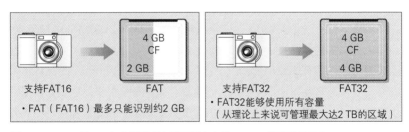

图 6.46　4 GB 的 CF 卡或微型硬盘需要用在支持 FAT32 的数码相机上
在只支持 FAT16 的数码相机上，即使使用 4 GB 的 CF 卡，也只能使用 2 GB 的容量。但如果是支持 FAT32 的数码相机，4 GB 的全部容量都可以使用。同样，如果计算机的操作系统和移动硬盘等也不支持 FAT32，就不能使用 4 GB 的 CF 卡上的全部容量。

CF 卡的高速性（× 倍速）

在 CF 卡的广告或包装上，通常可以看到"×× 倍速"的标识，比如 400 倍速（400×）或 1000 倍速（1000×）等。×× 倍速是用于计算机的 CD-ROM 或 DVD 驱动器等上常见的标注方法，用于表示数据传输速度的高速性能。

CF 卡以 CD-ROM 在音乐 CD 中使用的传输速度 150 KB/s 作为标准

速（1 倍速 = 等速），产品拥有的最高数据传输速度（主要是理论值）以×× 倍速标注。例如，如果是 32 倍速，则传输速度为 4.8 MB/s，40 倍速则为 6 MB/s，400 倍速则为 60 MB/s，1000 倍速则为 150 MB/s。这里的倍速，意思并不是传输速度比没有标注的 CF 卡快 400 倍。

"×× 倍速"这种标注方法是 CF 卡的制造商雷克沙（Lexar）首次导入的标注方法，并不是某种行业规定或标准。

所以，大型闪存制造公司闪迪的产品上并不会标注 "600 倍速" 等，而会标注数据传输速度（90 MB/s 等）。

另外，雷克沙的部分产品除了提高了内存和控制器的性能外，还对特定机型和技术进行了调整，搭载了使用专用协议的技术 WA（Write Acceleration，加速存写技术）。根据该公司的声明，在支持 WA 技术的数码相机上使用时，支持 WA 的 CF 卡比不支持 WA 的 CF 卡速度提高了40%。支持 WA 技术的数码相机有尼康 D1X/D1H/D100/249/D2H、柯达 DCS Pro Back 系列 /760 系列 /Pro 14n、三洋电机的 DSC-MZ3 和适马的 SD9 等。

最近，作为行业标准的高速数据传输规格 UDMA（Ultra Direct Memory Access，高级存储器直接访问）受到了广泛关注。它可以用具体数值来表示数据传输性能。UDMA 规格是 1996 年由昆腾（Quantum）和英特尔两家公司开发的高速数据传输技术，硬盘等存储设备从很早以前就开始使用这种技术了（也称为 Ultra ATA 和 Ultra DMA）。如果存储卡和数码相机机身都支持 UDMA 规格，就可以实现高速数据传输。

目前支持 UDMA 的数码相机有奥林巴斯 E-3、佳能 EOS-1Ds Mark III、索尼 α70/α900、尼康 D3/D300 和佳能 EOS-1Ds Mark III/EOS 5D Mark II/EOS 50D 等，在这之后的数码相机大部分也支持 UDMA。UDMA 有 0 ~ 7 种模式，各种模式的最高数据传输速度不同。具体模式也需要数码相机和存储卡双方都支持才可以。截至 2013 年 11 月，最新的 UDMA7 模式的最高传输速度为 167 MB/s（相当于 1113 倍速）。支持 UDMA7 的数码相机有佳能 EOS 5D Mark III、尼康 D4/D800 等，以及后来的机型。

使用高速存储卡的好处是可以缩短记录图像的时间。即使数码相机具有很强的高速连拍性能，但如果存储图像时间较长而不得不等待，相机自身的性能也无法发挥出来。即使不是连拍,也可能因为在使用 RAW 数据保存模式等拍摄时,存储卡中存储的数据较大而进入等待写入的状态。专业摄影师或摄影爱好者如果不想错过难得的按下快门的时机,就需要使用读取速度更快的存储卡。同时,不仅仅是写入,读入速度也将得到提高,所以图像的显示会变得很快,在搭配支持 UDMA 的读卡器等使用时,向计算机传输照片的速度也会很快(图 6.47)。特别是在高速连拍或拍摄高清视频时,效果非常明显。

图 6.47 支持高速传输的读卡器

支持高速传输的读卡器也出现了。图为支持雷克沙的 UDMA7 的 USB 3.0 读卡器 LRW300URBJP,上面配备了分别支持 CF 卡和 SD 卡的两个插槽。

但是,这些数值是技术上的最大理论值,在实际使用时,传输速度并不一定像标注的速度那么快。所以,即使宣传是高速产品,但根据使用的数码相机机型、模式、摄影方法不同,高速性能的发挥程度也是不同的。只有试着使用一下,我们才能最终知道它是否能发挥高速性能。

【UDMA 的传输模式】

UDMA 的模式为 0 ~ 7,它们的最高传输速度不同。闪迪的 Extreme IV 支持的是 MODE4,Extreme Pro 支持的是 MODE7,创见(Transcend)的 "32 GB×1000" 支持的也是 MODE7(图 6.48)。

- MODE0　　16.7 MB/s
- MODE1　　25 MB/s
- MODE2　　33.3 MB/s
- MODE3　　44.4 MB/s
- MODE4　　66.6 MB/s
- MODE5　　100 MB/s

- MODE6　133.3 MB/s
- MODE7　167 MB/s（相当于 1113 倍速）

图 6.48　支持 UDMA MODE7 的 CF 卡

支持 UDMA MODE7（CF 6.0）的创见 1000 倍速 CF 卡 "TS32G CF1000"（容量为 32 GB）。这里的 "1000 倍速（1000×）"和 "150 MB/s"的意思相同。

USB 2.0 和 USB 3.0

　　USB 读卡器可以通过存储卡让计算机或家电直接读写数码相机拍摄的照片。现在市面上销售的 USB 读卡器分为支持 USB 2.0 和支持 USB 3.0 的两种产品。USB 2.0 的读卡器的最高数据传输速度（理论值）为 480 Mbit/s（60 MB/s），并不能充分发挥超出 UDMA MODE4 的超高速（90 MB/s 等）存储卡的数据传输性能。USB 的最新高级标准 USB 3.0 的数据传输速度约为 USB 2.0 的 10 倍，即 5 Gbit/s。如果计算机等设备和读卡器都支持 USB 3.0，那么与 USB 2.0 的环境相比，数据传输速度更快（USB 3.0 是具有兼容性的标准，所以在与支持 USB 2.0 的设备连接时，也可以按照以往的 USB 2.0 标准传输数据）。支持 USB 3.0 的设备除了读卡器以外，在售的还有外置硬盘和 USB 存储产品等。

可以延长闪存使用寿命的 GBDriver

　　闪存是有使用寿命的。只对存储器内的同一数据块（部分）写入会对这个数据块造成损耗，这样一来，即便其他数据块的状态良好，整个存储卡的使用寿命也会缩短（图 6.49）。但是，用户在进行数据写入操作时并不能选择使用存储卡内的哪一个数据块。

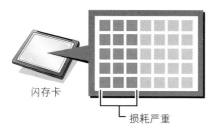

闪存卡

损耗严重

- 可以正常记录数据的块
- 写入操作状态不稳定，但诊断结果仍判定为正常，可以继续使用的块
- ✕ 经诊断，判定为不能使用的块

图 6.49　写入数据和数据块的损耗

图为 CF 卡按顺序从前面的块开始依次写入数据的示意图。如果数据的写入和删除操作全都集中于某些特定的块，那么这些数据块就会受到损耗，从而影响整个 CF 卡的使用寿命。

　　TDK 公司开发了可以控制 CF 卡、SM 卡等 NAND 型闪存的控制器芯片 GBDriver，并将其搭载在了 CF 卡上。GBDriver 具有不让数据写入操作集中在某些特定数据块上，并使之分散的功能，可以让数据块的损耗更加均衡，从而延长存储器的使用寿命（图 6.50）。另外，GBDriver 还具有内存数据块诊断功能，可以检测、诊断因常年使用导致损耗等而变得不稳定的数据块，检测到以后，还可以避免向这些可能出现错误的数据块进行写入操作（图 6.51）。

闪存卡

损耗不会集中于某个特定的块

图 6.50　GBDriver 可以使数据写入操作分散

图为 TDK 公司开发的 GBDriver，可以使写入操作按块随机分散，防止写入操作过于集中到某块上，从而延长使用寿命。

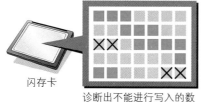

闪存卡

诊断出不能进行写入的数据块，只使用可用数据块

图 6.51　GBDriver 的数据块诊断功能

当发现存在数据写入不稳定的数据块时，GBDriver 会执行诊断处理，尝试消除这种状态。如果诊断结果为可以正常写入，那么该数据块会被判定为仍可以再次使用，如果诊断结果为不能写入，就把该数据块标记为禁止写入。

　　另外，对于数码相机用户来说，比较困扰的是，往往直到在读取拍摄的图像时遇到图像无法显示的情况，才能够发现数据块错误。GBDriver 为了预防出现这种问题，在写入操作时，如果电源出现紧急切断等意外，可以提前检测电池是否为不良电池。

TDK 公司和 I-O DATA 公司都发售了搭载 GBDriver 的 CF 卡产品。

微型硬盘

微型硬盘是由 IBM 开发的 1 英寸的超小型硬盘（图 6.52）。台式计算机上使用的硬盘一般是 3.5 英寸，而笔记本式计算机的是 2.5 英寸，可以看出，微型硬盘的体积是非常小的。它符合 CF 卡类型 II，所以也可以安装在同规格的卡槽中作为大容量记录媒体使用。

图 6.52　微型硬盘的外观

图为 1 英寸的微型硬盘，虽然其体积和 CF 卡类型 II 差不多，但可以实现最大 8 GB 的大容量。它原来是由 IBM 开发和生产的，但后来日立制作所收购了该事业部门，所以目前是由日立全球技术公司在进行开发和生产。微型硬盘一度非常有人气，但因为 CF 卡（闪存）的价格急速下降，如今店铺里很少有机会可以见到了。

其最大的特点是容量大，而且硬盘使用的是磁盘，所以与闪存相比，容量单价便宜。在微型硬盘广受关注的时候，对比 CF 卡和微型硬盘的价格可以发现，用一个 CF 卡的价格可以买到 2 ~ 3 倍容量的微型硬盘，但这几年，闪存和 CF 卡的价格急剧下降，所以微型硬盘渐渐没有了价格优势。

关于微型硬盘，需要注意的一点是，如果类型 I 的 CF 卡槽上不能安装和使用微型硬盘，那么即使是类型 II，有一部分设备也不支持微型硬盘。制造商的网站或说明书等一般会有相关信息，最好在购买前确认一下。

另外，其耗电量比较大，在使用时也要注意。硬盘在对数据进行读写时需要使磁盘转动，因而其耗电量大于无须机械驱动的 CF 卡。因此，在数码相机、笔记本式计算机、便携式存储等可移动设备中使用时，微型硬盘的使用时间要比 CF 卡短。除此之外，还需要注意避免受到冲击或振动等。因为处理大尺寸数据的设备一旦出现故障或数据损坏，损失可能也会较大。

新一代闪存卡CFast

　　CFast卡与CF卡一样,其标准都是由CompactFlash Association（CF卡协会）制定的, CFast卡可以说是CF卡的后继者。CF卡和CFast卡的大小是相同的,但二者并不兼容。

　　其最大的特点就是高速,接口从并行传输改为了串行传输。CF采用的是并行传输,最高速度约为167 MB/s（UDMA 7模式下的理论值）,已经被认为达到了极限。而CFast采用的是串行传输,CFast 1.0规格可以实现300 MB/s的传输速度,约为CF的2倍,而CFast 2.0规格可以实现450 MB/s的传输速度（图6.53）。

　　现在CFast主要用于相关产业,目前支持CFast的数码相机有佳能EOS-1D X Mark II（支持CFast 2.0,双槽式）。

图 6.53　SanDisk Extreme Pro CFast 2.0
图为闪迪的支持CFast 2.0的存储卡。与CF卡不兼容。

记忆棒

　　记忆棒是由索尼开发和推广的一种闪存式IC记录媒体。

记忆棒的特点

　　开发记忆棒的目的在于将各种数据收录在一张存储卡中,实现数据在各种设备上的使用、存储、共享和交换。记忆棒尺寸为高21.5 mm × 宽50 mm × 厚2.8 mm,长度仅相当于5号电池,非常小型、轻量。为了让所有人都能轻松携带数据,并方便地在计算机、数码相机、手机和音乐播放器等电子设备中使用,记忆棒采用了棒状外形。

记忆棒可以把静止图像、视频和音乐等各种数据文件都放在同一个存储器中。此外，它还带有版权保护的机制。

【记忆棒的特点】

- 轻巧，可靠性高
- 可以将各种数据内容存储在一起（应用格式）
- 大小和种类都很丰富，可以根据用途和性能来选择
- 带有防止误删的开关（覆写保护功能）
- 比较受欢迎的容量大小是 4 GB～32GB（截至 2013 年 11 月）

记忆棒的种类

记忆棒根据性能和大小等不同，可以分为以下 7 种。

- Memory Stick（即初代记忆棒）
- Memory Stick PRO（高性能·大容量）
- Memory Stick Duo（小型）
- Memory Stick PRO Duo（Mark2）（小型·高速·大容量）※
- Memory Stick PRO‐HG Duo（小型·超高速·大容量）
- MagicGate Memory Stick
- Memory Stick Micro（超小型）

※ 如今的数码相机中使用的是 Memory Stick PRO Duo。标准中除此之外还有 XC、XC-HG 等。

■ Memory Stick

Memory Stick 指的是索尼的初代记忆棒产品。与之前的 IC 记录媒体相比，索尼推出的这款产品当时给人一种很时尚的印象，棒状蓝色的存储卡机身也非常符合索尼的风格，受到了很多的关注（图 6.54）。它可以用在索尼的数码相机、音频播放器和 DV 摄像机等各种设备上，还搭载了防止将已记录数据错误删除的覆写保护开关。

一开始，Memory Stick 的存储容量最大为 128 MB，后来索尼又研发了可以搭载两个 128 MB 存储单元的 256 MB 的版本，用户可以通过切换开关选择要使用的存储单元（图 6.55）。

选择功能可以让一个记忆棒有更多用途。比如，可以切换使用图像文件和在计算机上使用的数据文件，也可以切换使用工作文件和与兴趣爱好相关的文件。

图 6.54 初代记忆棒的外观
初代记忆棒的机身颜色是蓝色。

图 6.55 可选择存储单元的记忆棒（背面）
记忆棒除了覆写保护开关（右）以外，还配备了用于选择存储单元的开关（左）。

■ Memory Stick PRO

Memory Stick PRO 是记忆棒系列的旗舰产品（图 6.56）。其开发理念着眼于未来的网络宽带时代，大容量自不必说，还具有实时存储、播放高清视频等功能，实现了高速、大容量、安全功能（MagicGate 功能和访问控制功能）等先进的解决方案。但是，对于 Memory Stick PRO，也有很多地方需要注意，比如只有在支持 Memory Stick PRO 的设备上才可以使用，只有支持 Memory Stick PRO 高速功能的设备才能发挥出它的高速性能，还没有一种产品可以支持访问控制功能等。

图 6.56 Memory Stick PRO 的外观
只有在支持高速性能的设备上使用，Memory Stick PRO 才可以发挥出它的高速性能。

目前，Memory Stick PRO 最大的特点就是它的高速性能和大容量特性。

Memory Stick PRO 可以存储高清视频和进行实时播放，标准最低写入速度为 15 Mbit/s。只要是支持 Memory Stick PRO 高速功能的设备，数据写入速度就可以达到 15 Mbit/s 以上，性能超过了读取 DVD 高清视频所需要的 9 Mbit/s。

在数码相机上，Memory Stick PRO 可以发挥高速性能，大量且快速地存储具有高分辨率、高画质的较大数据图像，在连拍时也能实现高速存储，而且可以保存高清视频等。它的尺寸和初代记忆棒相同，最大容量为 32 GB，但随着数码相机向小型化、轻薄化发展，记录媒体也出现了小型化的趋势，因而如今流行使用尺寸更小的 Memory Stick PRO Duo 和 Memory Stick PRO Duo（Mark2）。

■ Memory Stick Duo、Memory Stick PRO Duo

Memory Stick Duo 是以手机、超小型设备、可穿戴设备等为对象开发的记录媒体。但是，从小型化、轻薄化的趋势来看，卡片数码相机和便携摄像机等设备追求的是体积更小、速度更快的存储卡，于是索尼又开发了相当于小型 Memory Stick Duo 的、大容量且高速的 Memory Stick PRO Duo。索尼最近的卡片数码相机产品主要使用的就是 Memory Stick PRO Duo（图 6.57）。其体积约为初代记忆棒的 1/3，重量约为初代记忆棒的 1/2。

Memory Stick PRO 的最大容量为 8 GB，最低写入速度为 15 Mbit/s，其上一级产品 Memory Stick PRO Duo（Mark2）的最大容量为 32 GB，至于最低写入速度，Memory Stick PRO Duo 的为 15 Mbit/s，Memory Stick PRO Duo（Mark2）的为 32 Mbit/s。后者速度很快，可以拍摄并保存较长时间的高清视频（Mark2 的标识代表其是一个可以稳定存储 1920 × 1080i 高清视频的记录媒体）。

图 6.57　Memory Stick PRO Duo 的外观
图为卡片数码相机、便携摄像机、电话和 PDA 等使用的小型记忆棒。标准 Memory Stick Duo 的机身颜色是蓝色，PRO Duo、PRO Duo（Mark2）则是黑色的。

另外，如果重视高清视频录制的高速性，也可以使用将高速性能提升到高达 30 MB/s 的 Memory Stick PRO-HG Duo（4 GB）（在使用支持 PRO-HG

的设备时可以实现高速性能）。

Memory Stick Duo 系列的特点还在于具有兼容性，将其安装在专用适配器上之后，大小与普通记忆棒相同，可以用在支持初代记忆棒和 Memory Stick PRO 的产品上（图 6.58）。

图 6.58　Memory Stick Duo 和适配器
将 Memory Stick Duo 安装在专用的适配器上后，我们可以将其当作记忆棒使用。

● MagicGate Memory Stick

记忆棒是用于存储个人数据的记录媒体，比如使用数码相机拍摄的图像，使用 DV 摄像机拍摄的影像，以及自己制作、编辑、保存的计算机数据等，因此索尼推出了 MagicGate Memory Stick。它支持版权保护技术 MagicGate，可以存储受到版权保护的乐曲、视频、图像等数据（图 6.59）。

图 6.59　MagicGate Memory Stick 的外观
图为支持 MagicGate 规格的记忆棒，可以保存、播放受到版权保护的乐曲数据，机身颜色为白色。

● Memory Stick Micro

Memory Stick Micro 是体积约为 Memory Stick Duo 的 1/4，厚度约为 1.2 mm 的超小型记忆棒。将它安装在专用的适配器上之后，我们就可以在支持 Memory Stick PRO Duo 或 Memory Stick PRO 的设备上使用它了。为了便于在手机等超小型设备上使用，这款产品在形状上采用了卡槽式设计，可防止存储卡在弹出时意外滑出（图 6.60）。

图 6.60　Memory Stick Micro 和适配器的外观

图为体积约为 Memory Stick Duo 的 1/4，厚度仅有 1.2 mm 的超小型记忆棒 Memory Stick Micro，人们通常将其简称为 M2。

SD 卡（SD 存储卡）

SD 卡是由松下电器、东芝和闪迪共同开发的闪存式 IC 记录媒体。SD Association（美国 SD 卡协会）主要负责确保技术标准或兼容性并推广和普及。

SD 卡分为标准 SD 卡，尺寸相同、高速且容量较大的 SDHC、SDXC，小型的 miniSD 卡，以及超小型的 microSD 卡。

SD 卡的特点

SD 卡的名称取自 Secure Digital 的首字母，尺寸为高 32 mm × 宽 24 mm × 厚 2.1 mm，和普通邮票的大小一样，还搭载了覆写保护开关。正如其名，SD 卡还具有版权保护的功能，并支持 SDMI（Secure Digital Music Initiative，安全数字音乐）规格以及 DVD 等也采用的 CPRM（Content Protection for Recordable Media，记录媒体内容保护）规格。

随着数字内容在互联网上流通，可靠的版权技术对记录媒体来说至关重要。SD 卡就是这一思想的产物。它是一种可以在便携式音乐播放器、手机、智能手机、数码相机、计算机和互联网家电等各种设备中使用的记录媒体。2004 年，SD 卡最高的数据写入速度是 10 MB/s，市面上销售的产品只有 2 MB/s 的标准型和 10 MB/s 的高速型。但如今，在售的 SD 卡的写入速度可以达到 100 MB/s。

SD 卡产品的最大容量当时是 2 GB（文件系统是 FAT），为了实现高速化和大容量化，SDHC 标准将容量扩展到了最大 32 GB（文件系统是 FAT32）。2009 年又出现了超大容量的 SDXC 标准。SDXC 支持文件系统 exFAT（EXFAT），标准最大数据容量上限扩展到了 2 TB（图 6.61）。

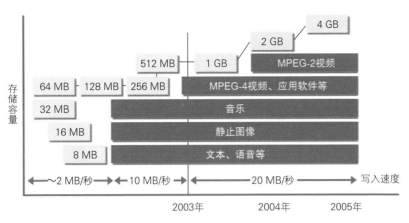

图 6.61　SD 卡的发展轨迹

2004 年，SD 卡的最大容量为 2 GB，2005 年升级为 4 GB，写入速度提高到了 20 MB/s（理论值）。如今的数码相机早已以"拥有 2 GB 以上的高速大容量的高级标准 SDHC"和"容量可以达到 32 GB 以上的 SDXC"取代了原来的标准 SD。

> ## 专栏　什么是SDMI
>
> 　　在音乐界，一般的数字音乐文件是以 MP3 形式进行压缩的。为了保护版权，防止数字音乐文件通过互联网被非法复制或交换，需要确立安全分发和销售音乐文件的规格。全美唱片协会（RIAA）和美国音乐界的大公司，即美国索尼音乐娱乐、华纳音乐集团、BMG 娱乐、EMI 唱片音乐、环球音乐集团 5 家公司共同设立了 SDMI。SDMI 是 Secure Digital Music Initiative（安全数字音乐促进协会）的简称，目标是制定一个确保数字音乐文件可以在网络上安全分发和销售的规格。
>
> 　　具体来说，防止非法复制的措施有如下几种：可以在计算机上听音乐或保存音乐数据，但保存的音乐数据即使可以复制到其他计算机上，也会变得无法播放（只允许一次写入）；限制可复制次数；在音乐数据中加入电子水印等。索尼的计算机 VAIO 等的附属软件 OpenMGJukebox 中使用了由索尼开发、遵循 SDMI 的防止非法复制的技术 OpenMG。

MMC 和 SD 卡

　　SD 卡是在闪迪公司开发的 MMC（多媒体卡）存储卡的规格基础上

强化了版权保护功能之后开发出来的记录媒体（图 6.62～图 6.64）。

　　从卡的形状上来说，数据读写所需的针结构部分没有改变，与 MMC 卡是一样的，但为了实现版权保护功能，SD 卡增加了两个专用针。所以，如果在 SD 卡插槽中插入 MMC 卡，是可以进行数据读写的，但 MMC 卡不能记录需要版权保护功能的音乐数据等。另外，SD 卡比 MMC 卡稍厚，所以不能插入 MMC 卡的卡槽中使用。顺便说一下，除此之外还有一种在 MMC 卡上增加了版权保护功能而形成的产品，称为安全 MMC，但如今这部分功能已经转移到 SD 卡上了。

图 6.62　SD 卡的外观
卡的左侧有覆写保护开关（写入保护）。图为东芝生产的 SD 卡。

与MMC卡一样

图 6.63　SD 卡的背面
除了与 MMC 一样的针，又增加了两个 SD 专用针。

图 6.64　MMC 卡的外观
还有一些虽然没有版权保护功能和覆写保护开关，但功耗比 SD 卡更低的产品。在数码相机上使用时，低功耗也是非常重要的一点。图为 I-O DATA 生产的 MMC 卡。

新一代 SD 卡 SDHC、SDXC

　　SD 卡采用了 FAT 文件系统，所以实际上可以使用的最大容量只有 2 GB。于是，SD 卡协会在 2006 年推出了高级标准 SDHC（SD High Capacity），在 2009 年推出了 SDXC（SD eXtended Capacity）标准。因为 SDHC 的文件系统改为了 FAT32，所以支持的最大容量超过了 2 GB（最大为 32 GB），最高传输速度也提高到了 6 MB/s（48 Mbit/s）。Windows 操作系统或移动设备等对 FAT32 的兼容性很高，所以在 64 GB 以下的存储卡中，SDHC

卡一度成为热门产品（图 6.65）。

图 6.65 SDHC 卡的外观

图为最大容量为 32 GB 的 SDHC 卡，可以使用在带 SDHC 标志的设备上。该产品可以以最高 20 MB/s、最低 10 MB/s 的速度进行数据传输，上面还标注了 SD 速度等级标志"CLASS 10"（C 标志中写有 10）。图为创见生产的 SDHC 卡。

容量超过 32 GB 的 SD 卡一般采用的是 SDXC 标准。这种存储卡的数据传输速度更快，读取和写入速度在 High Speed 模式下可达 23 MB/s。如果是 UHS-I 标准（见下文），读取速度可以达到 90 MB/s，写入速度可以达到 45 MB/s。需要注意的是，不支持 SDXC 标准的设备是不能使用 SDXC 卡的。购买时需要注意，如果设备只支持 SDHC 卡或 SD 卡，上面没有 SDXC 标志，则不能使用 SDXC 卡。另外，SDXC 卡采用的文件系统是 exFAT，因此在操作系统在 Windows XP SP2 版本以上的计算机环境或某些移动环境下才可以使用。如果是 Windows 7、Windows 8 或 Mac OS X v10.6.4 以后的操作系统，也都可以使用。

SDHC 和 SDXC 标准不仅要应用在数码相机上，还要应用在摄像机等设备的视频、高清视频或音频的录制等方面，因而为了保障速度性能而设置了速度性能等级（实时播放时的最低速度）。各个 SD 速度等级及其最低数据传输速度如下所示。

【SD 速度等级和最低数据传输速度】

为了方便用户识别和参考，SDHC 标准中设置了用于保证最低数据传输速度的 SD 速度等级。需要注意的是，数值表示的是理论上的最低值，有些设备的速度等级是达不到 CLASS 10 的。

- · CLASS 2　　　2 MB/s
- · CLASS 4　　　4 MB/s
- · CLASS 6　　　6 MB/s
- · CLASS 10　　10 MB/s

UHS 速度分类

在 SDHC 和 SDXC 标准中，除了 SD 速度等级之外，还有 UHS 速度等级。UHS 是 Ultra High Speed（超高速）的简称，与 SD 速度等级一样，表示的是最低数据传输速度。有最高传输速度为 104 MB/s 的 UHS-I 标准，还有最高传输速度为 312 MB/s 的 UHS-II 标准，目前市面上在售的是支持 UHS-I 标准的产品。（图 6.66）

图 6.66　SDXC UHS-I 卡的外观

图为 64 GB 的大容量 SDXC UHS-I 卡，可以在印有 SDXC 标志的设备上使用。该产品的最高数据传输速度为 45 MB/s。在 SDXC 标志的右侧写有 "I"，表示它为 UHI-I 卡；UHS 速度等级为 1（U 标志中写有 1）[数据最低传输速度为 10 MB/s（80 Mbit/s）]；SD 速度等级为 CLASS 10[数据最低传输速度 10 MB/s（80 Mbit/s）]。图为 SanDisk Extreme SDXC UHS-1 Class10 64 GB 卡。

miniSD 和 microSD（microSDHC）

SD 卡协会于 2003 年 3 月推出了用于手机的小型 SD 卡标准 miniSD。其尺寸为高 21.5 mm × 宽 20 mm × 厚 1.4 mm，比 SD 卡体积小了约 40%。

miniSD 卡同样拥有版权保护机制，可以与 SD 卡兼容，但没有覆写保护开关。如果将其安装在专用的适配器上，就可以当 SD 卡使用，专用适配器上还设置了覆写保护开关。顺便一提，RSMMC 卡是小型的 MMC 卡，但与 miniSD 的形状不同，不兼容。

SD 卡协会于 2005 年 7 月推出了超小型 SD 卡新标准 microSD。手机的体积越来越小，机身越来越轻薄，因而 microSD 卡的尺寸定为高 11 mm × 宽 15 mm × 厚 1 mm，不管是使用还是保管都要非常小心。用于 SD 卡和 miniSD 卡的适配器一般会附带在 microSD 卡的产品上或单独销售，所以 microSD 卡也与其他 SD 卡一样有版权保护和安全方面的功能，具有很高的兼容性。

microSD 卡和 SD 卡一样，最大容量是 2 GB，超过 2 GB 的产品为 microSDHC 卡，超过 32 GB 的产品为 microSDXC 卡。在购买 microSDXC 卡时需要确认兼容性。

【SD 卡的特点】

- 由 SD 卡协会对标准进行管理
- 数据写入速度为 2 MB/s ~ 45 MB/s
- 有保证数据最低速度的"SD 速度等级(Class)"和"UHS 速度等级"(UHS-I 标准)之分,产品上有相应标注
- 有版权保护功能和覆写保护开关
- 超出 2 GB 容量的高速标准 SDHC 为主流产品,兼容性也高
- 对于超过 32 GB 容量的 SDXC 标准,需要注意兼容性
- 有专门用于手机和智能手机的小型 miniSD、超小型的 microSD、microSDHC、microSDXC
- SDHC 的最大容量为 32 GB。SDXC 也出现了容量为 64 GB 的产品。最受欢迎的容量范围是 8 GB ~ 32 GB(截至 2013 年 11 月)
- SD 卡槽里也可以使用 MMC 卡

 连接部位的凹槽是自动清理结构

　　记忆棒和 SD 卡的连接部位都有凹槽。这是为了防止人们用手指直接触摸在数据交换时重要的连接部位。另外,在插入卡时,针部分会自动从连接部位开始清除尘埃或灰尘等。特别是,记忆棒的凹槽部位很深,针很长,这些功能设计可以十分有效地发挥作用(图 6.67)。

图 6.67 记忆棒的自助清理结构
这种设计便于在连接时通过挤压除去尘埃或灰尘。

XQD

XQD 卡也是一种闪存卡，存储标准是由闪迪、索尼和尼康一起提出并推进的。目前，索尼和尼康的数码相机都支持 XQD 卡。2011 年 12 月，标准化团体 CF 卡协会正式发布 XQD 标准。XQD 卡的尺寸为高 38.5 mm × 宽 29.6 mm × 厚 3.8 mm。

在尼康单反相机 D4 系列、D5 和 D500 等机型（同时支持 CF 卡和 XQD 卡的双卡槽规格）开始支持 XQD 卡之后，XQD 卡受到了人们的广泛关注。

该标准于 2010 年 11 月推出。此后，XQD 卡的产品主要是索尼生产的，随着尼康开始支持 XQD 卡，雷克沙等也相继加入了支持阵容。

XQD 卡最大的特点是速度快。如今主流的 SD 卡或 CF 卡从标准推出到现在已经经历了很长的时间，虽然其标准也会通过规格扩展不断升级，但仍然存在一定的局限性，因而人们期望以 PCI Express 为数据传输接口的 XQD 卡能够实现高速传输。

话虽如此，只要存储卡没有普及，价格就不会大幅下降，支持的数码相机机型也不会出现大幅增加。就目前的情况来说，XQD 卡能否成为主流还很难判断。但有人认为，这种需求今后应该会以 4K 影像等追求新的标准升级的摄像机市场为中心越来越多。

以索尼为例，有读取速度为 440 MB/s，写入速度为 400 MB/s 的高速的 G 系列（32 GB ~ 256 GB），以及读取速度为 440 MB/s，写入速度为 150 MB/s 的 M 系列（32 GB ~ 128 GB）（截至 2017 年 10 月，图 6.68）。

另外，闪迪生产的 SDCFXPS-128G（ExtremePRO 128GB UDMA7）的 CF 卡最高读取速度为 160 MB/s，最高写入速度为 150 MB/s（1067 倍速）。

图 6.68 QD-M128A
图为索尼的 XQD 卡 M 128 GB。读取速度为 440 MB/s，写入速度为 150 MB/s。

xD 卡

xD 卡由富士胶片和奥林巴斯于 2002 年共同提出并开发，是闪存类型的数码相机专用的超小型 IC 记录媒体。两家公司将 xD 卡定位为 SM 卡的后继者，并以数码相机为中心推广。

什么是 xD 卡

xD 卡的名称表示它是一个可以记录、保存和传输最先进的数字（eXtreme Digital）影像信息的优秀（excellent）记录媒体。

xD 卡的尺寸为高 20 mm × 宽 25 mm × 厚 1.7 mm，重量为 2 g，是世界上最小的数码相机记录媒体（图 6.69）。

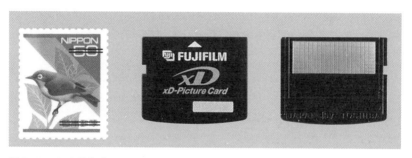

图 6.69　xD 卡的外观
当时，为数码相机而设计的记录媒体 xD 卡追求的是尺寸最小，所以大小和邮票差不多。其因设计质朴且价格便宜、容量大而受到欢迎。图为富士胶片生产的 xD 卡。

写入速度根据卡的容量各有不同，16 MB 和 32 MB 的 xD 卡是 1.3 MB/s，64 MB 以上的卡是 3.0 MB/s，读取速度是 5 MB/s。为了扩大容量和提高写入速度，富士胶片和奥林巴斯于 2005 年 3 月推出了 TypeM 类型的 xD 卡，并于同年 11 月推出了 TypeH 类型，于 2008 年又推出了 TypeM+ 类型（图 6.70）。不过，因为兼容性没有得到充分保障，所以支持的机型等对用户来说很难厘清。其实，xD 卡产品上通常会标明"本产品是 TypeM 专用的，请勿用于不支持 TypeM 的产品"。而且，只有使用奥林巴斯的数码相机，TypeH 才能实现 2 ~ 3 倍的高速性能，TypeM+ 则是 TypeM 的高速版。

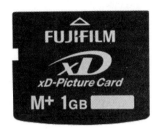

图 6.70　TypeM+ 类型的 xD 卡的外观

xD 卡分为不同类型，包括支持 1 GB 超大容量和高速写入的 TypeM，拥有更高速性能的
TypeM+（如图），以及只在奥林巴斯的部分机型中才支持高速性能的 TypeH 等，在购买时需
要确认数码相机是否支持。图为富士胶片生产的 xD 卡。

　　CF 卡或 SD 卡等记录媒体上搭载了控制器，而 xD 卡上没有搭载。所
以，xD 卡的优点就是生产成本相对较低。另外，如果是超小型的记录媒
体，那么控制器部分的空间也可以搭载存储模块，所以结构上有利于设计
成大容量设备。

　　每张 xD 卡拥有各自的固有 ID，所以可以防止版权受到保护的数据被
非法复制等，但也有人认为在处理数字数据时，安全功能还不够充分，所
以目前它还没有要普及的迹象。

【xD 卡的特点】

· 因为不搭载控制器等，所以设计简单，容易降低成本

· 数码相机专用设计

· 有 TypeM、TypeH 和 TypeM+ 三种类型，需要注意不同数码相机可
　能需要使用不同类型的卡

· 最新的数码相机机型已经不再支持 xD 卡

· 市面上销售的主要容量为 1 GB ~ 2 GB（截至 2013 年 11 月）

SM 卡

什么是 SM 卡

　　SM 卡是 1995 年由东芝开发的闪存卡标准，以前称为 SSFDC（Solid

State Floppy Disk Card，固态软盘卡），标准的管理是由 SSFDC 论坛来负责的（论坛已于 2007 年 5 月解散）。

SM 卡的尺寸为高 45 mm × 宽 37 mm × 厚 0.76 mm，特点是超薄，重量仅有 1.8 g，携带非常方便。它没有控制器芯片等复杂结构，生产成本低，因而价格低也是其特点。但同时，SM 卡给人一种很容易折断的感觉，而且与内存的接触部分是裸露在外的，很多人担心安全性问题，所以人们对它的评价呈现两极化（图 6.71）。

图 6.71　SM 卡的外观
图为奥林巴斯生成的 SM 卡。

在数码相机开始采用热插拔式记录媒体时，市场上的记录媒体主要有 CF 卡和 SM 卡两种，最近仍然有 1/3 的数码相机在使用这两种记录媒体。

SM 卡的优点是生产成本低，但它的发展也遇到了瓶颈，比如其外形超薄，所以不能采用多重结构；不能支持千兆字节的大容量；数码相机越来越小，它的长和宽却仍然较大。随着最大开发商富士胶片和奥林巴斯推出新的记录媒体 xD 卡，xD 卡已在事实上成为 SM 卡的继承者。

SSFDC 虽然发布了 256 MB 版的 SM 卡标准，但发售的产品最大容量只有 128 MB。另外，因为内存有 5 V 驱动和 3.3 V 驱动两种类型，所以在使用时需要注意相机支持的是哪一种。这一点比较麻烦，使用起来不太方便。

■【资料来源（第 1 版 ~ 第 4 版）】
佳能株式会社（日本佳能营销公司）
索尼株式会社
奥林巴斯映像株式会社
株式会社适马
富士胶片株式会社

版 权 声 明

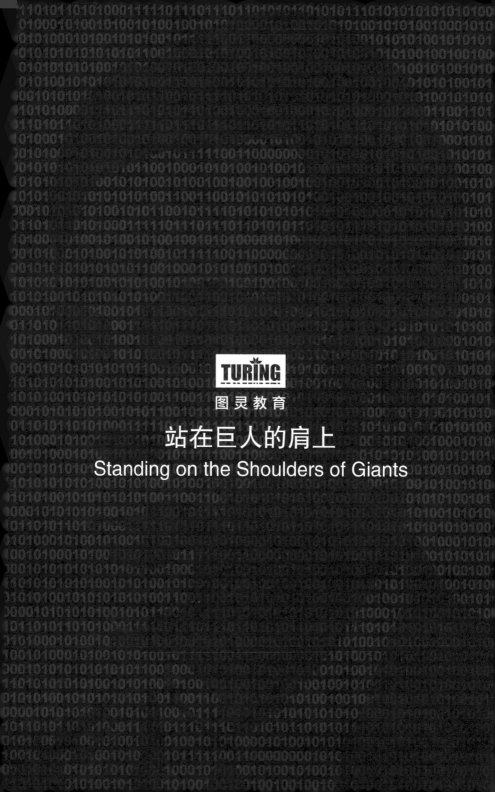

TURING

图灵教育

站在巨人的肩上

Standing on the Shoulders of Giants